云南省普通高等学校“十二五”规划教材

初等几何研究

（第2版）

主　编　潘继军
参　编　陈文华　高建华　谭丹英　董茂昌

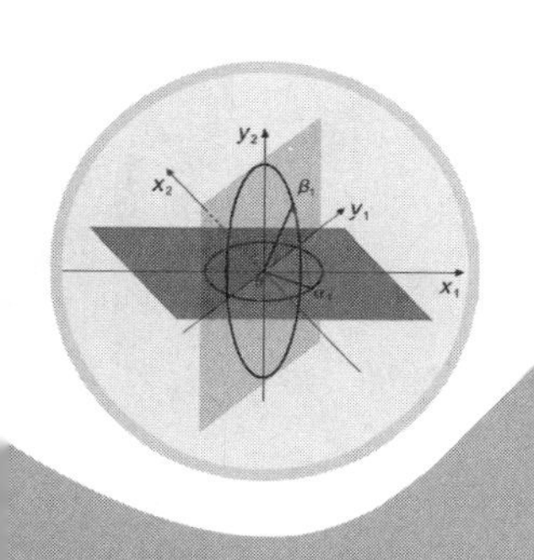

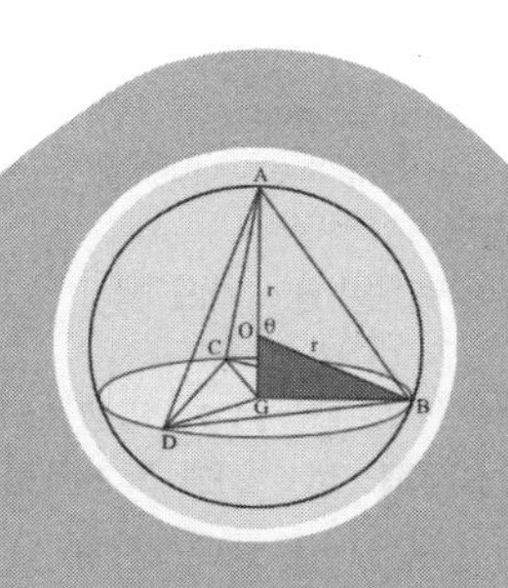

重庆大学出版社

内容提要

本书内容全面结合《全日制义务教育数学课程标准》和《普通高中数学课程标准》的要求，力求适应新世纪高等师范院校数学教育教学改革的需要。全书共分5章,内容包括:漫谈初等几何的发展、平面几何问题、平面向量、立体几何、简单的球面几何。本书在阐述理论内容的同时,结合中学教学内容,特别是高考题、竞赛试题等,给出具体的例子,并作了详细的分析、解答。

本书既可作为高等师范院校数学教育专业本科、专科《初等几何研究》的教材,也可作为中学数学教师继续教育以及其他各级、各类数学教育教学工作者的教学科研参考书。

图书在版编目(CIP)数据

初等几何研究/潘继军主编.--2版.--重庆:
重庆大学出版社,2020.1(2021.2重印)
云南省普通高等学校"十二五"规划教材
ISBN 978-7-5624-7305-3

Ⅰ.①初… Ⅱ.①潘… Ⅲ.①初等几何—高等学校—
—教材 Ⅳ.①O123

中国版本图书馆CIP数据核字(2020)第007702号

云南省普通高等学校"十二五"规划教材
初等几何研究
(第2版)
主编 潘继军
责任编辑:沈 静 版式设计:沈 静
责任校对:谢 芳 责任印制:张 策
*
重庆大学出版社出版发行
出版人:饶帮华
社址:重庆市沙坪坝区大学城西路21号
邮编:401331
电话:(023) 88617190 88617185(中小学)
传真:(023) 88617186 88617166
网址:http://www.cqup.com.cn
邮箱:fxk@cqup.com.cn(营销中心)
全国新华书店经销
重庆市国丰印务有限责任公司印刷
*
开本:720mm×960mm 1/16 印张:13.5 字数:257千
2013年5月第1版 2020年1月第2版 2021年2月第4次印刷
ISBN 978-7-5624-7305-3 定价:35.00元

【第2版前言】

初等几何是高等师范院校数学教育专业的必修课程,但现行的高等师范院校教材与中学教材严重脱节。高等师范院校的毕业生走向教学岗位后,会出现上不了岗、上不好岗的现象。本书全面结合《全日制义务教育数学课程标准》和《中学数学课程标准》的要求,根据中学数学的内容和知识结构,重新完善了《初等几何研究》。在阐述理论内容的同时,结合中学教学内容,特别是高考题、竞赛试题等,结合具体的例子,并作了详细的分析、解答。

《初等几何研究》在内容上做到了两个创新:

一是内容创新。《初等几何研究》主要用高等数学的观点、方法去解决和研究初等数学问题,根据中学数学教学的实际需要进行编写。通过对《初等几何研究》与现行中学数学课程内容的对比分析研究,提出能有效与现行中学数学教学相衔接的教改内容,做到理论与实践高度结合。同时,对传统课程内容进行了较为全面的改革与实践。例如,结合现行中学几何教学重点,增加了"新概念几何"的内容,应用"新概念几何"研究目前中学和大学一直没有研究的一项空白——三角形角平分线性质定理和三角形重心定理,给出三角形全等和相似的判定定理的证明方法;应用"法向量"研究立体几何中的"空间角和距离"问题;"应用向量的向量积(叉积)"研究中学的平面几何问题等。

二是任务创新。《初等几何研究》的任务是使高等师范院校学生掌握基础教育教学的基础理论、基础知识和基本技能,了解其内容和知识结构,使高等师范院校学生对中学数学教学所必需的初等数学的基础知识和理论体系有较深刻的理解和较系统的掌握。能够运用现代数学观点审视中学数学问题,从高等数学的背景中解释中学数学问题,在数学思想上得到启发,在数学方法上得到训练,使高等师范院校学生在掌握近、现代数学的基础上,系统、深入地掌握与中学数学教学内容有关的初等数学知识,做到初等数学与高等数学相结合,为今后从事中学数学教学打下坚实的基础。

本书内容虽然经过多次讨论、审阅、修改,但限于编者的水平,不妥之处仍然存在,恳请广大同行和读者批评指正。

编者

2020年1月

【目 录】

第1章 漫谈初等几何的发展

1.1 初等几何的发展史

几何学是一门古老而实用的科学，是自然科学的重要组成部分. 在数学史上，几何学的确立和统一经历了两千多年，几百位数学家为此作出了不懈的努力.

几何学的发展历经4个基本阶段.

1.1.1 经验事实的积累和初步整理阶段

几何学是从制造器皿、测量容器、丈量土地等实际问题中产生和发起来的.

早在几十万年以前，当原始人类为了采集食物而用石块制作简单的武器和工具时，就已经开始出现形的观念. 这些石器往往被做成较为规则的几何形状，反映出当时人们的头脑中已初步确立了一些几何图形的形象. 例如，在北京西南周口店的猿人遗址中，发现了50万年前制作的石器，其中的石刀、石斧等每一个面都近似平面，尖状器的尖角近似于锥体. 在山西省襄汾县丁村发现了几万年前原始人用石块制成的球形工具. 原始人类还知道如何美化生活，创造了石像和绘画等艺术形式. 在法国和西班牙发现了1.5万年前的地穴里的绘画. 原始艺术的出现，反映出人们已能把简单的图形组合成复杂的形状，来表达某种内容，获得美的享受.

大约在1万年以前，覆盖在欧亚大陆的冰块开始融化，地面露出大片森林和沙漠，以打猎和捕鱼为生的流动人群，大部分定居务农，开始了新石器时代，出现了陶器、木器和纺织品，发明了轮子. 产品的几何形状更加准确和精致，并且常用各种几何形状图案加以装饰. 产品的形状和装饰图案倾向于对称，很多陶器做成旋转体的形状，在装饰图案中出现平行线、相交线、垂直线，甚至还有球面上的大圆，以及全等三角形和相似形.

生产力的进一步发展，使人们不仅关心物体的形状，而且对大小有具体的要求，这就需要测量长度和容积，丈量土地，并且进行有关的计算，于是就出现了一些可直接应用于计算的几何公式和定理. 但是在这些公式和定理开始出现时，往往不是像我们现在这样作为重要内容单独列出来，而多半是隐含在一些具体计算问题的解答过程中，靠我们去仔细揣摩.

古代埃及人把数学资料用墨水写在很薄的草片上,现在英国的博物馆和俄罗斯的莫斯科分别收藏了一批这样的草片,都是公元前1700年前后埃及人写成的,上面记载着一些数学问题和他们的解答.通过分析解答过程,可以推断出当时是依据什么法则进行计算的.例如,草片上记载着一个求棱台体积的问题,大意为:“若有人告诉你说:有一棱台,高为6,底为4,顶为2.你就要取4的平方,得结果为16.你要把它加倍,得结果为8.你要取2的平方,得4.你要把16,8和4加起来,得28.你要取6的1/3,得2.你取28的2倍,得56.你看,它等于56.你可以知道它是对的.”这段文字叙述,如果改用现在的数学符号,可以简洁地表达成$V=\frac{h}{3}(a^2+ab+b^2)$.其中$V$是四棱台的体积,棱台的两个底面是边长为$a$和$b$的正方形,棱台的高为$h$,在本题中$h=6,a=4,b=2$,这是一个完全正确的公式.现在的中学生在高中阶段才学习棱台的体积,但是在历史上,棱台的体积计算却成为最早见于文字记载的几何内容之一.

另一方面,古代埃及人进行几何计算的法则也并不完全正确.例如,他们在庙宇的墙上刻着一个捐给庙宇的田地表,这些田地一般有四条边,铭文中计算四边形田地面积的方法,用现在的符号可以写成:$S=\frac{a+b}{2}\cdot\frac{c+d}{2}$,其中$S$是四边形的面积,$a$和$b$是四边形的一双对边,$c$和$d$是另一双对边;对于边长为$a,b,c$的三角形田地,他们认为$d=0$,因此$S=\frac{a+b}{2}\cdot\frac{c}{2}$.这些法则即使看成近似公式,误差往往也很大.古代巴比伦人把他们的数学资料刻成泥板的形式,现在保存的泥板中,较早的一些是公元前2000年前后的,大部分是公元前600年到公元300年间制成的.这些泥板主要研究算术和代数,只在实际解决问题时搞一点几何.他们收集了一些计算简单平面图形面积和简单立体图形体积的法则,知道了三角形的相似性,以及相似三角形的对应边成比例的性质.在一块制作于公元前2000年前后的泥板上,刻着一个特别的数表,根据专家考证,表中列出了十五组勾股弦数,即满足$a^2=b^2+c^2$的自然数组a,b,c.据此,有人认为,可能古代巴比伦人已经知道了勾股定理,甚至还可能知道了求勾股弦数的一般公式.当然,这只是一种推测.古代巴比伦人在几何中的图形画得并不精致,计算法则也未必正确.他们为了解决物理问题而计算的体积,有些算对了,有些算不对.

无论从古代埃及的草片或是巴比伦的泥板,都找不到有关推理论证的记载,所采用计算几何量的法则,都是通过数字计算的具体例题表现出来的.有些问题虽然涉及的道理比较复杂,所用的公式却完全正确;另一些问题涉及的道理相对地简单一些,所用的计算法则却未必正确.有些法则在某种情形下比较近似,而在另一些情形下却产生较大的误差. 把这些现象联系在一起,自然会得出一个结论:在古代的埃及和巴比伦,人们都是从社会实践过程中逐步归纳、总结出一些计算法则,用于解决当时遇到的实际计算问题,一边试算,一边改进. 如果一个法则试算的结果与实际情形相符,便认为有充分的理由继续加以采用.

在古代的中国,从现存的一些较早的数学书籍来看,几何知识的积累,也是来源于社会实践的推动. 天文观测、兴修水利、丈量土地等,都促进了几何学的发展. 在《周髀算经》《九章算术》等书中,往往是通过具体数字计算问题反映出当时人们所掌握的几何知识;后代人注释这些书时,才补出有关定理的证明. 但是中国古代的数学有着自己的特点. 大约公元前2 世纪成书的《周髀算经》中,在进行具体数字计算的同时,还明确地叙述出在直角三角形中求斜边长的一般方法:“勾,股各自乘,并而开方除之.”用现在的符号写出来,就是 $c=\sqrt{a^2+b^2}$,其中 a 和 b 是两条直角边的长度,c 是斜边长. 生活在公元前四五世纪的墨子,在他的著作《墨经》中,甚至试图对一些几何概念给出逻辑的定义. 其中,关于两线段相等,线段的中点,圆周等概念的定义,既清晰,又确切. 例如,关于圆周的定义是这样的:“圜一中同长也.”

“圜”就是圆周. 上面这句话,翻译成现代语言,意思就是:圆周就是到一个中心点有相等距离的点所构成的图形.

《墨经》中还叙述了一个重要命题,“穷,或有前不容尺也”,意思是:用一条线段去度量另一条线段,总有量到不能够继续往前量的时候. 这里的:“尺”是《墨经》中对线段概念采用的术语. 两千多年以后,德国数学家希尔伯特提出的一套几何学公理体系中,有一条阿基米德公理,与《墨经》中上述命题完全相同.

《墨经》和《周髀算经》中这些一般性叙述,表明我国至少在公元前五世纪以后,就已经开始对几何学中某些关于共性的问题产生兴趣,不再局限于对具体几何计算问题的逐个讨论. 造成这种转变的原因,可能是我国在春秋战国时代社会剧烈变动,诸子百家各树一帜,各个学派为了发展自己的学说,纷纷从社会实践中观察,对了解到的大量现象进行深入的思考、分析,研究事物的内在客观规律,从感性认识上升到理性认识.

1.1.2 理论几何的形成和发展

对几何学进行全面而深刻的研究,使之发展成为一门独立的理论学科,这一历史性的转变,是在古代希腊完成的. 从公元前 6 世纪开始,古代希腊人在丰富的经验和材料的基础上,比较重视在形式逻辑的体系下去揭示这些几何事实存在的联系. 这项工作最后在公元前 3 世纪由欧几里得完成. 他在前人整理的基础上,加以提炼和系统化,写成了《几何原本》(简称《原本》).

《几何原本》是几何学史上的一个里程碑. 自《几何原本》问世以来，两千多年间，已发行一千多种版本. 很多国家的中学平面几何和立体几何课本，至今仍是按照《几何原本》定下的基调编写的.

1.1.3 解析几何的产生和发展

几何学发展第三阶段的重要的标志是解析几何的产生与发展. 解析几何的诞生是数学史上的一个伟大的里程碑. 它的创始人是 17 世纪法国的数学家笛卡尔(Descartes,1596—1650)和费马(Fermat,1601—1655)，他们都对欧氏几何和代数的局限性提出了挑战：欧氏几何过于抽象，过多地依赖于图形，而代数又过于受法则和公式的约束，缺乏直观. 同时，笛卡尔和费马认识到几何学提供了有关真实世界的知识和真理，而代数学能用来对抽象的未知量进行推理，是一门潜在的方法科学. 因此，把代数学和几何学中的精华结合起来，取长补短，一门新的学科——解析几何诞生了. 解析几何的基本思想是用代数的方法研究几何学，从而把空间的论证推进到可以进行计算的数量层面，对空间的几何结构代数化，用一个基本几何量和它的运算来描述空间的结构. 这个基本几何量就是向量，基本运算是指向量的加、减、数乘、内积和外积. 向量的运算是几何基本性质的代数化. 费马和笛卡尔研究解析几何的方法是不同的，费马是从方程出发来研究它的轨迹，而笛卡尔是从轨迹出发建立它的方程. 这正是解析几何中一个问题的正反两个方面的提法，但各有侧重，费马是从代数到几何，而笛卡尔是从几何到代数. 从历史发展来看，笛卡尔系统地总结出用数对表示点的位置的方法，建立了笛卡尔直角坐标系，从而拓广了几何学的研究内容，使圆锥曲线等图形也成为几何学的研究对象. 特别是研究几何的方法从单纯地强调逻辑方法，到强调逻辑和代数方法并重，从而促进了几何学的进一步发展，因此，笛卡尔的解析几何更具有突破性.

1.1.4 现代几何的发展

在初等几何和解析几何的发展过程中，人们不断发现欧几里得的《几何原本》在逻辑上有不够严密之处，并不断地充实了一些公理. 特别是尝试去证明第五公设的失败，促使人们重新考察几何学的逻辑基础，并取得了两方面的成果. 一方面从改变几何的公理系统，即用和欧几里得的第五公设相矛盾的命题来代替第五公设，从而导致几何学研究对象的根本突破. 先后由高斯，J. 波约伊和罗巴切夫斯基建立起罗氏几何，以后又有了黎曼几何. 另一方面，由对公理系统的严格分析，最后形成了公理法，并在 1899 年由德国数学家希尔伯特在他的《几何基础》中完善地建立起欧几里得几何的严格公理系统.

研究对象和方法的拓广，使现代几何以空前的速度发展.

1.2 欧几里得和《几何原本》

1.2.1 欧几里得(Euclid)生平

欧几里得大约生活在公元前330—前275年.除《几何原本》外,还有不少著作,如《已知数》《纠错集》《圆锥曲线论》《曲面轨迹》《观测天文学》等.遗憾的是,除了《几何原本》以外,其他的都没有留存下来,消失在时空的黑暗之中了.从某个意义上说,这增加了人类的遗憾.仅留世的《几何原本》,已让我们震撼了两千余年.

关于欧几里得的生平已经失传,据后世推断,他早年在雅典受教育,熟知柏拉图的学说.公元前300年左右,受托勒密王之邀,他前往埃及统治下的亚历山大城工作,长期从事教学、研究和著述,涉猎数学、天文、光学和音乐等诸多领域.所著《几何原本》,共有13卷,希腊文原稿也已失传,现存的是公元4世纪末西翁的修订本和18世纪在梵蒂冈图书馆发现的希腊文手抄原本.这部西方世界现存最古老的科学著作,为两千年来公理法演绎的数学体系找到了源头.德摩根曾说,除了《圣经》,再没有任何一种书像《几何原本》这样拥有如此众多的读者,被译成如此多种的语言.从1482年到19世纪末,《几何原本》的各种版本竟用各种语言出了1 000版以上.明朝万历年间(1607年),徐光启和意大利传教士利玛窦把前六卷译成中文出版,定名为《几何原本》."几何"这个数学名词就是这样来的.《几何原本》同时也是中国近代翻译的第一部数学著作.康熙皇帝将这个仅有前六卷的版本书当成智力玩具把玩了一生,但估计其理解也十分有限.《几何原本》后九卷是在1852—1859年由清朝著名的数学家、天文学家、翻译家和教育家李善兰在上海墨海书馆与英国传教士、汉学家伟烈亚力等人合作翻译出版的.

古籍中记载了两则故事:托勒密国王问欧几里得,有没有学习几何学的捷径.欧几里得答道:"几何无王者之道."意思是,在几何学里没有专门为国王铺设的大路.这句话成为千古传诵的箴言.另一个故事说:一个学生才开始学习第一命题,就问学了几何后将得到什么.欧几里得对身边的侍从说:"给他3个钱币,因为他想在学习中获取实利."这两则故事,与他的光辉著作一样,具有高深的含义.

1.2.2 《几何原本》的贡献

《几何原本》是古希腊数学家欧几里得的一部不朽之作,它把整个古希腊数学的成果与精神集于一身,既是数学巨著,也是哲学巨著,并且第一次完成了人类对空间的认识.该书自问世之日起,在长达2 000多年的时间里,历经多次翻译和修订,自1482年第一个印刷本出版,至今已有1 000多种不同版本.除《圣经》外,没有任何其他著作,其研究、使用和传播之广泛能够与《几何原本》相比.

徐光启在译此作时,对该书有极高的评价,他说:"能精此书者,无一事不可精;好学此书者,无一事不科学."现代科学的奠基者爱因斯坦更是认为:如果欧几里得的《几何原本》未能激发起你少年时代的科学热情,那你肯定不会是一个天才的科学家.由此可见,《几何原本》对人们理性推演能力的影响,即对人的科学思想的影响是何等巨大.

《几何原本》从少量"自明的"定义、公理出发,利用逻辑推理的方法,推演出整个几何体系.它成为人类文明的一块极致瑰宝,创造了人类认识宇宙空间,认识宇宙数量关系的源头,是一部历史上的科学杰作.虽然逻辑并不是欧几里得开创的——逻辑以另一个希腊天才亚里士多德为代表,他的著名的三段论,开创了逻辑的基本面貌,提出了逻辑的基本建构——但他是第一个将三段论应用于实际知识体系构建的人,他铸造了一部完整的逻辑演绎体系,构成了希腊理性最完美的纪念碑.

两千年来,所有初等几何教学以及19世纪以前一切有关初等几何的论著,都以《几何原本》为依据.欧几里得成了几何学的代名词,人们把这种体系的几何学叫作欧几里得几何学.

《几何原本》对世界数学的贡献主要是:确立了数学的基本方法学;建立了公理演绎体系,即用公理、公设和定义的推证方法;将逻辑证明系统地引入数学中;确立了逻辑学的基本方法;创造了几何证明的方法:分析综合及归谬法.

相对《几何原本》中的几何知识而言,它所蕴含的方法论意义更重大.事实上,欧几里得本人对它的几何学的实际应用并不关心,他关心的是他的几何体系内在逻辑上的严密性.《几何原本》作为文化丰碑还在于,它为人类知识的整理,系统阐述提供了一种模式.从此,人类的知识建构找到了一个有效的方法.整理为从基本概念、公理或定律出发的严密的演绎体系成为人类的梦想.斯宾诺莎的伦理学就是按这种模式阐述的,牛顿的《自然哲学的数学原理》同样如此.

1.2.3 《几何原本》介绍

在《几何原本》中,欧几里得首先给出了点、线、面、角、垂直、平行等定义,接着给出了关于几何和量的10条公理,如"凡直角都相等""整体大于部分",以及后来引起许多纷争的"平行线公理",等等.公理后面是一个一个的命题及其证明,内容丰富多彩.比如有平面作图、勾股定理、余弦定理、圆的各种性质、空间中平面和直线的垂直、平行和相交等关系、平行六面体、棱锥、棱柱、圆锥、球等问题,此外还有比例的理论,正整数的性质与分类,无理量等.公理化结构是近代数学的主要特征,而《几何原本》则是公理化结构的最早典范.欧几里得创造性地总结了他之前的古希腊人的数学.将零散的、不连贯的数学知识整理起来,加上自己的大量创造,构建出彼此有内在联系的有机的宏伟大厦.

《几何原本》共分十三卷,有 5 条公设和 5 条公理,119 个定义和 465 个命题,构成历史上第一个数学公理体系.

第一卷　几何基础

第二卷　几何与代数

第三卷　圆与角

第四卷　圆与正多边形

第五卷　比例

第六卷　相似

第七卷　数论(一)

第八卷　数论(二)

第九卷　数论(三)

第十卷　无理量

第十一卷　立体几何

第十二卷　立体的测量

第十三卷　建正多面体

第一卷包括三角形相等的条件,三角形边和角的关系,平行线的理论和三角形以及多边形等积的条件;第二卷主要用等积变换方法研究代数的一些结论;第三卷讲的是圆;在第四卷讨论圆内接和外切多边形;第六卷讨论相似多边形;第五卷、第七卷、第八卷、第九卷和第十卷讲授比例和算术理论(用几何方式来叙述);在最后三卷里叙述立体几何原理.

从这些内容可以看出,目前属于中学课程里的初等几何的主要内容已经完全包含在《几何原本》里了.

《几何原本》每一卷都以一些概念的定义、公设和公理为基础.第一卷是以 23 个定义,5 条公设和 5 条公理开始的.

1)定义

①点是没有部分的.

②线是有长度而没有宽度的.

③线的界限是点.

④直线是这样的线,它对于它的所有各个点都有同样的位置.

⑤面是只有长度和宽度的.

⑥面的界限是线.

⑦平面是这样的面，它对于在它上面的所有直线有同样的位置.

⑧平面上的角是在一个平面内两条相交直线相互的倾斜度.

⑨当形成一个角度的两线是一直线时，那角度称为平角.

定义⑩～定义㉒是关于直角和垂线、钝角和锐角、圆、圆周和中心、直线形、三角形、四边形、等边、等腰和不等边三角形、正方形、直角三角形、菱形及其他. 最后一个定义是：

㉓平行直线是在同一平面上而且尽管向两侧延长也决不相交的直线.

2）公设

①从每个点到每一个别的点必定可以引直线.

②每条直线都可以无限延长.

③以任意点做中心可以用任意半径做圆周.

④所有的直角都相等.

⑤一条直线与另外两条直线相交，同侧的内角和小于两直角时，这两条直线就在这一侧相交.

3）公理

①等于同量的量相等.

②等量加等量得到等量.

③等量减等量得到等量.

④能叠合的量相等.

⑤全部大于部分.

关于公理和公设演绎法，它的基本精神是由简单现象去证明较复杂的现象，在数学中同样也遵循这一原理. 这一理论里，逻辑推理虽然至关重要，但更重要的是，我们必须接受一些简单的现象作为我们的“起点”，是明显的“自明”道理，而欧几里得将这些“起点”命名为“公设”和“公理”.

虽然以公理为起点演绎几何的方法并非为欧几里得首创，首创的应该是他之前的泰勒斯，但是《几何原本》中的公设和公理，却全部都由欧几里得所创造和筛选. 这一天才的智慧令人叹为观止！

4）关于重要命题

《几何原本》涉及诸多重要命题，比如命题：“在直角三角形中，以斜边为边的正方形面积等于以两直角边为边的正方形面积之和.”这就是著名的勾股定理. 传说这一定理最早是由毕达哥拉斯证明的，但他的证明方法却没有流传下来. 而《几何原本》中的证明，则可以算是现存西方最早证明勾股定理的记载.

关于命题的逻辑关系，《几何原本》中命题间的逻辑关系甚至比现代的逻辑关系还高. 为了清晰地表明这一关系,千余年来的各种语言版本多附有数学家们对逻辑关系的注解.

1.3　几何王国的“孪生三姐妹”

1.3.1　试证第五公设的历史背景

欧几里得“第五公设”问题在几何发展中占有特殊重要的地位. 因为第五公设——平行公理,无论在词句和内容方面都比其他 4 个公设复杂得多,而且不像其他公理那么显而易见. 另一方面,由于这条公设在《几何原本》中的应用很迟,仅在第 29 命题中才应用. 所以人们一直有这样的疑问:第五公设是否可以证明? 或者能否用一条更简单、更直观的公理代替它?

两千多年来,人们总觉得,把第五公设作为公理似乎没有必要,因此试图在其他公理的基础上对它进行证明,然而一直没有成功. 很可能欧几里得自己也曾经试着证明过第五公设;欧几里得似乎尽量不用这条公设,直到在几何命题里迫切用到它的时候才不得不作为公理提出来.

对第五公设的证明尝试,尽管是失败了,但还是引出了许多正面的结果,那就是证明了各种命题间的逻辑的相关性,特别是找出了欧几里得第五公设的一串等价命题:

①通过直线外某个点只能引一条直线平行于已知直线.

②两条平行线与第三条直线相交,组成相等的同位角.

③三角形的内角和等于两个直角.

④位置在直线的同一侧而且与这条直线有同样距离的点在一条直线上.

⑤从两条平行线中一条上的点到第二条的距离都相等.

⑥有着任意大面积的三角形.

⑦存在相似三角形.

1.3.2　非欧几何的产生

人们对“第五公设”作为公设的必要性,整整打了两千多年的问号. 为了寻求真理,多少世纪以来,无数造诣良深的数学家,为尝试克服平行公理,进行了艰苦的工作,花费了大量的精力和心血,人类智慧面临着挑战. 在无数的失败和挫折面前,难免有人却步,但多数人勇往直前. 最富戏剧性的一幕是:1823 年,德国数学家高斯的挚友,匈牙利数学家 F. 波约伊,由于终生研究“第五公设”毫无所获,最后怀着沉重的心情告诫他那酷爱数学的儿子 J. 波约伊(Bolyai. J,1802—1860)不要重蹈自己的道路,“投身于那些吞噬自己智慧、精力和心血的无底洞”.然而此时的小波约伊并没有因为父亲的警告而后退.他匠心独运,从前人的无数失败中,领悟到要从逻辑上推证第五公设是不可能的.于是他大胆创新,毅然决然地把“三角形内角和等于180°”换成“三角形内角和小于180°”,并以此为基石,建立起一套完整和谐、精妙无比的新几何体系.

1831年,小波约伊在他父亲的一本著作后面,以附录的方式,发表了题名为“绝对空间的科学”的富有创见性的新几何学.老波约伊对此似乎心里还不够踏实,便写信见教于老朋友高斯,高斯(Gauss,1777—1855)是当时举世公认的数学泰斗.在给老波约伊复信中,高斯称赞小波约伊“有极高的天赋”,但他又说:“称赞他等于称赞我自己,令郎所采用的方法和他所获得的结果,跟我20年前的沉思相符合.”高斯在信的结尾还说:“我自己的著作,虽然只有一小部分已经写好,但我本来是终生不想发表的,因为大多数人对我所讨论的问题存在偏见.现在有老朋友的儿子能够把它写下来,免得与我一同湮没,那是使我最高兴不过的了.”应该说前面一段话确曾是这位数学大师的推心置腹的肺腑之言,因为早在1824年高斯就曾在给他老朋友托里努斯的信中这样写过:“三角形三内角之和小于180°,这个假定引导到特殊的,与我们完全不同的几何,我发展它本身,结果完全令人满意.”但是,这时初露锋芒的小波约伊正踌躇满志,高斯的复信引起这位数坛新星的极大误解,他误认为高斯是运用他崇高的威望来夺取自己关于新几何体系的发明权,并为此痛心疾首,发誓摒弃一切数学研究,在孤独与苦闷之中,度过了他的后半生.

与此同时,在俄国的喀山升起了一颗璀璨的新星,他就是俄罗斯的天才数学家罗巴切夫斯基(Никола́й Ива́нович Лобаче́вский,英文Nikolas lvanovich Lobachevsky,1792—1856).罗巴切夫斯基是在尝试解决欧氏第五公设问题的过程中,从失败走上他的发现之路的.罗巴切夫斯基是从1815年着手研究平行线理论的.开始他也是循着前人的思路,试图给出第五公设的证明.在保存下来的他的学生听课笔记中,就记有他在1816—1817学年度在几何教学中给出的一些证明.可是,很快他便意识到自己的证明是错误的.前人和自己的失败从反面启迪了他,使他大胆思索问题的相反提法:可能根本就不存在第五公设的证明.于是,他便调转思路,着手寻求第五公设不可证的解答.这是一个全新的,也是与传统思路完全相反的探索途径.罗巴切夫斯基正是沿着这个途径,在试证第五公设不可证的过程中发现了一个崭新的几何世界.

那么,罗巴切夫斯基是怎样证得第五公设不可证的呢?又是怎样从中发现新几何世界的呢?原来他创造性地运用了处理复杂数学问题常用的一种逻辑方法——反证法.

这种反证法的基本思想是:为证“第五公设不可证”,首先对第五公设加以否定,然后用这个否定命题和其他公理公设组成新的公理系统,并由此展开逻辑推演.

首先假设第五公设是可证的,即第五公设可由其他公理公设推演出来. 那么,在新公理系统的推演过程中一定会出现逻辑矛盾,至少第五公设和它的否定命题就是一对逻辑矛盾;反之,如果推演不出矛盾,就反驳了“第五公设可证”这一假设,从而也就间接证得“第五公设不可证”.

依照这个逻辑思路,罗巴切夫斯基对第五公设的等价命题——普列菲尔公理“过平面上直线外一点,只能引一条直线与已知直线不相交”作以否定,得到否定命题“过平面上直线外一点,至少可引两条直线与已知直线不相交”,并用这个否定命题和其他公理公设组成新的公理系统展开逻辑推演.

在推演过程中,他得到一连串古怪、非常不合乎常理的命题. 但是,经过仔细审查,却没有发现它们之间存在任何逻辑矛盾. 于是,远见卓识的罗巴切夫斯基大胆断言,这个“在结果中并不存在任何矛盾”的新公理系统可构成一种新的几何,它的逻辑完整性和严密性可以和欧几里得几何相媲美. 而这个无矛盾的新几何的存在,就是对第五公设可证性的反驳,也就是对第五公设不可证性的逻辑证明. 由于尚未找到新几何在现实世界的原型和类比物,罗巴切夫斯基慎重地把这个新几何称为“想象几何”.

1826 年 2 月 23 日,罗巴切夫斯基在喀山大学物理数学论坛上,宣读了他的第一篇关于非欧几何的论文:《几何学原理及平行线定理严格证明》. 这篇首创性论文的问世,标志着非欧几何的诞生. 由于这一时间要比 J. 波约伊附录的发表早,因此这一新几何体系被公认为属于罗巴切夫斯基,并称为罗氏几何学. 而 1826 年 2 月 23 日这一天,则被世人认定为非欧几何的诞生日.

然而,这一重大成果刚公之于世,就遭到正统数学家的冷漠和反对. 参加 1826 年 2 月 23 日学术会议的全是数学造诣较深的专家,其中有著名的数学家、天文学家西蒙诺夫,有后来成为科学院院士的古普费尔,以及后来在数学界颇有声望的博拉斯曼. 在这些人的心目中,罗巴切夫斯基是一位很有才华的青年数学家.

可是,出乎他们的意料,这位年轻的教授在简短的开场白之后,接着说的全是一些令人莫名其妙的话,诸如三角形的内角和小于 180°,而且随着边长增大而无限变小,直至趋于零;锐角一边的垂线可以和另一边不相交,等等.

这些命题不仅离奇古怪,与欧几里得几何相冲突,而且还与人们的日常经验相背离. 然而,报告者却认真地、充满信心地指出,它们属于一种逻辑严谨的新几何,和欧几里得几何有着同等的存在权利. 这些古怪的语言,竟然出自一个头脑清楚、治学严谨的数学家教授之口,不能不使与会者们感到意外. 他们先是表现出一种疑惑和惊讶,不一会儿,便流露出各种否定的表情.

宣讲论文后，罗巴切夫斯基诚恳地请与会者讨论，提出修改意见．可是，谁也不肯作任何公开评论，会场上一片冷漠．那些最先聆听到发现者本人讲述发现内容的同行专家，却因思想上的守旧，不仅没能理解这一发现的重要意义，反而采取了冷淡和轻慢的态度，这实在是一件令人遗憾的事情．

会后，系学术委员会委托西蒙诺夫、古普费尔和博拉斯曼组成三人鉴定小组，对罗巴切夫斯基的论文作出书面鉴定．他们的态度无疑是否定的，但又迟迟不肯写出书面意见，以致最后连文稿也给弄丢了．

罗巴切夫斯基的首创性论文没能引起学术界的注意和重视，论文本身也似石沉大海，不知被遗弃何处．但他并没有因此灰心丧气，而是顽强地继续独自探索新几何的奥秘．1829 年，他又撰写出一篇题为《几何学原理》的论文．这篇论文重现了第一篇论文的基本思想，并且有所补充和发展．此时，罗巴切夫斯基已被推选为喀山大学校长，可能出自对校长的“尊敬”，《喀山大学通报》全文发表了这篇论文．

1832 年，根据罗巴切夫斯基的请求，喀山大学学术委员会把这篇论文呈送彼得堡科学院审评．科学院委托著名数学家奥斯特罗格拉茨基院士作评定．奥斯特罗格拉茨基是新推选的院士，曾在数学物理、数学分析、力学和天体力学等方面有过卓越的成就，在当时学术界有很高的声望．可惜的是，就是这样一位杰出的数学家，也没能理解罗巴切夫斯基的新几何思想，甚至比喀山大学的教授们更加保守．

如果说喀山大学的教授们对罗巴切夫斯基本人还是很“宽容”的话，那么，奥斯特罗格拉茨基则使用极其挖苦的语言，对罗巴切夫斯基作了公开的指责和攻击．同年 11 月 7 日，他在给科学院的鉴定书中一开头就以嘲弄的口吻写道：“看来，作者旨在写出一部使人不能理解的著作．他达到自己的目的．”接着，对罗巴切夫斯基的新几何思想进行了歪曲和贬低，最后粗暴地断言：“由此我得出结论，罗马切夫斯基校长的这篇论文作谬误连篇，因而不值得科学院的注意．”这篇论文不仅引起了学术界权威的恼怒，而且还激起了社会上反动势力的敌对叫嚣．名叫布拉切克和捷列内的两个人，以匿名在《祖国之子》杂志上撰文，公开指名对罗巴切夫斯基进行人身攻击．

针对这篇污辱性的匿名文章，罗巴切夫斯基撰写了一篇反驳文章．但《祖国之子》杂志却以维护杂志声誉为由，将罗巴切夫斯基的文章扣压下来，一直不予发表．对此，罗巴切夫斯基极为气愤．

罗巴切夫斯基开创了数学的一个新领域，但他的创造性工作在生前始终没能得到学术界的重视和承认．就在他去世的前两年，俄国著名数学家布尼雅可夫斯基还在其所著的《平行线》一书中对罗巴切夫斯基发难，他试图通过论述非欧几何与经验认识的不一致性，来否定非欧几何的真实性．

英国著名数学家莫尔甘对非欧几何的抗拒心理表现得就更加明显了，他甚至在没有亲自研读非欧几何著作的情况下就武断地说:“我认为,任何时候也不会存在与欧几里得几何本质上不同的另外一种几何.”莫尔甘的话代表了当时学术界对非欧几何的普遍态度.

在创立和发展非欧几何的艰难历程上,罗巴切夫斯基始终没能遇到他的公开支持者,就连非欧几何的另一位发现者德国的高斯也不肯公开支持他的工作.

高斯是当时数学界首屈一指的学术巨匠,负有“欧洲数学之王”的盛名,早在1792年,也就是罗巴切夫斯基诞生的那一年,他就已经产生了非欧几何思想萌芽,到了1817年已到成熟程度.他把这种新几何最初称为“反欧几何”,后称“星空几何”,最后称“非欧几何”.但是,高斯由于害怕新几何会激起学术界的不满和社会的反对,会由此影响他的尊严和荣誉,生前一直没敢把自己的这一重大发现公之于世,只是谨慎地把部分成果写在日记和与朋友的往来书信中.

当高斯看到罗巴切夫斯基的德文非欧几何著作《平行线理论的几何研究》后,内心是矛盾的,他一方面私下在朋友面前高度称赞罗巴切夫斯基是“俄国最卓越的数学家之一”,并下决心学习俄语,以便直接阅读罗巴切夫斯基的全部非欧几何著作;另一方面,却又不准朋友向外界泄露他对非欧几何的有关告白,也从不以任何形式对罗巴切夫斯基的非欧几何研究工作加以公开评论;他积极推选罗巴切夫斯基为哥廷根皇家科学院通讯院士,但是,在评选会和他亲笔写给罗巴切夫斯基的推选通知书中,对罗巴切夫斯基在数学上的最卓越贡献——创立非欧几何却避而不谈.

高斯凭借他在数学界的声望和影响,完全有可能减少罗巴切夫斯基的压力,促进学术界对非欧几何的公认.然而,在顽固的保守势力面前他却丧失了斗争的勇气.高斯的沉默和软弱表现,不仅严重限制了他在非欧几何研究上所能达到的高度,而且客观上也助长了保守势力对罗巴切夫斯基的攻击.晚年的罗巴切夫斯基心情更加沉重,他不仅在学术上受到压制,而且在工作上还受到限制.按照当时俄国大学委员会的条例,教授任职的最高期限是30年,依照这个条例,1846年罗巴切夫斯基向人民教育部提出呈文,请求免去他在数学教研室的工作,并推荐让位给他的学生波波夫.

人民教育部早就对不顺从他们意志办事的罗巴切夫斯基抱有成见,但又找不到合适的机会免去他在喀山大学的校长职务.罗巴切夫斯基辞去教授职务的申请正好被他们用做借口,不仅免去了他主持教研室的工作,而且还违背他本人的意愿,免去了他在喀山大学的所有职务.被迫离开终生热爱的大学工作,使罗巴切夫斯基在精神上遭到严重打击.他对人民教育部的这项无理决定,表示了极大的愤慨.

家庭的不幸增加了他的苦恼.他最喜欢的、很有才华的大儿子因患肺结核医治无效死去，这使他十分伤感. 他的身体也越来越差，眼睛逐渐失明，最后终于什么也看不见了.

1856 年 2 月 12 日，伟大的学者罗巴切夫斯基在苦闷和抑郁中走完了他生命的最后一段路程. 喀山大学师生为他举行了隆重的追悼会. 在追悼会上，他的许多同事和学生高度赞扬他在建设喀山大学，提高民族教育水平和培养数学人才等方面的卓越功绩，可是谁也不提他的非欧几何研究工作，因为此时，人们还普遍认为非欧几何纯属“无稽之谈”.

罗巴切夫斯基为非欧几何的生存和发展奋斗了 30 多年，他从来没有动摇过对新几何远大前途的坚定信念. 为了扩大非欧几何的影响，争取早日取得学术界的承认，除了用俄文外，他还用法文、德文发表了自己的著作，同时还精心设计了检验大尺度空间几何特性的天文观测方案.

不仅如此，他还发展了非欧几何的解析和微分部分，使之成为一个完整的、有系统的理论体系. 在身患重病、卧床不起的困境下，他也没停止过对非欧几何的研究. 他的最后一部巨著《论几何学》，就是在他双目失明，临去世的前一年，口授他的学生完成的.

罗氏几何的发现，打破了欧氏几何一统空间的观念，促进了人类对几何学广阔领域的进一步探索.

1854 年，高斯的得意门生、才华横溢、誉满欧洲的德国数学家黎曼（Riemannian，1826—1866），在格廷根大学宣读了《关于几何基础的假设》的论文，提出了另一种不同于欧几里得，也不同于罗巴切夫斯基的新几何学. 在这种新的几何体系里，黎曼认为，平行是不存在的.“在一个平面上过直线外一点的所有直线，都与这一直线相交.”黎曼用上述命题作为公理，替代欧几里得的平行公理，并由此推出了“三角形内角和大于 180°”的结论.

不过，无论罗巴切夫斯基几何还是黎曼几何的诞生，都不是一帆风顺的. 由于罗巴切夫斯基天才的思想，大大超出了那个时代的认识水准，而且推出“三角形内角和小于 180°”等结论，与直观存在着矛盾，因此罗氏几何从诞生之日起，就一直遇到各方面的非难. 对于黎曼，尽管他在各方面有着极为卓越的成果，但他的几何理论同样没能得到同代人的赞许. 据说在黎曼宣读论文时，到场的除了年迈的高斯之外，再没有人能完全听得懂.

然而，真金是不怕火炼的，烈火的焚烧将更加显现出真金的本色！就在黎曼逝世的第三个年头，罗巴切夫期基逝世的第 12 个年头，1868 年，意大利数学家贝尔特拉米（Beltrami，1935—1900）发表了一篇著名论文《非欧几何解释的尝试》，证明非欧几何可以在欧氏空间的曲面上实现. 这就是说，非欧几何命题可以“翻译”成相应的欧氏几何命题，如果欧氏几何没有矛盾，非欧几何也就自然没有矛盾. 同时，他还给出了非欧几何在欧氏空间的曲面上的实际解析,例如,把黎曼几何看成类似于球面上的几何,等等. 两年后,德国数学家克莱因(Klein,1849—1925)也给出了另一种实际解析. 他把欧氏几何称为"抛物几何",因为它的直线有一个无穷远点;而罗氏几何称为"双曲几何",因为它的直线有两个无穷远点;黎曼几何则称为"椭圆几何",它的直线没有无穷远点.

经贝尔特拉米和克莱因两人的解析,非欧几何终于得到了人们的认识. 直到这时,长期无人问津的非欧几何才开始获得学术界的普遍注意和深入研究,罗巴切夫斯基和黎曼的独创性研究也由此得到学术界的高度评价和一致赞美,这时的罗巴切夫斯基则被人们赞誉为"几何学中的哥白尼".

1893 年,在喀山大学树立起了世界上第一个为数学家雕塑的塑像. 这位数学家就是俄国的伟大学者、非欧几何的重要创始人——罗巴切夫斯基.

在科学探索的征途上,一个人经得住一时的挫折和打击并不难,难的是勇于长期甚至终生在逆境中奋斗. 罗巴切夫斯基和黎曼就是在逆境中奋斗终生的勇士.

同样,一名科学工作者,特别是声望较高的学术专家,正确识别出那些已经成熟的或具有明显现实意义的科技成果并不难,难的是及时识别出那些尚未成熟或现实意义尚未显露出来的科学成果. 每一位科学工作者,既应当做一名勇于在逆境中顽强奋斗的科学探索者,又应当成为一个科学领域中新生事物的坚定支持者.

欧氏几何、罗氏几何、黎曼几何是三种各有区别的几何. 这三种几何各自所有的命题都构成了一个严密的公理体系,各公理之间满足和谐性、完备性和独立性. 因此这三种几何都是正确的.

在我们这个不大不小、不远不近的空间里,也就是在我们的日常生活中,欧式几何是适用的;在宇宙空间中或原子核世界,罗氏几何更符合客观实际;在地球表面研究航海、航空等实际问题中,黎曼几何更准确一些.

此后,以爱因斯坦相对论为代表的一系列科学成就,使物理学的直观和几何学的理论精妙地融合在一起. 从而使罗氏几何、欧氏几何和黎曼几何这几何王国的"孪生三姐妹"显得更加瑰丽!

1.4 希尔伯特公理体系

欧几里得的《几何原本》,虽然在教育和科学意义上,在历史上受到很高的评价,但用现在的科学水平衡量,它的几何逻辑结构在严谨性上还存在很多缺点. 首先,欧几里得的定义并不能成为一种数学定义,有的不过是几何对象点、线、面的一种直观描述,有的含混不清,这些定义在后面的论证中,实际上是无用的. 其次,欧几里得的公设和公理，是远不够用的，因此在《几何原本》的许多命题的论证中，不得不借助直观，或者或明或暗地引用了用他的公设和公理无法证明的事实. 填补欧几里得《几何原本》中的缺陷的工作，经历了 2 000 余年的时间，直至 19 世纪末才全部完成. 在这期间内，数学家一般都把《几何原本》看作是严格性方面的典范，但也有不少的数学家看出了其中的严重缺点并设法给予纠正. 为使几何基础结构得以完善，历代的数学家们付出了许多艰辛的劳动. 当历史的车轮转到 19 世纪时，欧几里得几何基础的一些关键问题得到了完满的解决：著名的物理学家赫姆霍尔兹（Helmholtz，1821—1916）于 1866 年提出"运动"的概念；康托（Cantor，1829—1920），戴德金（Dedekind，1862—1916）分别于 1871 年和 1872 年拟了"连续公理"；巴士（Pasch）于 1882 年拟了"顺序公理".

在历代数学家所积累的极其丰富资料的基础上，德国数学家希尔伯特（Hilbert，1862—1943，数学史上多科全能的天才，他的 23 个问题导致数学的分科，尽管他在数学史上作出了重大的贡献，但最令人敬佩的，莫过于他的高尚品质）于 1899 年发表了他著名的著作《几何基础》，在这本书上，他不但提出了完备的几何公理系统，而且还给出证明一个公理对于别的公理的独立性和证明已知公理系统确实完备的普遍原则. 希尔伯特的工作，完成了几何学完善的公理体系——"希尔伯特公理体系"，希尔伯特的工作已经使得欧几里得几何有了巩固的基础，使欧几里得几何的基础不再残缺，一种科学的几何从此永远地矗立于浩瀚的数学海洋之中！

希尔伯特的公理体系的全部公理分为 5 组 20 条. 在公理的开始，采用"点""直线""平面"3 个基本概念和"点在直线上""点在平面上""一点介于两点之间""两线段相等""两角相等"5 个基本关系. 公理体系满足他提出的 3 个基本要求，即相容性（公理之间互不矛盾）、独立性（每一条公理不能从其余的公理推出）、完备性（公理体系所有模型都是相互同构的）.

1.4.1 结合公理

①对于任意两个不同的点 A,B，存在着直线 a 通过每个点 A,B.

②对于任意两个不同的点 A,B，至多存在着一条直线通过每个点 A,B.

③在每条直线上至少有两个点，至少存在着三个点不在一条直线上.

④对于不在一条直线上的任意三个点 A,B,C，存在着平面 α 通过每个点 A,B,C，在每个平面上至少有一个点.

⑤对于不在一条直线上的任意三个点 A,B,C，至多有一个平面通过每个点 A,B,C.

⑥如果直线 a 上的两个点 A,B 在平面 α 上，那么直线 a 上的每个点都在平面 α 上.

⑦如果两个平面α,β有公共点A,那么至少还有另一公共点B.

⑧至少存在着4个点不在一个平面上.

1.4.2 顺序公理

①如果点B在点A和点C之间,那么A,B,C是一条直线上的不同的三点,且B也在C,A之间.

②对于任意两点A和B,直线AB上至少有一点C,使得B在A,C之间.

③在一条直线上的任意三点中,至多有一点在其余两点之间.

④设A,B,C是不在一条直线上的三个点;直线a在平面ABC上但不通过A,B,C中任一点;如果a通过线段AB的一个内点(线段AB的内点即A,B之间的点),那么a也必通过AC或BC的一个内点.

1.4.3 合同公理(合同记作≡)

①如果A,B是直线a上两点,A'是同一直线或另一条直线a'上的一点,那么在a'上点A'的某一侧必有且只有一点B',使得$A'B'\equiv AB$和$AB\equiv BA$.

②如果两线段都合同于第三线段,这两线段也合同.

③若点B介于A和C之间,B'介于A'和C'之间,且$A'B'\equiv AB$,$BC\equiv B'C'$,则$AC\equiv A'C'$.

④设平面α上给定$\angle(h,k)$,在α或另一平面α'上给定直线a'和a'所确定的某一侧,如果h'是α'上以点O'为端点的射线,那么必有且只有一条以O'为端点的射线k'存在,使得$\angle(h',k')\equiv\angle(h,k)$.

⑤设A,B,C是不在一条直线上的三点,A',B',C'也是不在一条直线上的三点,如果$AB\equiv A'B'$,$AC\equiv A'C'$,$\angle BAC\equiv\angle B'A'C'$,那么$\angle ABC\equiv\angle A'B'C'$,$\angle ACB\equiv\angle A'C'B'$.

1.4.4 连续公理

①阿基米德公理:如果AB和CD是任意两线段,那么以A为端点的射线上,必有这样的有限个点$A_1,A_2,\cdots,A_n$,使得线段$AA_1,A_1A_2,\cdots,A_{n-1}A_n$都和线段$CD$合同,而且$B$在$A_{n-1}$和$A_n$之间.

②康托公理:设在任意直线a上给了线段的无穷序列$A_1B_1,A_2B_2,\cdots$其中每个后面的都在前面一个的内部;而且对于任何预先给定的线段,都可以找到号码n,使得线段A_nB_n小于这个线段,那么在直线a上就存在着一个点x,落在所有线段$A_1B_1,A_2B_2,\cdots$的内部.

1.4.5 平行公理

设点 A 不在直线 a 上,则至多存在一条直线通过 A 而与 a 共面但无公共点.

习题 1

1. 论述高校师范生学习初等几何的现实意义.
2. 在几何学发展过程中,几何学有哪几种分类？举例说明.
3. 非欧几何发展初期,哪些数学家进行了尝试性的探索工作？

第2章　平面几何问题

平面几何是中学数学的重要组成部分,它是以几何学中平面图形为研究对象的基础学科.因为平面几何具有内容集中、体系完整、逻辑结构严谨以及直观分析与严密的推理论证相结合的研究方法等特点,所以通过它的教学能在较短的时间内使学生的逻辑思维能力与空间想象能力得到较大的提高.因此平面几何知识是培养学生逻辑推理能力的最好载体.同时,几何证明过程还包含着大量的直观、想象、探究和发现的因素,这对培养学生的创新意识、演绎、逻辑推理等非常有益.现行的高中新课标教材中增加了“几何证明选讲”的内容,同时平面几何知识也成了高考的内容之一,这表明我国的中小学教育对平面几何知识的重视,因此,高等师范院校数学教育专业的学生学习相关的平面几何知识具有一定的现实意义.

本章主要用“面积法”和“坐标法”研究平面几何中的全等、相似、共线、共点等问题,同时用初等几何变换进一步研究平面几何问题.

2.1　平面几何解题新思路——应用“面积法”研究平面几何问题

2.1.1　基本知识

①为了表示方便,以后我们一般用形如 $S_{\triangle ABC}$ 表示 $\triangle ABC$ 的面积.

②三角形面积公式: $S_{\triangle ABC}=\frac{1}{2}\times$底$\times$高$=\frac{1}{2}ab\sin C$

③等底等高的三角形面积相等.

如图2.1(1)所示: $S_{\triangle PAB}=S_{\triangle QAB}$

④等高的三角形面积之比等于其底之比.

如图2.1(2)所示: $\frac{S_{\triangle ABD}}{S_{\triangle ADC}}=\frac{BD}{DC}$

下面首先证明几个简单但很实用的定理,通过以下定理我们便可以开辟一条研究平面几何的新思路.

定理1(三角形共边定理):设直线 AB 与直线 CD 相交于点 E,如图2.2所示,则$\dfrac{S_{\triangle CAB}}{S_{\triangle DAB}}=\dfrac{CE}{DE}$.

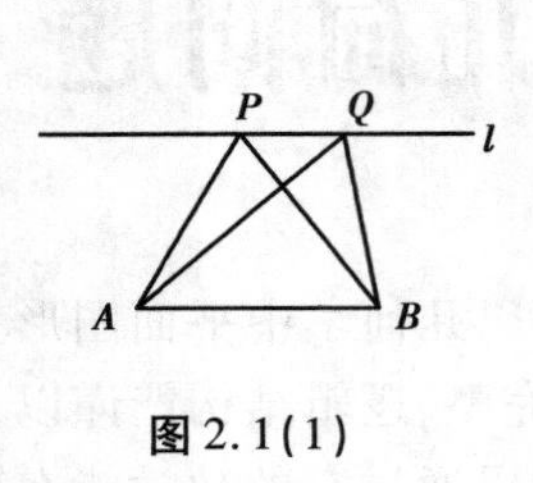

图 2.1(1)

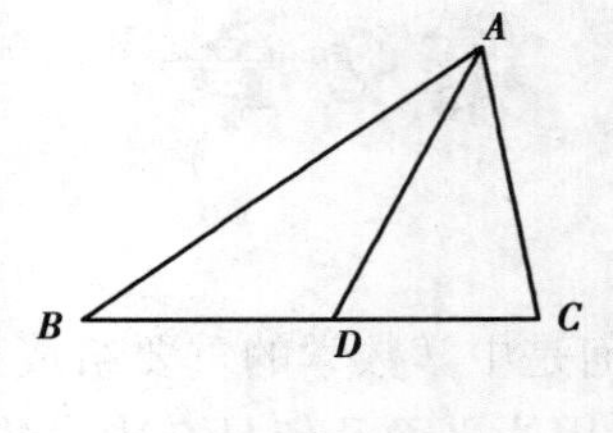

图 2.1(2)

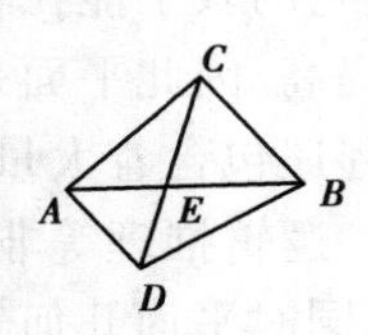

图 2.2(1)

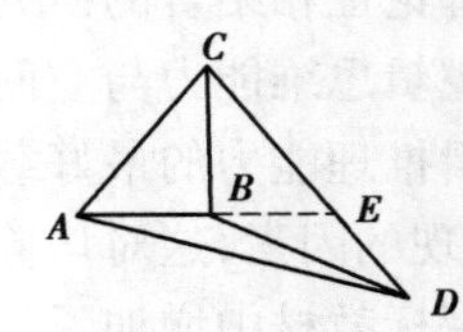

图 2.2(2)

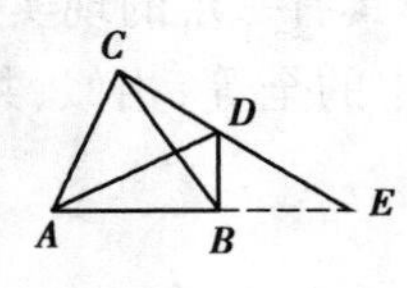

图 2.2(3)

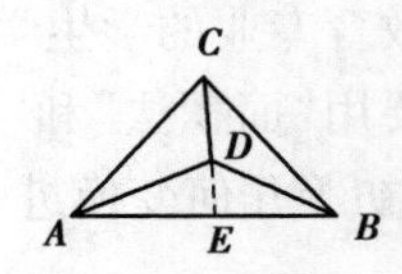

图 2.2(4)

证明:下面的证明适合以上 4 种中的任意一种情形.

不妨设点 E 与点 B 不重合(若重合,结论显然成立),在直线 AB 上另取一点 F,使 $AB=EF$,如图 2.3 所示,则:

$$\frac{S_{\triangle CAB}}{S_{\triangle DAB}}=\frac{S_{\triangle CEF}}{S_{\triangle DEF}}=\frac{CE}{DE}$$

定理 2(等积移动定理):如图 2.4 所示,若已知 $AB/\!/CD$,则 $S_{\triangle CAB}=S_{\triangle DAB}$.

证明:如图 2.4 所示,因为 $AB/\!/CD$,所以$\triangle CAB$ 和$\triangle DAB$ 等底等高,即:

$$S_{\triangle CAB}=S_{\triangle DAB}$$

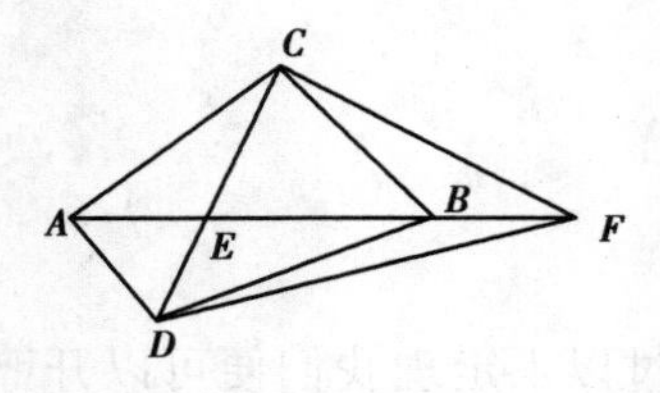

图 2.3

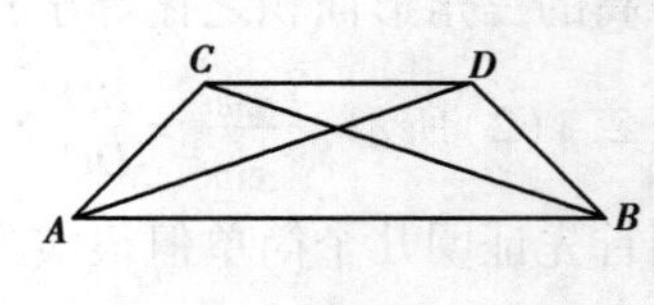

图 2.4

定理3(等积移动定理逆定理):若 C,D 两点在直线 AB 同侧,且 $S_{\triangle CAB}=S_{\triangle DAB}$,则直线 $CD /\!/ AB$.

证明:(反证法)假设线段 CD 延长后与直线 AB 相交于点 E,如图2.5所示,则由三角形共边定理得 $\dfrac{S_{\triangle CAB}}{S_{\triangle DAB}}=\dfrac{CE}{DE}$.

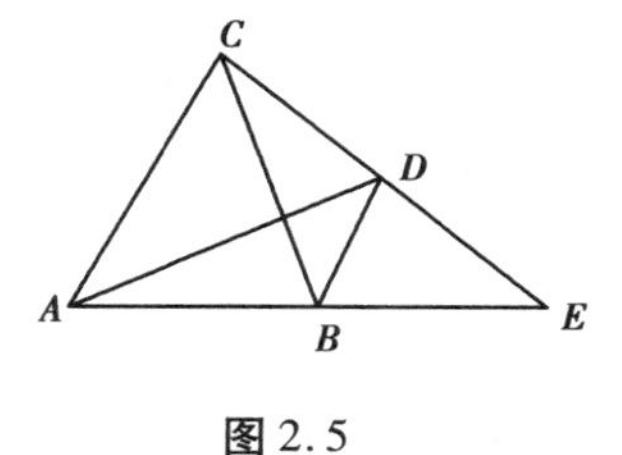

图2.5

$\because CE>DE$

$\therefore \dfrac{CE}{DE}>1$

$\therefore S_{\triangle CAB}>S_{\triangle DAB}$,与已知条件 $S_{\triangle CAB}=S_{\triangle DAB}$矛盾

$\therefore$ 线段 CD 延长后与直线 AB 相交不成立

$\therefore$ 直线 $CD /\!/ AB$.

定理4(三角形等角定理):在$\triangle ABC$ 和$\triangle A'B'C'$中,若$\angle B=\angle B'$或$\angle B+\angle B'=180°$,则有$\dfrac{S_{\triangle ABC}}{S_{\triangle A'B'C'}}=\dfrac{AB\cdot BC}{A'B'\cdot B'C'}$.

证明:(方法1)把$\triangle ABC$ 和$\triangle A'B'C'$拼在一起,使$\angle B$ 的两边所在直线与$\angle B'$所在直线重合,如图2.6所示,其中(1)是$\angle B=\angle B'$的情况,(2)是$\angle B+\angle B'=180°$的情况.

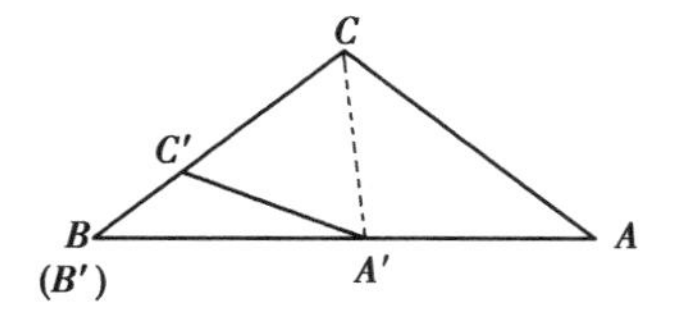

图2.6(1)

图2.6(2)

两种情况下都有:

$$\begin{aligned}\frac{S_{\triangle ABC}}{S_{\triangle A'B'C'}}&=\frac{S_{\triangle ABC}}{S_{\triangle A'BC}}\cdot\frac{S_{\triangle A'BC}}{S_{\triangle A'B'C'}}\\&=\frac{AB}{A'B'}\cdot\frac{BC}{B'C'}\\&=\frac{AB\cdot BC}{A'B'\cdot B'C'}\end{aligned}$$

(方法2):$\dfrac{S_{\triangle ABC}}{S_{\triangle A'B'C'}}=\dfrac{\frac{1}{2}AB\cdot BC\cdot\sin\angle B}{\frac{1}{2}A'B'\cdot B'C'\cdot\sin\angle B'}=\dfrac{AB\cdot BC}{A'B'\cdot B'C'}$

定理5(三角形等角逆定理的预备定理):在$\triangle ABC$和$\triangle A'B'C'$中,若$\angle B>\angle B'$且$\angle B+\angle B'<180°$,则有:

$$\frac{S_{\triangle ABC}}{S_{\triangle A'B'C'}}>\frac{AB\cdot BC}{A'B'\cdot B'C'}$$

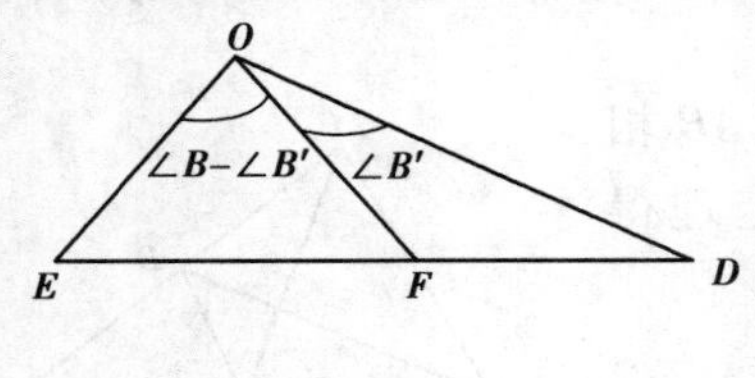

图2.7

证明:(构造法)如图2.7所示,构造一个顶角为$\angle B-\angle B'$的等腰三角形EOF($OE=OF$),延长EF至D使$\angle FOD=\angle B'$,则$\angle EOD=\angle B$,所以由三角形等角定理得:

$$\frac{S_{\triangle ABC}}{S_{\triangle EOD}}=\frac{AB\cdot BC}{EO\cdot OD},\frac{S_{\triangle A'B'C'}}{S_{\triangle FOD}}=\frac{A'B'\cdot B'C'}{FO\cdot OD}$$

$$\therefore\frac{S_{\triangle ABC}}{AB\cdot BC}=\frac{S_{\triangle EOD}}{EO\cdot OD}$$

$$\frac{S_{\triangle A'B'C'}}{A'B'\cdot B'C'}=\frac{S_{\triangle FOD}}{FO\cdot OD}$$

$$\because S_{\triangle EOD}>S_{\triangle FOD},OE=OF$$

$$\therefore\frac{S_{\triangle EOD}}{EO\cdot OD}>\frac{S_{\triangle FOD}}{FO\cdot OD},\frac{S_{\triangle ABC}}{AB\cdot BC}>\frac{S_{\triangle A'B'C'}}{A'B'\cdot B'C'},\text{即}\frac{S_{\triangle ABC}}{S_{\triangle A'B'C'}}>\frac{AB\cdot BC}{A'B'\cdot B'C'}$$

定理6(三角形等角逆定理):若$\triangle ABC$和$\triangle A'B'C'$的面积比等于$\angle B$与$\angle B'$的两夹边乘积之比,即若$\frac{S_{\triangle ABC}}{S_{\triangle A'B'C'}}=\frac{AB\cdot BC}{A'B'\cdot B'C'}$,那么$\angle B=\angle B'$或$\angle B+\angle B'=180°$.

证明:(证法1:反证法)假设$\angle B+\angle B'>180°$或$\angle B+\angle B'<180°$,不妨设$\angle B>\angle B'$.

①若$\angle B+\angle B'<180°$,则由三角形等角逆定理的预备定理得:$\frac{S_{\triangle ABC}}{S_{\triangle A'B'C'}}>\frac{AB\cdot BC}{A'B'\cdot B'C'}$,这与已知条件$\frac{S_{\triangle ABC}}{S_{\triangle A'B'C'}}=\frac{AB\cdot BC}{A'B'\cdot B'C'}$矛盾,$\therefore\angle B+\angle B'<180°$不成立.

②若$\angle B+\angle B'>180°$,如图2.8所示,延长AB至D,使$AB=BD$,延长$A'B'$至D',使$A'B'=B'D'$,由假设$\angle B>\angle B'\Rightarrow\angle DBC<\angle D'B'C'$,又由$\angle B+\angle B'>180°\Rightarrow\angle DBC+\angle D'B'C'<180°$.

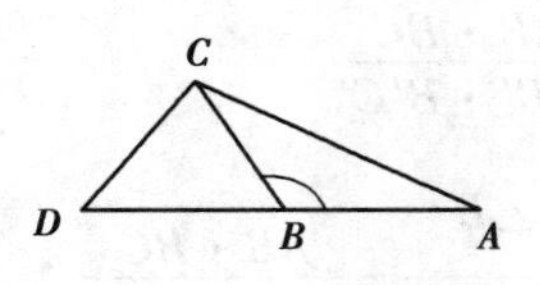

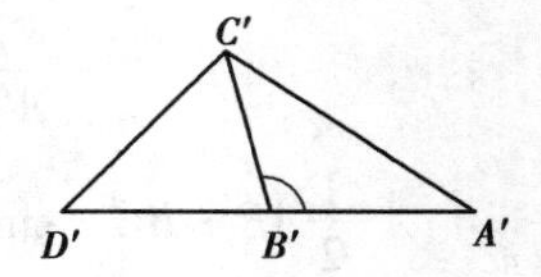

图2.8

$\therefore$ 由三角形等角逆定理的预备定理得：$\dfrac{S_{\triangle DBC}}{S_{\triangle D'B'C'}}<\dfrac{DB\cdot BC}{D'B'\cdot B'C'}$

$\because AB=BD,A'B'=B'D'$

$\therefore S_{\triangle ABC}=S_{\triangle DBC},S_{\triangle A'B'C'}=S_{\triangle D'B'C'}$

$\therefore \dfrac{S_{\triangle ABC}}{S_{\triangle A'B'C'}}<\dfrac{DB\cdot BC}{D'B'\cdot B'C'}=\dfrac{AB\cdot BC}{A'B'\cdot B'C'}$，即$\dfrac{S_{\triangle ABC}}{S_{\triangle A'B'C'}}<\dfrac{AB\cdot BC}{A'B'\cdot B'C'}$，这与已知条件$\dfrac{S_{\triangle ABC}}{S_{\triangle A'B'C'}}=\dfrac{AB\cdot BC}{A'B'\cdot B'C'}$矛盾.

$\therefore$ 假设$\angle B+\angle B'>180°$不成立.

综合①，②可知：若$\dfrac{S_{\triangle ABC}}{S_{\triangle A'B'C'}}=\dfrac{AB\cdot BC}{A'B'\cdot B'C'}$，那么$\angle B=\angle B'$或$\angle B+\angle B'=180°$.

（证法2）$\because \dfrac{S_{\triangle ABC}}{S_{\triangle A'B'C'}}=\dfrac{AB\cdot BC}{A'B'\cdot B'C'}$，而$\dfrac{S_{\triangle ABC}}{S_{\triangle A'B'C'}}=\dfrac{\frac{1}{2}AB\cdot BC\sin\angle B}{\frac{1}{2}A'B'\cdot B'C'\sin\angle B'}$

$\therefore \sin\angle B=\sin\angle B'$

又$\because \angle B$与$\angle B'$都为三角形的内角

$\therefore \angle B=\angle B'$或$\angle B+\angle B'=180°$

2.1.2 运用"三角形共边定理""等角定理"和"等积移动定理"研究三角形中的一些重要定理

例1（等腰三角形的判定定理） $\triangle ABC$中，若$\angle B=\angle C$，则$AB=AC$.

证明：如图2.9所示，$\because \angle B=\angle C$

$\therefore$ 由三角形等角定理得：$\dfrac{S_{\triangle ABC}}{S_{\triangle ACB}}=\dfrac{AB\cdot BC}{AC\cdot CB}$，而$\dfrac{S_{\triangle ABC}}{S_{\triangle ACB}}=1$

$\therefore \dfrac{AB\cdot BC}{AC\cdot CB}=1$

$\therefore AB=AC$.

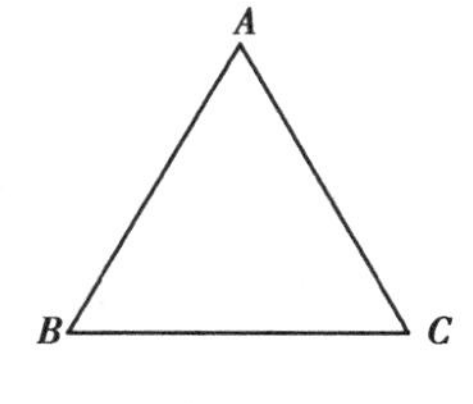

图2.9

例2（等腰三角形的性质定理） $\triangle ABC$中，若$AB=AC$，则$\angle B=\angle C$.

证明：如图2.9所示，由$AB=AC$得$\dfrac{AB\cdot BC}{AC\cdot CB}=1$，而$\dfrac{S_{\triangle ABC}}{S_{\triangle ACB}}=1$，$\therefore \dfrac{S_{\triangle ABC}}{S_{\triangle ACB}}=\dfrac{AB\cdot BC}{AC\cdot CB}$，又由三角形等角逆定理得：$\angle B=\angle C$或$\angle B+\angle C=180°$，而$\angle B+\angle C=180°$不成立，所以$\angle B=\angle C$.

例 3(三角形内角平分线定理)　如图 2.10 所示,若 AD 是$\triangle ABC$ 的$\angle A$ 的平分线,则$\frac{BD}{DC}=\frac{AB}{AC}$.

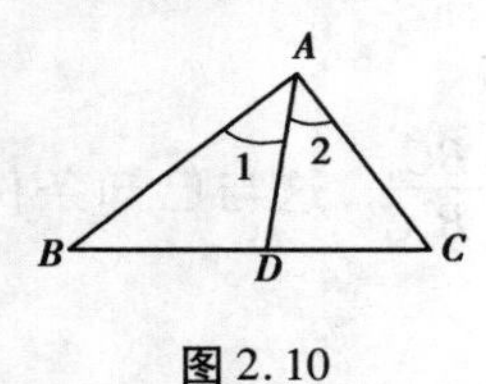

图 2.10

证明:如图 2.10 所示,

$\because AD$ 是$\triangle ABC$ 中$\angle A$ 的平分线

$\therefore \angle 1=\angle 2$,即$\angle BAD=\angle DAC$

$\therefore$ 由三角形等角定理得:$\frac{S_{\triangle ABD}}{S_{\triangle DAC}}=\frac{AB\cdot AD}{AD\cdot AC}=\frac{AB}{AC}$

又$\because \frac{S_{\triangle ABD}}{S_{\triangle DAC}}=\frac{BD}{DC}$

$\therefore \frac{BD}{DC}=\frac{AB}{AC}$

例 4(三角形内角平分线逆定理)　如图 2.10 所示,若 D 为$\triangle ABC$ 中边 BC 上的一个点,且满足$\frac{BD}{DC}=\frac{AB}{AC}$,则 AD 是$\triangle ABC$ 的$\angle A$ 的平分线.

证明:如图 2.10,$\because \frac{S_{\triangle ABD}}{S_{\triangle DAC}}=\frac{BD}{DC},\frac{BD}{DC}=\frac{AB}{AC}$

$\therefore \frac{S_{\triangle ABD}}{S_{\triangle DAC}}=\frac{AB}{AC}=\frac{AB\cdot AD}{AD\cdot AC}$

$\therefore$ 由三角形等角逆定理得:$\angle 1=\angle 2$,即$\angle BAD=\angle DAC$ 或$\angle 1+\angle 2=180°$,即$\angle BAD+\angle DAC=180°$

$\because \angle A$ 是$\triangle ABC$ 的内角

$\therefore \angle A\neq 180°$,即$\angle 1+\angle 2\neq 180°$,也就是$\angle BAD+\angle DAC\neq 180°$

$\therefore \angle 1=\angle 2$,即$\angle BAD=\angle DAC$

$\therefore AD$ 是$\triangle ABC$ 的$\angle A$ 的平分线.

例 5(三角形外角平分线定理)　如图 2.11 所示,若 AD 是$\triangle ABC$ 的$\angle A$ 的外角平分线,则$\frac{BD}{DC}=\frac{AB}{AC}$.

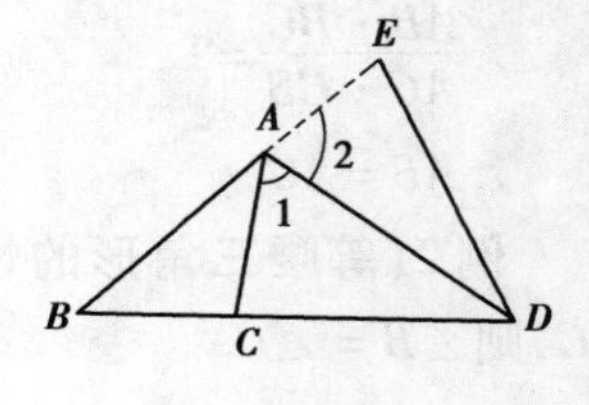

图 2.11

证明:如图 2.11,在 BA 的延长线上任取一点 E,连接 DE

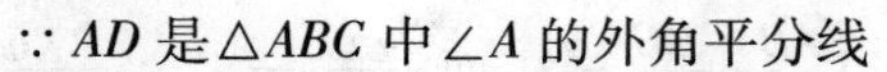
$\because AD$ 是$\triangle ABC$ 中$\angle A$ 的外角平分线

$\therefore \angle 1=\angle 2$,即$\angle CAD=\angle DAE$

$\therefore$ 由三角形等角定理得:

$$\begin{cases}\dfrac{S_{\triangle DAE}}{S_{\triangle DAC}}=\dfrac{EA\cdot AD}{AD\cdot AC}=\dfrac{EA}{AC}\cdots\cdots①\\ \dfrac{S_{\triangle DAB}}{S_{\triangle DAE}}=\dfrac{AB}{AE}\cdots\cdots②\end{cases}$$

$\therefore$ ①×②得：$\dfrac{S_{\triangle DAB}}{S_{\triangle DAC}}=\dfrac{AB}{AC}$

又$\because \dfrac{S_{\triangle DAB}}{S_{\triangle DAC}}=\dfrac{BD}{DC}$

$\therefore \dfrac{BD}{DC}=\dfrac{AB}{AC}$.

例6（三角形外角平分线逆定理）　如图2.11，若D是$\triangle ABC$的BC边延长线上的一个点，且满足$\dfrac{BD}{DC}=\dfrac{AB}{AC}$，则$AD$是$\triangle ABC$的$\angle A$的外角平分线.

证明：如图2.11，在BA的延长线上任取一点E，连接DE.

$\because \dfrac{S_{\triangle ABD}}{S_{\triangle ACD}}=\dfrac{BD}{DC}\cdots\cdots①$

$\dfrac{S_{\triangle DAB}}{S_{\triangle DAE}}=\dfrac{AB}{AE}\cdots\cdots②$

$\therefore$ ①÷②得：$\dfrac{S_{\triangle DAE}}{S_{\triangle DAC}}=\dfrac{BD}{DC}\cdot\dfrac{AE}{AB}$

$\because \dfrac{BD}{DC}=\dfrac{AB}{AC}$

$\therefore \dfrac{S_{\triangle DAE}}{S_{\triangle DAC}}=\dfrac{AB}{AC}\cdot\dfrac{AE}{AB}=\dfrac{AE}{AC}=\dfrac{AE\cdot AD}{AD\cdot AC}$

$\therefore$ 由三角形等角逆定理得：$\angle 1=\angle 2$，即$\angle CAD=\angle DAE$或$\angle 1+\angle 2=180°$，即$\angle CAD+\angle DAE=180°$

$\because \angle A$是$\triangle ABC$的外角

$\therefore \angle CAE\neq 180°$，即$\angle 1+\angle 2\neq 180°$，也就是$\angle CAD+\angle DAE\neq 180°$

$\therefore \angle 1=\angle 2$，即$\angle CAD=\angle DAE$

$\therefore AD$是$\triangle ABC$的$\angle A$的外角平分线

有了例5和例6的结论，我们便可轻松证明阿波罗尼斯定理.

例7（阿波罗尼斯定理）　若动点P到两定点A,B的距离PA,PB的比等于定比$\dfrac{m}{n}(m\neq n)$，则点P在把线段AB内分和外分成定比$\dfrac{m}{n}$的两个点的连接线段为直径的圆上.

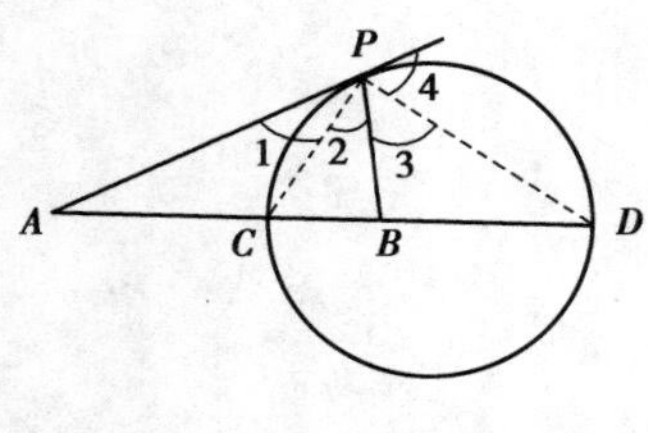

图 2.12

证明:如图 2.12,在$\triangle APB$中,作$\angle P$的内角平分线PC交AB于点C,则由三角形内角平分线定理得:

$\dfrac{AC}{CB}=\dfrac{AP}{PB}$,由题意知$\dfrac{AP}{PB}=\dfrac{m}{n}$,

$\therefore \dfrac{AC}{CB}=\dfrac{m}{n}$

再作与$\angle P$相邻的外角平分线PD交直线AB于点D,则由三角形外角平分线定理得:$\dfrac{AD}{BD}=\dfrac{AP}{PB}$

$\therefore \dfrac{AD}{BD}=\dfrac{m}{n}$

$\because \angle 1=\angle 2, \angle 3=\angle 4, \angle 1+\angle 2+\angle 3+\angle 4=180°$

$\therefore \angle 2+\angle 3=90°$,即$\angle CPD=90°$

$\therefore$ 点P在以把线段AB内分和外分成定比$\dfrac{m}{n}$的两个点C,D的连线段CD为直径的圆上.

例 8(三角形重心定理) 如图 2.13,若G是$\triangle ABC$的重心,AD,BE,CF分别是$\triangle ABC$三边BC,CA,AB的中线,则:

$\dfrac{AG}{GD}=\dfrac{BG}{GE}=\dfrac{CG}{GF}=\dfrac{2}{1}.$

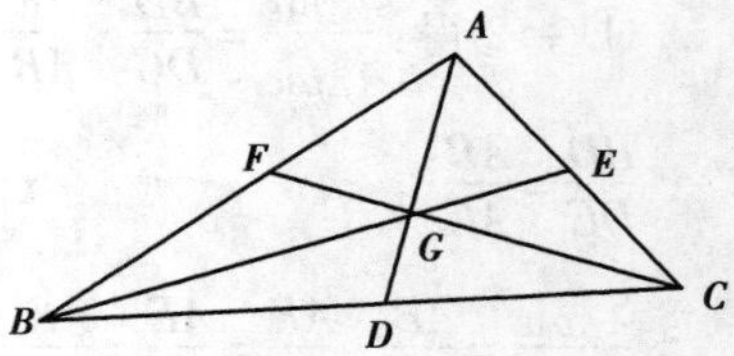

证明:如图 2.13,$\because AD,BE,CF$分别是$\triangle ABC$三边BC,CA,AB的中线,则点D,E,F分别为BC,CA,AB的中点

图 2.13

$\therefore S_{\triangle GBD}=S_{\triangle GDC}, S_{\triangle GEC}=S_{\triangle GEA}, S_{\triangle GAF}=S_{\triangle GBF}$

由三角形共边定理得:$1=\dfrac{BD}{DC}=\dfrac{S_{\triangle BAG}}{S_{\triangle CAG}}, 1=\dfrac{CE}{EA}=\dfrac{S_{\triangle CBG}}{S_{\triangle ABG}}$

$\therefore S_{\triangle BAG}=S_{\triangle CAG}, S_{\triangle CBG}=S_{\triangle ABG} \Rightarrow S_{\triangle GBD}=S_{\triangle GDC}=S_{\triangle GEC}=S_{\triangle GEA}=S_{\triangle GAF}=S_{\triangle GBF}$

$\because \dfrac{AG}{GD}=\dfrac{S_{\triangle BAG}}{S_{\triangle BDG}}$

而$S_{\triangle BAG}=2S_{\triangle GBD}$

$\therefore \dfrac{AG}{GD}=\dfrac{2}{1}$,同理可证$\dfrac{CG}{GF}=\dfrac{2}{1},\dfrac{BG}{GE}=\dfrac{2}{1}$.

例 9(三角形全等的判定)

①"角边角"判定定理($a.s.a$):如图 2.14,两角夹一边对应相等的两个三角形

全等，即在$\triangle ABC$和$\triangle A'B'C'$中，若$\angle A=\angle A'$，$\angle B=\angle B'$，$AB=A'B'$，则$\triangle ABC\cong\triangle A'B'C'$

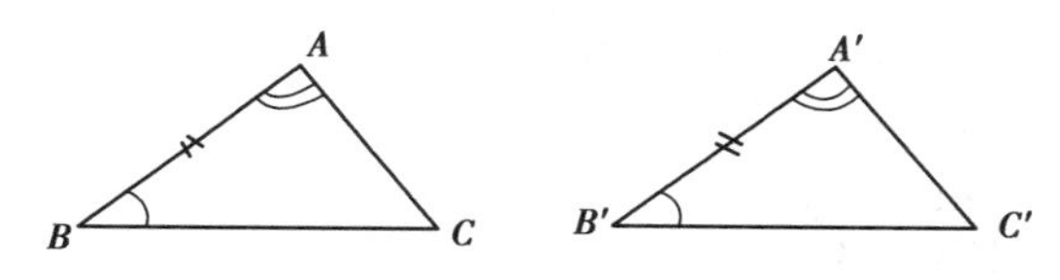

图 2.14

证明：如图 2.14，

$\because \angle A=\angle A', \angle B=\angle B'$

$\therefore \angle C=\angle C'$

由$\angle A=\angle A', \angle B=\angle B' \Rightarrow \dfrac{S_{\triangle ABC}}{S_{\triangle A'B'C'}}=\dfrac{AB\cdot AC}{A'B'\cdot A'C'}, \dfrac{S_{\triangle ABC}}{S_{\triangle A'B'C'}}=\dfrac{AB\cdot BC}{A'B'\cdot B'C'}$

$\because AB=A'B'$

$\therefore \dfrac{S_{\triangle ABC}}{S_{\triangle A'B'C'}}=\dfrac{AC}{A'C'}, \dfrac{S_{\triangle ABC}}{S_{\triangle A'B'C'}}=\dfrac{BC}{B'C'}$

$\therefore \dfrac{AC}{A'C'}=\dfrac{BC}{B'C'}$

又由$\angle C=\angle C' \Rightarrow \dfrac{S_{\triangle ABC}}{S_{\triangle A'B'C'}}=\dfrac{BC\cdot AC}{B'C'\cdot A'C'}$

$\therefore \dfrac{BC\cdot AC}{B'C'\cdot A'C'}=\dfrac{AC}{A'C'}=\dfrac{BC}{B'C'} \Rightarrow AC=A'C', BC=B'C'$

$\therefore \triangle ABC\cong\triangle A'B'C'$

②**“角角边”($a.a.s$)判定定理：**如图 2.15，两角和一边对应相等的两个三角形全等，即在$\triangle ABC$和$\triangle A'B'C'$中，若$\angle A=\angle A'$，$\angle B=\angle B'$，$BC=B'C'$，则$\triangle ABC\cong\triangle A'B'C'$.

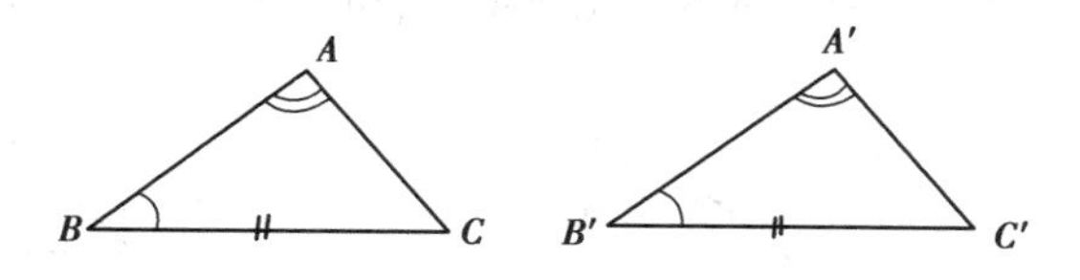

图 2.15

证明：如图 2.15，

$\because \angle A=\angle A', \angle B=\angle B'$

$\therefore \angle C=\angle C'$，由$\angle B=\angle B'$

$BC=B'C' \Rightarrow \dfrac{S_{\triangle ABC}}{S_{\triangle A'B'C'}}=\dfrac{AB\cdot BC}{A'B'\cdot B'C'}=\dfrac{AB}{A'B'}$

同理,由$\angle C=\angle C'$,$BC=B'C'\Rightarrow\dfrac{S_{\triangle ABC}}{S_{\triangle A'B'C'}}=\dfrac{AC}{A'C'}$

又由$\angle A=\angle A'\Rightarrow\dfrac{S_{\triangle ABC}}{S_{\triangle A'B'C'}}=\dfrac{AB\cdot AC}{A'B'\cdot A'C'}$

$\therefore \dfrac{AB}{A'B'}=\dfrac{AC}{A'C'}=\dfrac{AB\cdot AC}{A'B'\cdot A'C'}$

$\therefore AC=A'C', AB=A'B'$

$\therefore \triangle ABC\cong\triangle A'B'C'$

③**"边角边"($s.a.s$)判定定理:**如图2.16,两边及其夹角对应相等的两个三角形全等,即在$\triangle ABC$和$\triangle A'B'C'$中,若$\angle A=\angle A'$,$AB=A'B'$,$AC=A'C'$,则$\triangle ABC\cong\triangle A'B'C'$.

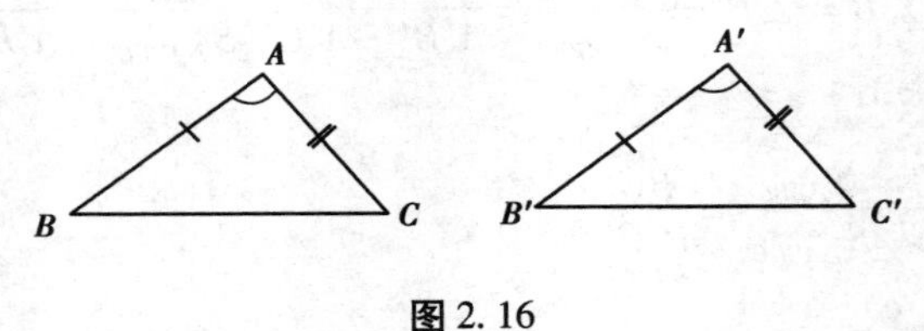

图2.16

证明:如图2.16,

$\because \angle A=\angle A'$

$\therefore AC=A'C', AB=A'B'$

$\therefore$ 将点A放在A'上,点B放在B'上,点C放在$A'B'$的对面且与点B'同侧

$\because \angle A=\angle A'$

$\therefore C$重合于C',从而BC重合于$B'C'$

$\therefore \triangle ABC\cong\triangle A'B'C'$

④**"边边边"($s.s.s$)判定定理:**如图2.17,三边对应相等的两个三角形全等,即在$\triangle ABC$和$\triangle A'B'C'$中,若$AB=A'B'$,$AC=A'C'$,$BC=B'C'$,则$\triangle ABC\cong\triangle A'B'C'$.

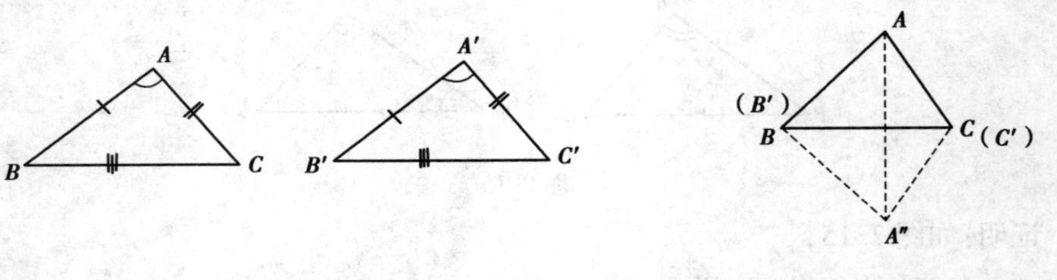

图2.17(1) 图2.17(2)

证明:如图2.17,$\because AB=A'B'$,$AC=A'C'$,$BC=B'C'$

$\therefore$ 把B'放在B上,C'放在C上,A'放在BC所对A的异侧A''上,如图2.17(2)

$\therefore AB=A''B, AC=A''C, \angle B'A'C'=\angle BA''C\Rightarrow\angle BAA''=\angle BA''A, \angle CAA''=\angle CA''A$

$\therefore \angle BAA'' + \angle CAA'' = \angle BA''A + \angle CA''A$，即$\angle BAC = \angle BA''C = \angle B'A'C'$

即得到$\angle A = \angle A'$

$\because AB = A'B', AC = A'C', BC = B'C'$

$\therefore$ 由③（s,a,s 判定法）得：$\triangle ABC \cong \triangle A'B'C'$

⑤**"角边边"**（a. s. s）**判定法**：如图 2.18，在$\triangle ABC$和$\triangle A'B'C'$中，若$AB = A'B'$，$BC = B'C'$，$\angle A = \angle A'$，且$\angle C + \angle C' \neq 180°$，则$\triangle ABC \cong \triangle A'B'C'$.

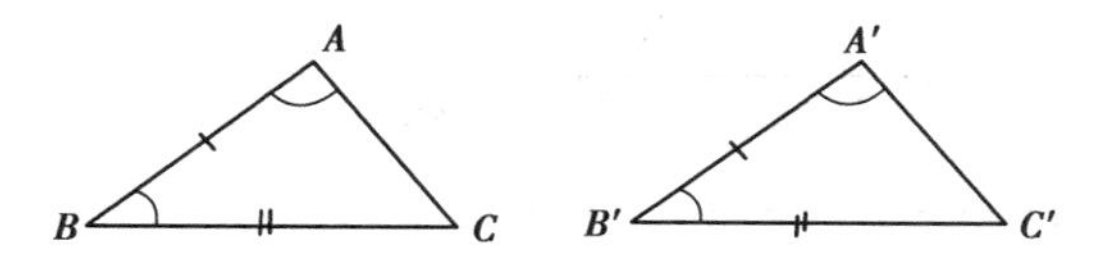

图 2.18

证明：如图 2.18，$\because \angle A = \angle A', AB = A'B', BC = B'C'$

$\therefore$ 由三角形等角定理得：$\dfrac{S_{\triangle ABC}}{S_{\triangle A'B'C'}} = \dfrac{AB \cdot AC}{A'B' \cdot A'C'} = \dfrac{AC}{A'C'} = \dfrac{BC \cdot AC}{B'C' \cdot A'C'}$

$\therefore$ 由三角形等角逆定理得：$\angle C = \angle C'$或$\angle C + \angle C' = 180°$，而题设中$\angle C + \angle C' \neq 180°$

$\therefore \angle C = \angle C', \angle B = \angle B'$

$\therefore$ 由以上③中（s. a. s 判定法）得：$\triangle ABC \cong \triangle A'B'C'$

例 10（三角形相似的判定）

①**判定定理 1**：如果一个三角形的三个角和另一个三角形的三个角对应相等，那么这两个三角形相似，即如图 2.19（1），在$\triangle ABC$和$\triangle A'B'C'$中，若$\angle A = \angle A'$，$\angle B = \angle B'$，$\angle C = \angle C'$，则$\triangle ABC \backsim \triangle A'B'C'$.

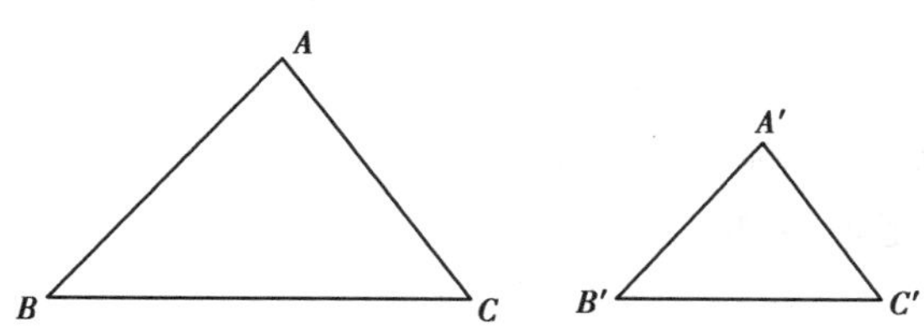

图 2.19（1）

证明：如图 2.19（1），$\because \angle A = \angle A', \angle B = \angle B', \angle C = \angle C'$

$\therefore$ 由三角形等角定理得：$\dfrac{S_{\triangle ABC}}{S_{\triangle A'B'C'}} = \dfrac{AB \cdot AC}{A'B' \cdot A'C'} = \dfrac{AB \cdot BC}{A'B' \cdot B'C'} = \dfrac{BC \cdot AC}{B'C' \cdot A'C'} \Rightarrow$

$\dfrac{AB}{A'B'} = \dfrac{AC}{A'C'} = \dfrac{BC}{B'C'}$

$\therefore$ 由两个三角形相似的定义知：$\triangle ABC \backsim \triangle A'B'C'$

②**判定定理** 2:如果一个三角形的两条边和另一个三角形的两条边对应成比例,并且夹角相等,那么这两个三角形相似.即如图 2.19(2),在$\triangle ABC$和$\triangle A'B'C'$中,若$\angle A=\angle A'$,$\frac{AB}{A'B'}=\frac{AC}{A'C'}$,则$\triangle ABC\backsim\triangle A'B'C'$.

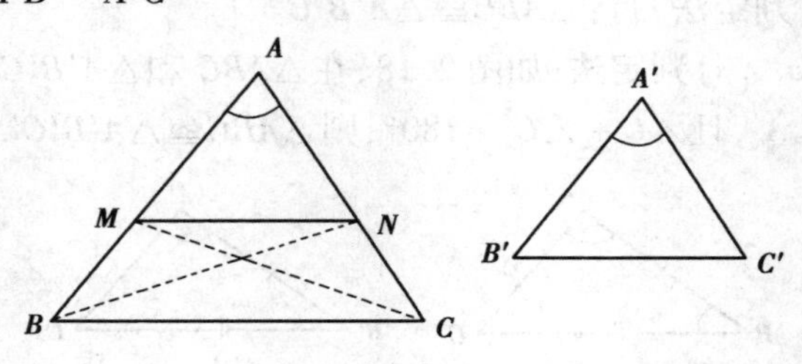

图 2.19(2)

证明:如图 2.19(2),在AB,AC上分别截取$AM=A'B'$,$AN=A'C'$,连接MN,由$\angle A=\angle A'$得:$\triangle AMN\cong\triangle A'B'C'$

$\therefore\angle AMN=\angle B'$,$\angle ANM=\angle C'$

连接BN,CM

$\because\frac{AB}{A'B'}=\frac{AC}{A'C'}$

$\therefore\frac{AB}{AM}=\frac{AC}{AN}\Rightarrow\frac{AM}{AB}=\frac{AN}{AC}$

又$\because\frac{AM}{AB}=\frac{S_{\triangle NAM}}{S_{\triangle NAB}}$,$\frac{AN}{AC}=\frac{S_{\triangle MAN}}{S_{\triangle MAC}}$

$\therefore\frac{S_{\triangle NAM}}{S_{\triangle NAB}}=\frac{S_{\triangle MAN}}{S_{\triangle MAC}}\Rightarrow S_{\triangle NAB}=S_{\triangle MAC}\Rightarrow S_{\triangle NAM}+S_{\triangle NMB}=S_{\triangle MAN}+S_{\triangle MNC}$

$\therefore S_{\triangle NMB}=S_{\triangle MNC}$

$\because$线段MN,BC在同侧

$\therefore$由等积移动定理得:$MN/\!/BC$

$\therefore\angle B=\angle AMN=\angle B'$,$\angle C=\angle ANM=\angle C'$

$\therefore$由以上判定定理 1 得:$\triangle ABC\backsim\triangle A'B'C'$

③**判定定理** 3:如果一个三角形的三条边和另一个三角形的三边对应成比例,那么这两个三角形相似.即在$\triangle ABC$和$\triangle A'B'C'$中,若$\frac{AB}{A'B'}=\frac{AC}{A'C'}=\frac{BC}{B'C'}$,则$\triangle ABC\backsim A'B'C'$.

证明:如图 2.19(2),在AB,AC上分别截取$AM=A'B'$,$AN=A'C'$,连接MN,则由$\frac{AB}{A'B'}=\frac{AC}{A'C'}=\frac{BC}{B'C'}$得:$\frac{AB}{AM}=\frac{AC}{AN}\Rightarrow\frac{AM}{AB}=\frac{AN}{AC}$

$\therefore$ 由判定定理 2 中的证明可知:$MN /\!/ BC$

$\therefore \angle B = \angle AMN, \angle C = \angle ANM$

又$\because \angle A$(公用)

$\therefore$ 由判定定理 1 知:$\triangle AMN \backsim \triangle ABC$

$\therefore \dfrac{AB}{AM} = \dfrac{AC}{AN} = \dfrac{BC}{MN}$

$\because AM = A'B'$

$\therefore \dfrac{AB}{A'B'} = \dfrac{BC}{MN}$

而$\dfrac{AB}{A'B'} = \dfrac{BC}{B'C'}$

$\therefore \dfrac{BC}{B'C'} = \dfrac{BC}{MN}$

从而得 $MN = B'C'$,$\triangle AMN \cong \triangle A'B'C'$

$\therefore \triangle ABC \backsim A'B'C'$

④**判定定理 4**:如图 2.19(1),在$\triangle ABC$ 和$\triangle A'B'C'$中,若$\angle A = \angle A'$,$\dfrac{AB}{A'B'} = \dfrac{BC}{B'C'}$,$\angle C + \angle C' \neq 180°$,则$\triangle ABC \backsim \triangle A'B'C'$.

证明:如图 2.19(1),$\because \angle A = \angle A'$,$\dfrac{AB}{A'B'} = \dfrac{BC}{B'C'}$

$\therefore$ 由三角形等角定理得:$\dfrac{S_{\triangle ABC}}{S_{\triangle A'B'C'}} = \dfrac{AB \cdot AC}{A'B' \cdot A'C'} = \dfrac{BC \cdot AC}{B'C' \cdot A'C'}$

又由三角形等角逆定理得:$\angle C = \angle C'$或$\angle C + \angle C' = 180°$,而题设中$\angle C + \angle C' \neq 180°$

$\therefore \angle C = \angle C'$

$\therefore \angle B = \angle B'$

$\therefore$ 由判定定理 1 知:$\triangle ABC \backsim \triangle A'B'C'$

例 11(平行线与比的关系) (1)在$\triangle ABC$ 中,如图 2.20,若 $DE /\!/ BC$,则:

①$\dfrac{AD}{DB} = \dfrac{AE}{EC}$

②$\dfrac{AD}{AB} = \dfrac{AE}{AC}$

③$\dfrac{BD}{AB} = \dfrac{EC}{AC}$

④$\dfrac{AD}{AB} = \dfrac{DE}{BC}$

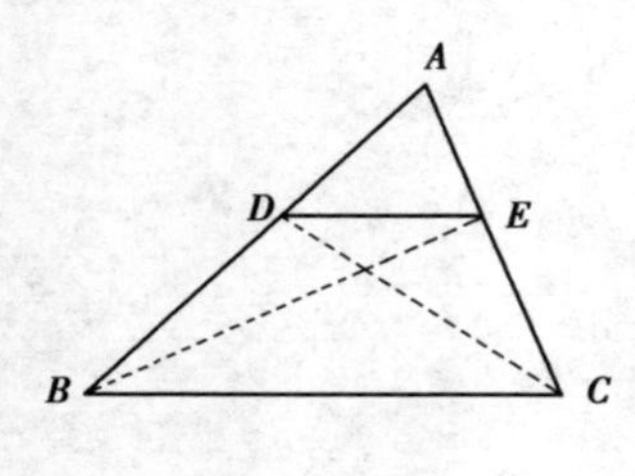

图 2.20

证明:如图 2.20,$\because DE /\!/ BC$

$\therefore$ 由等积移动定理得:$S_{\triangle BDE}=S_{\triangle CDE}$

①$\because \dfrac{AD}{DB}=\dfrac{S_{\triangle EAD}}{S_{\triangle EBD}},\dfrac{AE}{EC}=\dfrac{S_{\triangle DAE}}{S_{\triangle DEC}}$,而 $S_{\triangle BDE}=S_{\triangle CDE}$

$\therefore \dfrac{S_{\triangle EAD}}{S_{\triangle EBD}}=\dfrac{S_{\triangle DAE}}{S_{\triangle DEC}}$

$\therefore \dfrac{AD}{DB}=\dfrac{AE}{EC}$

②$\because \dfrac{AD}{AB}=\dfrac{S_{\triangle EAD}}{S_{\triangle EAB}},\dfrac{AE}{AC}=\dfrac{S_{\triangle DAE}}{S_{\triangle DAC}}$,而 $S_{\triangle BDE}=S_{\triangle CDE}$

$\therefore S_{\triangle EAD}+S_{\triangle BDE}=S_{\triangle EAD}+S_{\triangle CDE}\Rightarrow S_{\triangle EAB}=S_{\triangle DAC}$

$\therefore \dfrac{S_{\triangle EAD}}{S_{\triangle EAB}}=\dfrac{S_{\triangle DAE}}{S_{\triangle DAC}}$

$\therefore \dfrac{AD}{AB}=\dfrac{AE}{AC}$

③$\because \dfrac{BD}{AB}=\dfrac{S_{\triangle EBD}}{S_{\triangle EAB}},\dfrac{EC}{AC}=\dfrac{S_{\triangle DEC}}{S_{\triangle DAC}}$,由以上②知:$S_{\triangle BDE}=S_{\triangle CDE},S_{\triangle EAB}=S_{\triangle DAC}$

$\therefore \dfrac{S_{\triangle EBD}}{S_{\triangle EAB}}=\dfrac{S_{\triangle DEC}}{S_{\triangle DAC}}$

$\therefore \dfrac{BD}{AB}=\dfrac{EC}{AC}$

④由以上②知:$\dfrac{AD}{AB}=\dfrac{AE}{AC}$,而$\angle A$(公用)

$\therefore \triangle ADE\backsim\triangle ABC$

$\therefore \dfrac{AD}{AB}=\dfrac{DE}{BC}$

(2)在$\triangle ABC$中:如图 2.20 所示.

①若$\dfrac{AD}{DB}=\dfrac{AE}{EC}$,则 $DE /\!/ BC$.

证明:$\because \dfrac{AD}{DB}=\dfrac{S_{\triangle EAD}}{S_{\triangle EBD}},\dfrac{AE}{EC}=\dfrac{S_{\triangle DAE}}{S_{\triangle DEC}},\dfrac{AD}{DB}=\dfrac{AE}{EC}$

$\therefore \dfrac{S_{\triangle EAD}}{S_{\triangle EBD}}=\dfrac{S_{\triangle DAE}}{S_{\triangle DEC}}$

$\therefore S_{\triangle BDE}=S_{\triangle CDE}$

$\because$ 线段 DE,BC 在同侧

$\therefore$ 由等积移动定理得:$DE /\!/ BC$

②若$\frac{AD}{AB}=\frac{AE}{AC}$,则 $DE/\!/BC$.

证明:$\because \frac{AD}{AB}=\frac{S_{\triangle EAD}}{S_{\triangle EAB}},\frac{AE}{AC}=\frac{S_{\triangle DAE}}{S_{\triangle DAC}},\frac{AD}{AB}=\frac{AE}{AC}$

$\therefore \frac{S_{\triangle EAD}}{S_{\triangle EAB}}=\frac{S_{\triangle DAE}}{S_{\triangle DAC}}\Rightarrow S_{\triangle EAB}=S_{\triangle DAC}\Rightarrow S_{\triangle EAD}+S_{\triangle BDE}=S_{\triangle EAD}+S_{\triangle CDE}$

$\therefore S_{\triangle BDE}=S_{\triangle CDE}$

$\because$ 线段 DE,BC 在同侧

$\therefore$ 由等积移动定理得:$DE/\!/BC$

③若$\frac{BD}{AB}=\frac{EC}{AC}$,则 $DE/\!/BC$.

证明:$\because \frac{BD}{AB}=\frac{EC}{AC}$

$\therefore \frac{AB-AD}{AB}=\frac{AC-AE}{AC}\Rightarrow 1-\frac{AD}{AB}=1-\frac{AE}{AC}\Rightarrow\frac{AD}{AB}=\frac{AE}{AC}$

$\therefore$ 由上题②的结论得:$DE/\!/BC$

例 12(三角形中位线定理) 如图 2.21,在$\triangle ABC$ 中,若 D,E 分别为边 AB,AC 的中点,则 $DE\underline{\underline{/\!/}}\frac{1}{2}BC$.

证明:如图 2.21,$\because$ D,E 分别为边 AB,AC 的中点

$\therefore \frac{AD}{AB}=\frac{1}{2}=\frac{AE}{AC}$

$\therefore$ 由例 11(平行线与比的关系)(2)中②的结论知:$DE/\!/BC$

又$\because$ $\angle A$(公用)

$\therefore$ $\triangle ADE\backsim\triangle ABC$

$\therefore \frac{AD}{AB}=\frac{DE}{BC}\Rightarrow\frac{DE}{BC}=\frac{1}{2}$

$\therefore DE\underline{\underline{/\!/}}\frac{1}{2}BC$

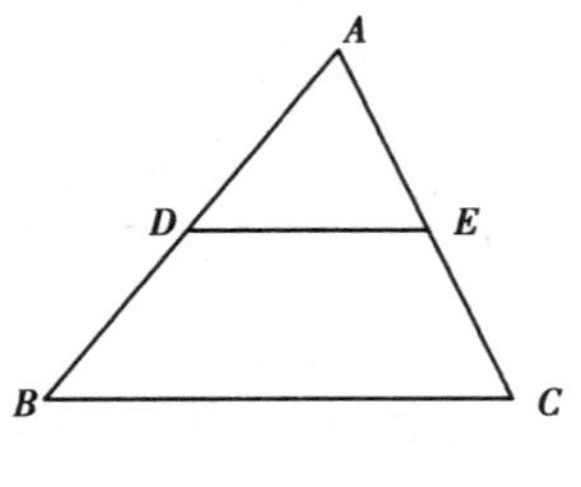

图 2.21

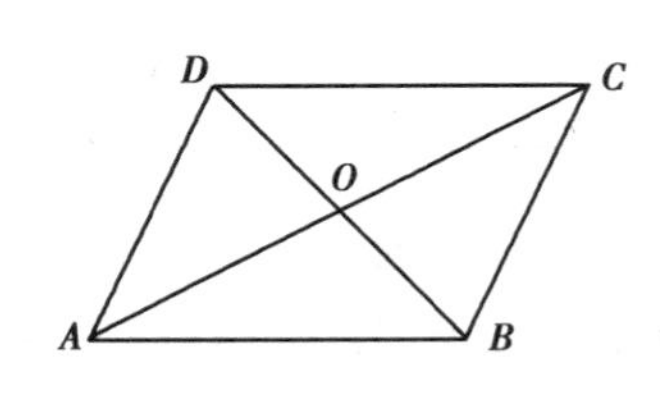

图 2.22

例 13(**平行四边形的性质定理:平行四边形的对角线互相平分**) 如图2.22,已知 AC,BD 是平行四边形 $ABCD$ 的两条对角线,且 AC 与 BD 相交于点 O. 求证:$AO=OC$ 且 $BO=OD$.

证明:如图 2.22,由三角形共边定理得:$\dfrac{AO}{OC}=\dfrac{S_{\triangle ABD}}{S_{\triangle CBD}}$

$\because BC /\!/ AD$

$\therefore$ 由等积移动定理得:$S_{\triangle DBC}=S_{\triangle ABC}$,同理:由 $AB /\!/ CD \Rightarrow S_{\triangle DAB}=S_{\triangle CAB}$

$\therefore \dfrac{S_{\triangle ABD}}{S_{\triangle CBD}}=\dfrac{S_{\triangle CAB}}{S_{\triangle ABC}}=1$

$\therefore \dfrac{AO}{OC}=1$,即 $AO=OC$,同理可证:$BO=OD$

$\therefore AO=OC$ 且 $BO=OD$

2.1.3 运用"面积法"研究平面几何中的"面积、比值、平行"等问题

例 14 如图 2.23,已知三角形 ABC 两边 AB,AC 的中点分别是 D,E,线段 BE 和 CD 相交于点 P,求证:$CP=2PD$.

证明:如图 2.23,由三角形共边定理得:$\dfrac{CP}{PD}=\dfrac{S_{\triangle CBE}}{S_{\triangle DBE}}$,$\because E$ 为 AC 的中点

$\therefore S_{\triangle CBE}=S_{\triangle ABE}=\dfrac{1}{2}S_{\triangle ABC}$

又$\because D$ 为 AB 中点

$\therefore S_{\triangle DBE}=\dfrac{1}{2}S_{\triangle ABE}=\dfrac{1}{4}S_{\triangle ABC}$,$\dfrac{S_{\triangle CBE}}{S_{\triangle DBE}}=2$,$CP=2PD$

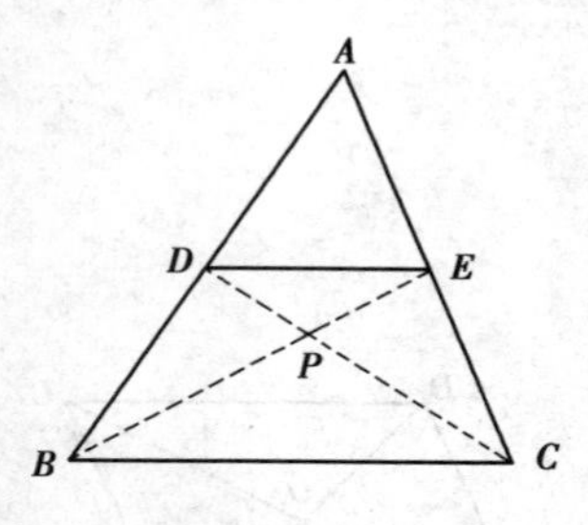

图 2.23

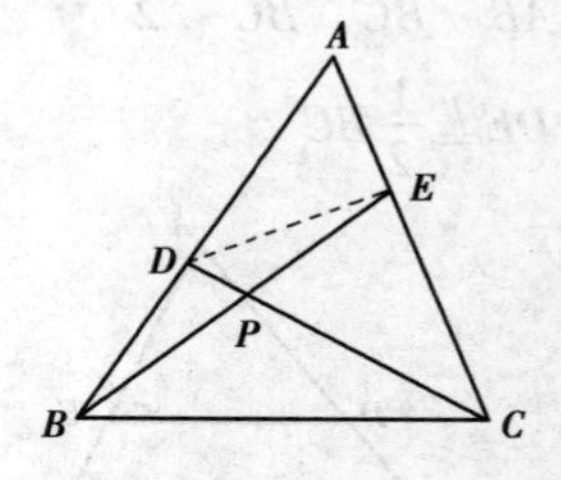

图 2.24

例 15 如图 2.24,设 D,E 为三角形 ABC 两边 AB,AC 上的点,且 $AD=\lambda DB$,$AE=\mu EC$,线段 BE 和 CD 相交于点 P,求$\dfrac{CP}{PD}$的值.

分析：如图 2.24，连接 DE，由三角形共边定理得：$\frac{CP}{PD}=\frac{S_{\triangle CBE}}{S_{\triangle DBE}}=\frac{S_{\triangle CBE}}{S_{\triangle ABE}}\cdot\frac{S_{\triangle ABE}}{S_{\triangle DBE}}=\frac{CE}{EA}\cdot\frac{AB}{BD}$

$\because AD=\lambda DB, AE=\mu EC$

$\therefore \frac{CE}{EA}\cdot\frac{AB}{BD}=\frac{1}{\mu}\cdot\frac{\lambda+1}{1}=\frac{\lambda+1}{\mu}$

$\therefore \frac{CP}{PD}=\frac{\lambda+1}{\mu}$

例 16　如图 2.25，已知$\triangle ABC$是等腰直角三角形，$\angle C=90°$，在 BC 边上取一点 M，使 $CM=2MB$，过 C 作 MA 的垂线与斜边 AB 交于点 P，求$\frac{AP}{PB}$的值.

解：如图 2.25，$\frac{AP}{PB}=\frac{S_{\triangle CAP}}{S_{\triangle CBP}}=\frac{S_{\triangle CAP}}{S_{\triangle MAC}}\cdot\frac{S_{\triangle MAC}}{S_{\triangle CBP}}$

$\because \angle C=90°, MA\perp CP$

$\therefore \angle 1+\angle 2=90°$，即$\angle MAC=\angle BCP, \angle ACP=\angle AMC$

$\therefore$ 由三角形等角定理得：

$\frac{S_{\triangle CAP}}{S_{\triangle MAC}}=\frac{S_{\triangle ACP}}{S_{\triangle AMC}}=\frac{AC\cdot CP}{AM\cdot MC}$

$\frac{S_{\triangle MAC}}{S_{\triangle CBP}}=\frac{S_{\triangle MAC}}{S_{\triangle BCP}}=\frac{MA\cdot AC}{BC\cdot CP}$

$\therefore \frac{AP}{PB}=\frac{AC\cdot CP}{AM\cdot MC}\cdot\frac{MA\cdot AC}{BC\cdot CP}$

由题意知：$AC=BC, MC=\frac{2}{3}BC$

$\therefore \frac{AP}{PB}=\frac{AC}{MC}=\frac{3}{2}$

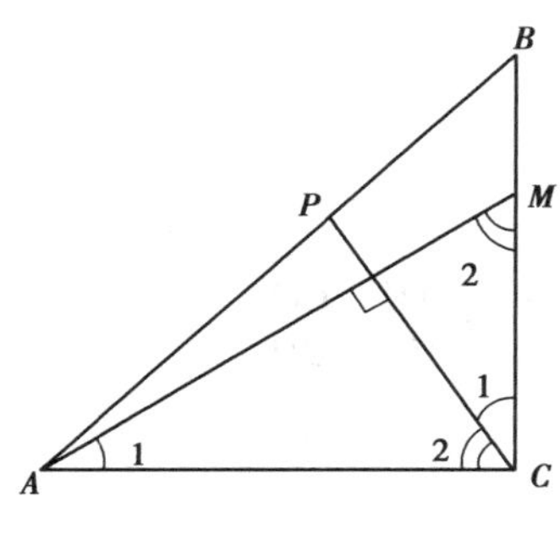

图 2.25

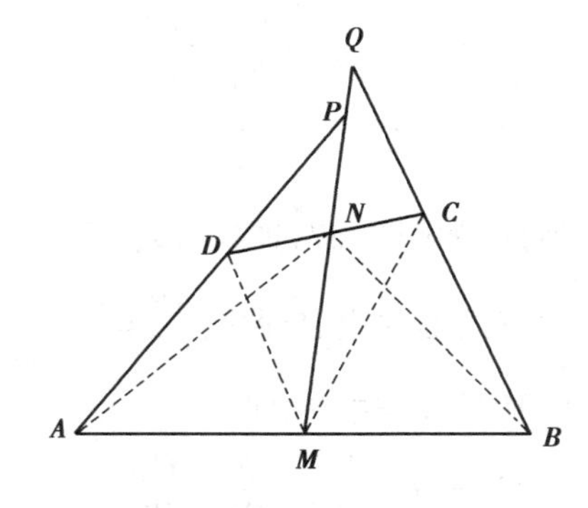

图 2.26

例 17 如图 2.26，四边形 $ABCD$ 中，$AD=BC$，另两边 AB，CD 的中点分别为 M，N，延长 AD，BC 分别与直线 MN 交于 P，Q 两点，求证：$PD=QC$.

证明：如图 2.26，连接 AN，DM，CM，BN，由三角形共边定理得：$\frac{AP}{DP}=\frac{S_{\triangle AMN}}{S_{\triangle DMN}}$，$\frac{BQ}{CQ}=\frac{S_{\triangle BMN}}{S_{\triangle CMN}}$

$\because M,N$ 分别为 AB，CD 的中点

$\therefore S_{\triangle AMN}=S_{\triangle BMN}, S_{\triangle DMN}=S_{\triangle CMN}$

$\therefore \frac{S_{\triangle AMN}}{S_{\triangle DMN}}=\frac{S_{\triangle BMN}}{S_{\triangle CMN}}$

$\therefore \frac{AP}{DP}=\frac{BQ}{CQ}$

$$\therefore 由 \left.\begin{array}{l}\frac{AP}{DP}=\frac{BQ}{CQ}\\ PA=PD+DA\\ QB=QC+CB\\ DA=CB\end{array}\right\}\Rightarrow PD=QC$$

例 18 如图 2.27，已知 M 是三角形 ABC 的 AC 边的中点，过点 M 任作一直线与 AB 边交于点 P，与 BC 边的延长线交于点 Q，求证：$\frac{AP}{PB}=\frac{CQ}{BQ}$.

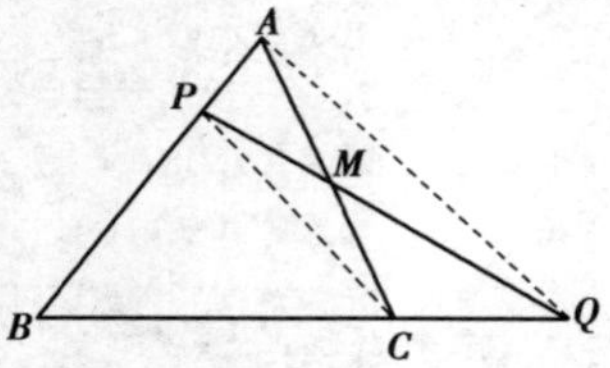

图 2.27

证明：如图 2.27，连接 AQ，PC

$\because \frac{AP}{PB}=\frac{S_{\triangle QAP}}{S_{\triangle QPB}}=\frac{S_{\triangle QAP}}{S_{\triangle QPC}}\cdot\frac{S_{\triangle QPC}}{S_{\triangle QPB}}=\frac{AM}{MC}\cdot\frac{CQ}{BQ}$，$M$ 是 AC 边的中点

$\therefore AM=MC, \frac{AM}{MC}\cdot\frac{CQ}{BQ}=\frac{CQ}{BQ}$

$\therefore \frac{AP}{PB}=\frac{CQ}{BQ}$

另证：如图 2.27，连接 AQ，PC，

由三角形共边定理得：$\frac{AP}{PB}=\frac{S_{\triangle AMQ}}{S_{\triangle BMQ}}=\frac{S_{\triangle AMQ}}{S_{\triangle CMQ}}\cdot\frac{S_{\triangle CMQ}}{S_{\triangle BMQ}}=\frac{AM}{MC}\cdot\frac{CQ}{BQ}$

$\because M$ 是 AC 边的中点

$\therefore AM=MC, \frac{AM}{MC}\cdot\frac{CQ}{BQ}=\frac{CQ}{BQ}$

$\therefore \dfrac{AP}{PB}=\dfrac{CQ}{BQ}$

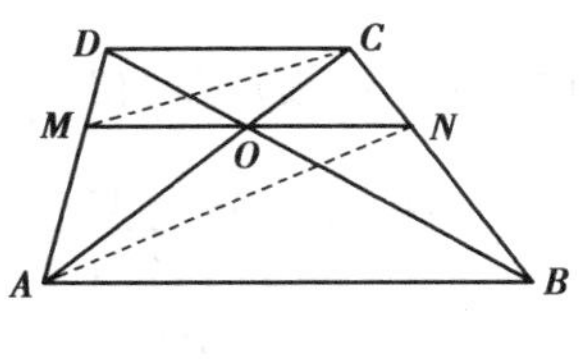

图 2.28

例 19 如图 2.28,已知梯形 $ABCD$ 对角线交于点 O,过点 O 作平行于梯形下底 AB 的直线与两腰 AD,BC 交于点 M,N,求证:$MO=ON$.

证明:如图 2.28,连接 AN,CM,由三角形共边定理得$\dfrac{MO}{ON}=\dfrac{S_{\triangle MAC}}{S_{\triangle NAC}}$.

$$\left.\begin{array}{l}\because S_{\triangle MAC}=S_{\triangle AMO}+S_{\triangle CMO}\\ S_{\triangle AOD}=S_{\triangle AMO}+S_{\triangle DMO}\\ MO/\!/DC,\therefore \text{由等积移动定理}\Rightarrow S_{\triangle CMO}=S_{\triangle DMO}\end{array}\right\}\Rightarrow S_{\triangle MAC}=S_{\triangle AOD}$$

$$\text{同理:}\left.\begin{array}{l}S_{\triangle NAC}=S_{\triangle CON}+S_{\triangle AON}\\ S_{\triangle BOC}=S_{\triangle CON}+S_{\triangle BON}\\ \text{由 } NO/\!/AB\Rightarrow S_{\triangle AON}=S_{\triangle BON}\end{array}\right\}\Rightarrow S_{\triangle NAC}=S_{\triangle BOC}$$

$\therefore \dfrac{MO}{ON}=\dfrac{S_{\triangle MAC}}{S_{\triangle NAC}}=\dfrac{S_{\triangle AOD}}{S_{\triangle BOC}}=\dfrac{S_{\triangle ADC}-S_{\triangle COD}}{S_{\triangle BDC}-S_{\triangle DOC}}$

又由 $DC/\!/AB\Rightarrow S_{\triangle ADC}=S_{\triangle BDC}$

$\therefore S_{\triangle ADC}-S_{\triangle COD}=S_{\triangle BDC}-S_{\triangle COD}\Rightarrow\dfrac{MO}{ON}=1$

$\therefore MO=ON$

例 20 如图 2.29,已知$\triangle ABC$ 的顶角 A 的平分线为 AD,它的内心为 O,求证:$\dfrac{AB+AC}{BC}=\dfrac{AO}{OD}$.

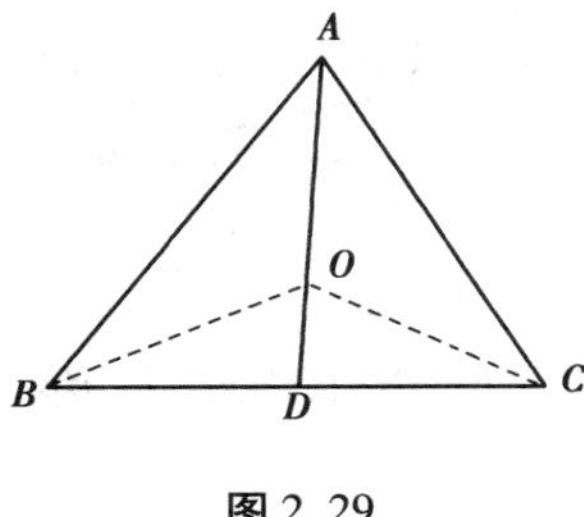

图 2.29

证明:如图 2.29,连接 BO,CO

$\because O$ 是$\triangle ABC$ 的内心

$\therefore BO$,CO 分别是$\angle B$,$\angle C$ 的平分线

$\therefore \angle ABO=\angle DBO$,$\angle DCO=\angle ACO$

$$\therefore\left.\begin{array}{l}\text{由}\angle ABO=\angle DBO\Rightarrow\dfrac{S_{\triangle AOB}}{S_{\triangle DOB}}=\dfrac{AB\cdot BO}{BO\cdot BD}=\dfrac{AB}{BD}\\ \text{由}\angle DCO=\angle ACO\Rightarrow\dfrac{S_{\triangle AOC}}{S_{\triangle DOC}}=\dfrac{AC\cdot OC}{OC\cdot CD}=\dfrac{AC}{CD}\end{array}\right\}\Rightarrow$$

$$\frac{S_{\triangle AOB}+S_{\triangle AOC}}{S_{\triangle BOD}+S_{\triangle DOC}}=\frac{AB+AC}{BD+DC}=\frac{AB+AC}{BC}\Rightarrow\frac{S_{\triangle ABC}-S_{\triangle BOC}}{S_{\triangle BOC}}=\frac{AB+AC}{BC}\Rightarrow\frac{S_{\triangle ABC}}{S_{\triangle BOC}}-1=\frac{AB+AC}{BC}$$

又由三角形共边定理得：$\frac{S_{\triangle ABC}}{S_{\triangle BOC}}=\frac{AD}{OD}$

$\therefore \frac{AD}{OD}-1=\frac{AB+AC}{BC}\Rightarrow\frac{AD-OD}{OD}=\frac{AB+AC}{BC}$

$\therefore \frac{AB+AC}{BC}=\frac{AO}{OD}$

例21　如图2.30，已知A,B,C三点在直线l_1上，D,E,F三点在直线l_2上，并且$AE/\!/BF,BD/\!/CE$.

求证：$AD/\!/CF$.

分析：$AD/\!/CF\Leftrightarrow S_{\triangle ADC}=S_{\triangle ADF}$.

证明：如图2.30，连接BE,CD,AF，

$\left.\begin{aligned}&\because BD/\!/CE,\therefore \text{由等积移动定理}\Rightarrow S_{\triangle CBD}=S_{\triangle EBD}\\&S_{\triangle ADC}=S_{\triangle CBD}+S_{\triangle ABD}\end{aligned}\right\}\Rightarrow S_{\triangle ADC}=S_{\triangle EBD}+S_{\triangle ABD}=$

$S_{\text{四边形}ABED}$

同理：$\left.\begin{aligned}&\text{由 }AE/\!/BF\Rightarrow S_{\triangle FAE}=S_{\triangle BAE}\\&S_{\triangle FAD}=S_{\triangle DAE}+S_{\triangle FAE}\end{aligned}\right\}\Rightarrow S_{\triangle FAD}=S_{\triangle DAE}+S_{\triangle BAE}=S_{\text{四边形}ABED}$

$\therefore S_{\triangle ADC}=S_{\triangle ADF}$

又$\because AD,CF$在同侧

$\therefore$由等积移动定理得：$AD/\!/CF$

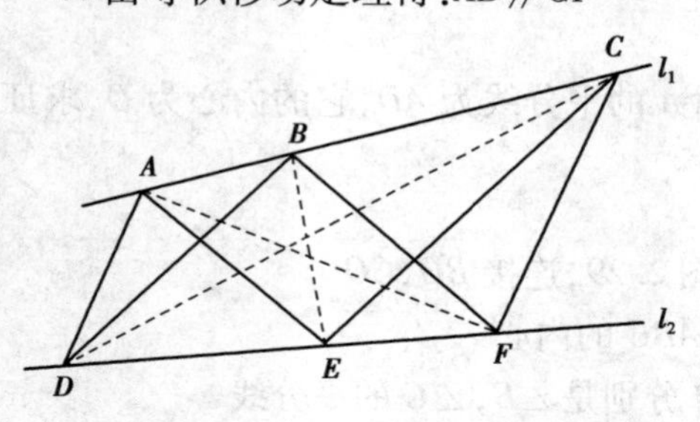

图2.30

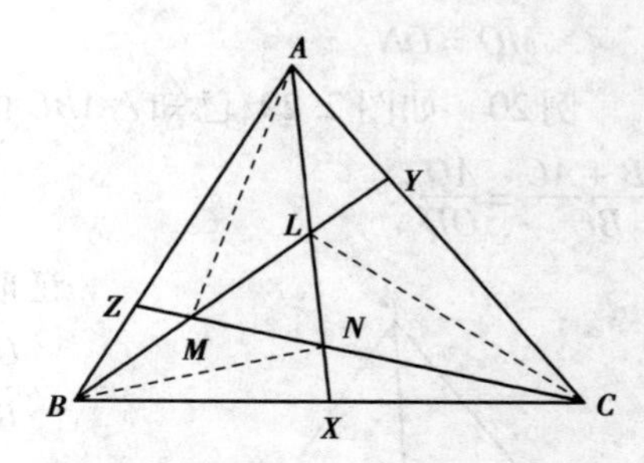

图2.31

例22　如图2.31，已知X,Y,Z分别是$\triangle ABC$三边BC,CA,AB上的点，且$BX=XC,CY=2YA,AZ=3ZB$.

问直线AX,BY,CZ围成的三角形面积是三角形ABC的面积的几分之几？

解：①$\frac{S_{\triangle ABC}}{S_{\triangle BMC}}=\frac{S_{\triangle BMC}+S_{\triangle AMC}+S_{\triangle AMB}}{S_{\triangle BMC}}=1+\frac{S_{\triangle AMC}}{S_{\triangle BMC}}+\frac{S_{\triangle AMB}}{S_{\triangle BMC}}=1+\frac{AZ}{BZ}+\frac{AY}{CY}$

$\because CY=2YA,AZ=3ZB$

$\therefore 1+\frac{AZ}{BZ}+\frac{AY}{CY}=1+3+\frac{1}{2}=\frac{9}{2}\Rightarrow\frac{S_{\triangle ABC}}{S_{\triangle BMC}}=\frac{9}{2}\Rightarrow S_{\triangle BMC}=\frac{2}{9}S_{\triangle ABC}$

②$\frac{S_{\triangle ABC}}{S_{\triangle ANC}}=\frac{S_{\triangle ANC}+S_{\triangle ANB}+S_{\triangle BNC}}{S_{\triangle ANC}}=1+\frac{S_{\triangle ANB}}{S_{\triangle ANC}}+\frac{S_{\triangle BNC}}{S_{\triangle ANC}}=1+\frac{BX}{XC}+\frac{BZ}{ZA}$

$\because BX=XC, AZ=3ZB$

$\therefore 1+\frac{BX}{XC}+\frac{BZ}{ZA}=1+\frac{1}{3}+1=\frac{7}{3}\Rightarrow\frac{S_{\triangle ABC}}{S_{\triangle ANC}}=\frac{7}{3}\Rightarrow S_{\triangle ANC}=\frac{3}{7}S_{\triangle ABC}$

③同理：$\frac{S_{\triangle ABC}}{S_{\triangle ABL}}=1+\frac{S_{\triangle BLC}}{S_{\triangle ABL}}+\frac{S_{\triangle ALC}}{S_{\triangle ABL}}=1+\frac{CY}{AY}+\frac{CX}{XB}=1+2+1=4$

$\therefore S_{\triangle ABL}=\frac{1}{4}S_{\triangle ABC}$

综合以上①，②，③得：$S_{\triangle LMN}=\left[1-\left(\frac{2}{9}+\frac{3}{7}+\frac{1}{4}\right)\right], S_{\triangle ABC}=\frac{25}{252}S_{\triangle ABC}$

例 23　如图 2.32，在$\triangle ABC$内任取一点P，连接AP,BP,CP分别交对边于X,Y,Z.

求证：$\frac{PX}{AX}+\frac{PY}{BY}+\frac{PZ}{CZ}=1.$

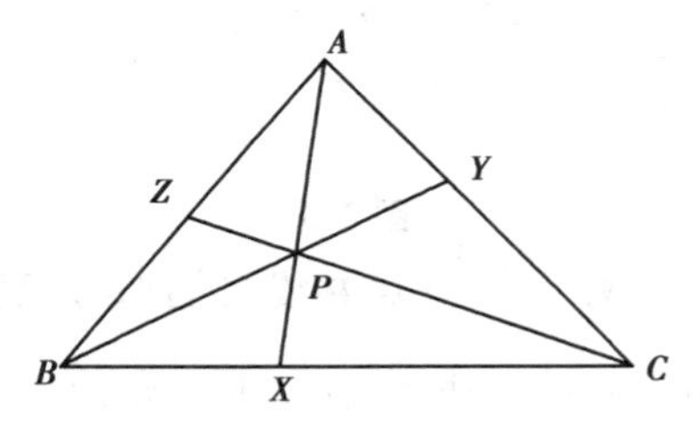

图 2.32

证明：如图 2.32，由三角形共边定理得：

$$\left.\begin{aligned}\frac{PX}{AX}&=\frac{S_{\triangle PBC}}{S_{\triangle ABC}}\\ \frac{PY}{BY}&=\frac{S_{\triangle PAC}}{S_{\triangle BAC}}\\ \frac{PZ}{CZ}&=\frac{S_{\triangle PAB}}{S_{\triangle CAB}}\end{aligned}\right\}\Rightarrow\frac{PX}{AX}+\frac{PY}{BY}+\frac{PZ}{CZ}=\frac{S_{\triangle PBC}+S_{\triangle PAC}+S_{\triangle PAB}}{S_{\triangle ABC}}=\frac{S_{\triangle ABC}}{S_{\triangle ABC}}=1$$

$\therefore \frac{PX}{AX}+\frac{PY}{BY}+\frac{PZ}{CZ}=1$ 成立.

2.1.4　运用“面积法”研究梅涅劳斯定理和锡瓦定理

例 24［梅涅劳斯（Menealaus）定理］　如图 2.33，直线l截$\triangle ABC$的三条边AB，AC，BC（或其延长线）所得的交点分别为X,Y,Z，则：

$$\frac{AX}{XB}\cdot\frac{BZ}{ZC}\cdot\frac{CY}{YA}=1$$

证明：如图 2.33，

$$\left.\begin{aligned}\frac{AX}{XB}&=\frac{S_{\triangle AXZ}}{S_{\triangle BXZ}}\\ \frac{BZ}{ZC}&=\frac{S_{\triangle BXZ}}{S_{\triangle XCZ}}\\ \frac{CY}{YA}&=\frac{S_{\triangle CXZ}}{S_{\triangle AXZ}}\end{aligned}\right\}\Rightarrow\frac{AX}{XB}\cdot\frac{BZ}{ZC}\cdot\frac{CY}{YA}=\frac{S_{\triangle AXZ}}{S_{\triangle BXZ}}\cdot\frac{S_{\triangle BXZ}}{S_{\triangle CXZ}}\cdot\frac{S_{\triangle CXZ}}{S_{\triangle AXZ}}=1$$

$\therefore \dfrac{AX}{XB}\cdot\dfrac{BZ}{ZC}\cdot\dfrac{CY}{YA}=1$ 成立.

有了梅涅劳斯定理,即可证明梅涅劳斯逆定理,从而得到一个“三点共线”的判定定理.

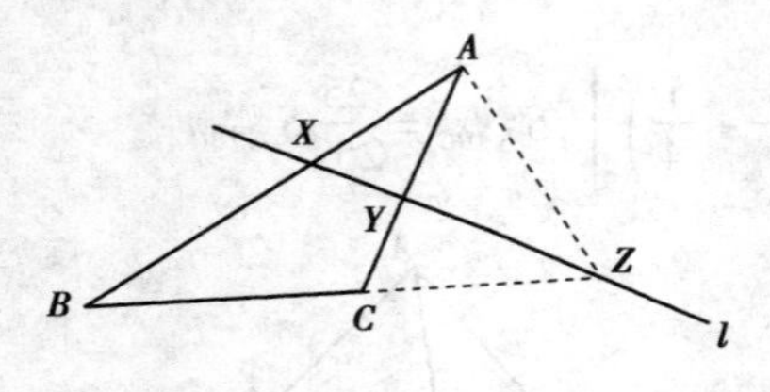

图 2.33

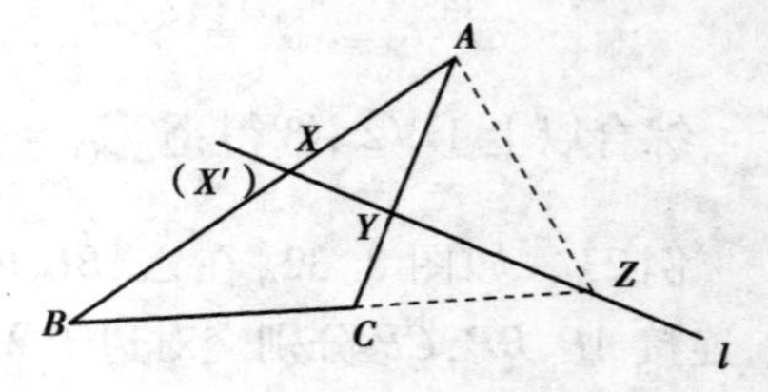

图 2.34

例 25(“三点共线”的判定定理:梅涅劳斯逆定理) 如图 2.34,已知 X,Y 分别为$\triangle ABC$ 的边 AB,AC 上的点,Z 为 BC 延长线上的点,若$\dfrac{AX}{XB}\cdot\dfrac{BZ}{ZC}\cdot\dfrac{CY}{YA}=1$,则 X,Y,Z 三点在同一条直线上.

证明:如图 2.34,设延长 ZY 与 AB 相交于点 X',则由梅涅劳斯定理得:$\dfrac{AX'}{X'B}\cdot\dfrac{BZ}{ZC}\cdot\dfrac{CY}{YA}=1$,由题设知:$\dfrac{AX}{XB}\cdot\dfrac{BZ}{ZC}\cdot\dfrac{CY}{YA}=1$

$\therefore \dfrac{AX'}{X'B}\cdot\dfrac{BX}{XA}=1$

$\therefore$ 点 X 与点 X'重合

$\because X',Y,Z$ 三点在同一条直线上.

$\therefore X,Y,Z$ 三点在同一条直线上.

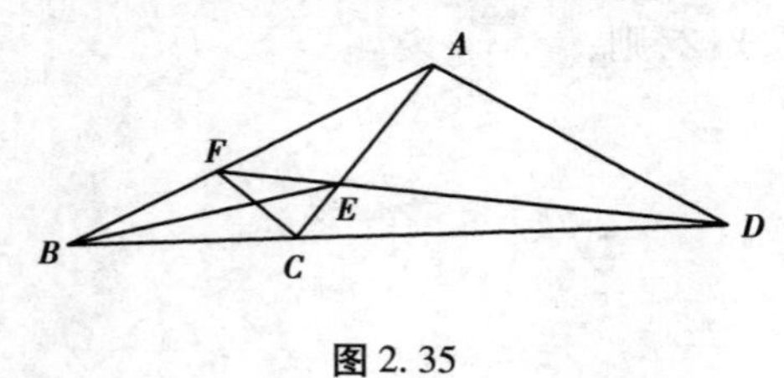

图 2.35

例 26 如图 2.35,若 $\triangle ABC$ 的$\angle B,\angle C$ 的平分线与对边的交点分别为 E,F,与$\angle A$ 相邻的外角平分线与对边的交点为 D,则 D,E,F 三点在一条直线上.

证明:如图 2.35,

$$\text{由}\left.\begin{array}{l}BE\text{ 是}\angle B\text{ 的平分线}\\CF\text{ 是}\angle C\text{ 的平分线}\\AD\text{ 是与}\angle A\text{ 相邻的平分线}\end{array}\right\}\Rightarrow\left.\begin{array}{l}\frac{CE}{EA}=\frac{BC}{BA}\cdots\cdots①\\\frac{AF}{FB}=\frac{AC}{BC}\cdots\cdots②\\\frac{BD}{CD}=\frac{AB}{AC}\cdots\cdots③\\①\times②\times③\end{array}\right\}\Rightarrow$$

$$\frac{AF}{FB}\cdot\frac{BD}{CD}\cdot\frac{CE}{EA}=\frac{AC}{BC}\cdot\frac{AB}{AC}\cdot\frac{BC}{AB}=1$$

∴ 由梅涅劳斯逆定理知:D,E,F 三点在一条直线上.

例 27 设 E 为平行四边形 $ABCD$ 内一点,过点 E 引 AB 的平行线与 AD,BC 的交点分别为 K,G,又过点 E 引 AD 的平行线与 AB,CD 的交点分别为 F,H,则 FK,BD,GH 这三条直线互相平行或者它们相交于一点.

证明:①设 $BD/\!/FK$,如图 2.36(1):

$$\text{由}\left.\begin{array}{l}KG/\!/AB\Rightarrow AK=BG\\FH/\!/AD\Rightarrow AF=DH\\BD/\!/FK\Rightarrow\frac{AK}{AD}=\frac{AF}{AB}\\AB=DC,AD=BC\end{array}\right\}\Rightarrow\frac{BG}{BC}=\frac{DH}{DC}$$

又由平行线与比的关系知:$FK/\!/BD/\!/GH$.

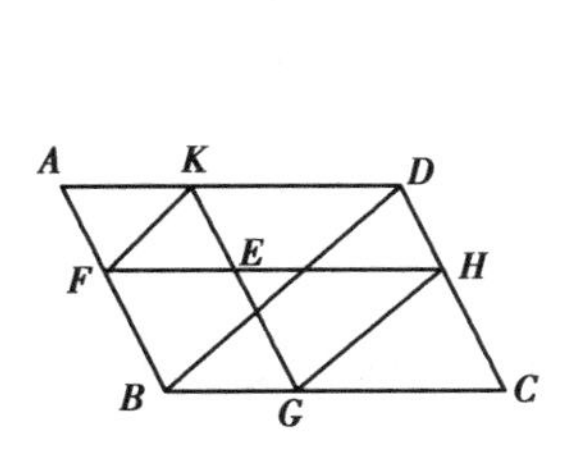

图 2.36(1)

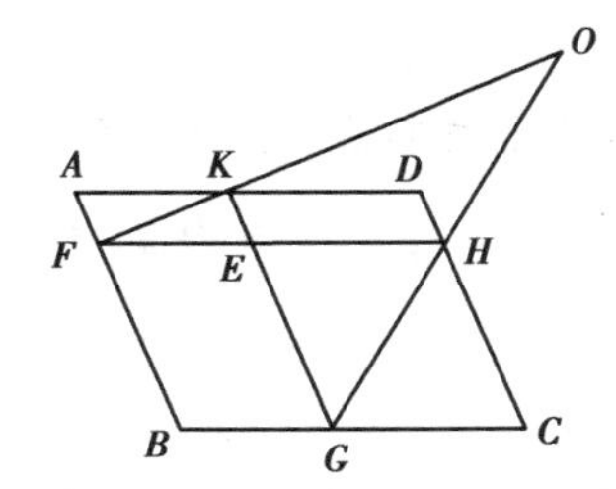

图 2.36(2)

②设 BD 与 FK 相交于点 O,如图 2.36(2),由梅涅劳斯定理得:

$$\frac{AF}{FB}\cdot\frac{BO}{OD}\cdot\frac{DK}{KA}=1$$

$$\text{由}\left.\begin{array}{l}KG/\!/AB\\FH/\!/AD\end{array}\right\}\Rightarrow\left.\begin{array}{l}AF=DH,FB=HC\\DK=GC,KA=BG\end{array}\right\}\Rightarrow\frac{DH}{HC}\cdot\frac{BO}{OD}\cdot\frac{GC}{BG}=1$$,又由梅涅劳斯逆定理知:G,H,O 三点在一条直线上.

$\therefore FK,BD,GH$ 这三条直线相交于点 O.

综合①,②知:FK,BD,GH 这三条直线互相平行或者它们相交于一点.

例 28(锡瓦定理) 如图 2.37,在$\triangle ABC$ 内任取一点 O,连接 AO,BO,CO 或其延长线与对边的交点分别为 D,E,F,则:

$$\frac{AF}{FB}\cdot\frac{BD}{DC}\cdot\frac{CE}{EA}=1$$

证明:如图 2.37,由三角形共边定理得:

$$\left.\begin{aligned}\frac{AF}{FB}&=\frac{S_{\triangle AOC}}{S_{\triangle BOC}}\\ \frac{BD}{DC}&=\frac{S_{\triangle BOA}}{S_{\triangle COA}}\\ \frac{CE}{EA}&=\frac{S_{\triangle COB}}{S_{\triangle AOB}}\end{aligned}\right\}\Rightarrow\frac{AF}{FB}\cdot\frac{BD}{DC}\cdot\frac{CE}{EA}=\frac{S_{\triangle AOC}}{S_{\triangle BOC}}\cdot\frac{S_{\triangle BOA}}{S_{\triangle COA}}\cdot\frac{S_{\triangle COB}}{S_{\triangle AOB}}=1$$

$\therefore \frac{AF}{FB}\cdot\frac{BD}{DC}\cdot\frac{CE}{EA}=1$ 成立.

有了锡瓦定理,即可证明它的逆定理,从而得到一个“三线共点”的判定定理.

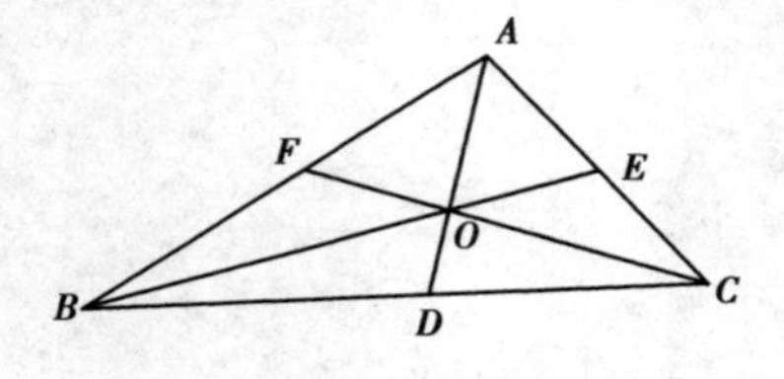

图 2.37

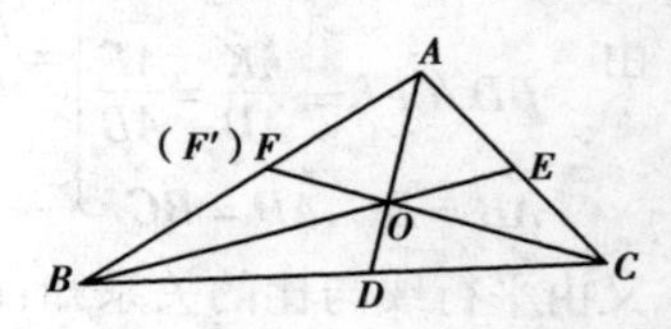

图 2.38

例 29(“三线共点”的判定定理) 锡瓦定理的逆定理. 如图 2.38,在$\triangle ABC$ 的边 BC,AC,AB 上分别取点 D,E,F,使$\frac{AF}{FB}\cdot\frac{BD}{DC}\cdot\frac{CE}{EA}=1$,则直线 AD,BE,CF 相交于一点.

证明:如图 2.38,设 AD,BE 的交点为 O,延长 CO 与 AB 的交点为 F',则由锡瓦定理得:$\frac{AF'}{F'B}\cdot\frac{BD}{DC}\cdot\frac{CE}{EA}=1$,又$\because \frac{AF}{FB}\cdot\frac{BD}{DC}\cdot\frac{CE}{EA}=1$

$\therefore \frac{AF'}{F'B}\cdot\frac{BF}{FA}=1$

$\therefore F$ 与 F'重合

$\because$ 直线 AD,BE,CF'相交于点 O.

$\therefore$ 直线 AD,BE,CF 相交于点 O.

例 30 如图 2.39,已知 AD,BE,CF 是$\triangle ABC$ 的三条中线.

求证:AD,BE,CF 相交于一点.

证明:如图 2.39,$\because AD,BE,CF$ 是 $\triangle ABC$ 的三条中线

$\therefore D,E,F$ 分别为 $\triangle ABC$ 的三边 BC,AC,AB 的中点

$\therefore \frac{AF}{FB}=\frac{BD}{DC}=\frac{CE}{EA}=1,\frac{AF}{FB}\cdot\frac{BD}{DC}\cdot\frac{CE}{EA}=1$

$\therefore$ 由锡瓦逆定理知:AD,BE,CF 相交于一点.

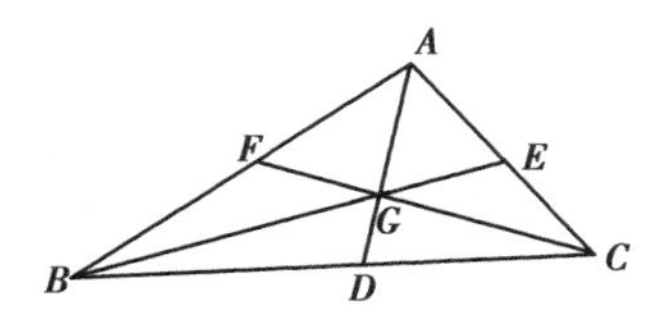

图 2.39

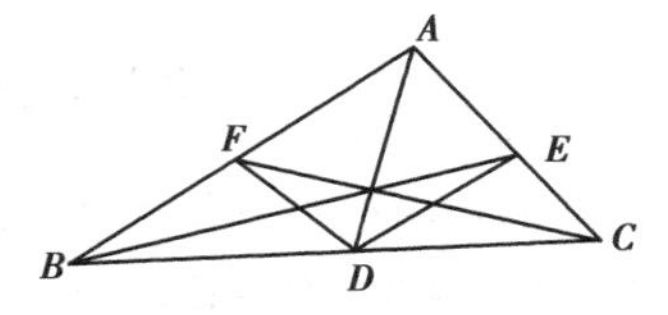

图 2.40

例 31　如图 2.40,在 $\triangle ABC$ 的边 BC 上取一点 D,设 $\angle ADB$,$\angle ADC$ 的平分线与 AB,AC 分别相交于点 F,E.

求证:AD,BE,CF 相交于一点.

证明:如图 2.40,

由 DF 是 $\angle ADB$ 的平分线,DE 是 $\angle ADC$ 的平分线 $\Rightarrow \frac{AF}{FB}=\frac{AD}{BD}\cdots\cdots①$,$\frac{CE}{EA}=\frac{DC}{DA}\cdots\cdots②$,①×② $\Rightarrow \frac{AF}{FB}\cdot\frac{CE}{EA}=\frac{DA}{BD}\cdot\frac{DC}{DA}=\frac{DC}{BD}\cdots\cdots③$

③式中两边同时乘以$\frac{BD}{DC}$得:$\frac{AF}{FB}\cdot\frac{BD}{DC}\cdot\frac{CE}{EA}=1$

$\therefore$ 由锡瓦逆定理知:AD,BE,CF 相交于一点.

例 32　如图 2.41,设 $\triangle ABC$ 的三边 BC,AC,AB 与内切圆的切点分别为 D,E,F,则 AD,BE,CF 相交于一点.

证明:如图 2.41,$\because BC,CA,AB$ 是圆的三条切线

$\therefore BD=BF,AE=AF,CD=CE$

$\therefore \frac{AF}{FB}\cdot\frac{BD}{DC}\cdot\frac{CE}{EA}=\frac{AF}{FB}\cdot\frac{BF}{CE}\cdot\frac{CE}{AF}=1$

$\therefore$ 由锡瓦逆定理知:AD,BE,CF 相交于一点.

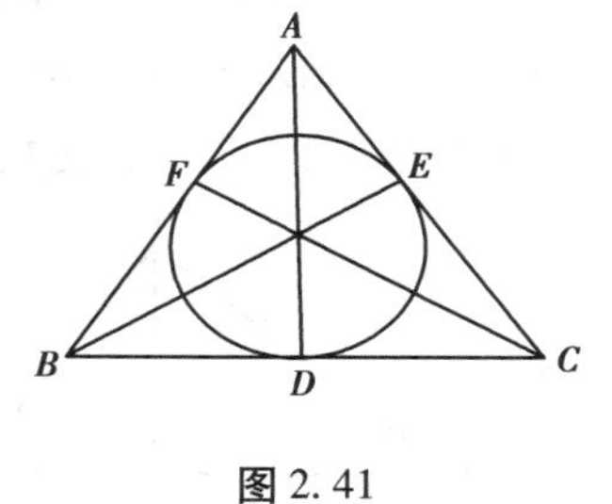

图 2.41

2.1.5　运用"面积法"研究基本几何不等式

三角形等角逆定理的预备定理:在 $\triangle ABC$ 和 $\triangle A'B'C'$ 中,若 $\angle B>\angle B'$ 且 $\angle B+\angle B'<180°$,则有$\frac{S_{\triangle ABC}}{S_{\triangle A'B'C'}}>\frac{AB\cdot BC}{A'B'\cdot B'C'}$.

由这个定理可以证明一系列基本几何不等式.

例 33 (1)求证:在任意三角形中,大角对大边.

已知,在$\triangle ABC$中,$\angle B > \angle C$,求证:$AC > AB$.

证明:把$\triangle ABC$,$\triangle ACB$看成两个三角形,因为$\angle B + \angle C < 180°$,由三角形等角逆定理的预备定理得:

$$1 = \frac{S_{\triangle ABC}}{S_{\triangle ACB}} > \frac{AB \cdot BC}{AC \cdot BC} = \frac{AB}{AC},$$所以$AC > AB$.

(2)求证:在任意三角形中,大边对大角.

已知,在$\triangle ABC$中,$AC > AB$,求证:$\angle B > \angle C$.

证明:(反证法)如果假设$AC > AB$,但$\angle B$不大于$\angle C$,有两种可能:

①$\angle B = \angle C$,这时必有$AC = AB$,这与已知条件$AC > AB$矛盾.

②$\angle B < \angle C$,由于大角对大边,所以有$AB > AC$,这与已知条件$AC > AB$矛盾.所以假设$AC > AB$,但$\angle B$不大于$\angle C$不成立,所以只有$\angle B > \angle C$.

例 34 在任意三角形中,任意两边之和大于第三边.

已知,在$\triangle ABC$中,$\angle A < \angle C$,$\angle B < \angle C$.

求证:$AC + BC > AB$.

证明:因为大角对大边,在任意三角形中,要证明任意两边之和大于第三边,只需证明较小的两角的对边之和大于最大角所对的边即可.

如图 2.42,作$\triangle ABC$底边AB上的高CD,因为$\angle A < \angle C$,$\angle B < \angle C$,$\angle ADC > \angle ACD$,且$\angle ADC + \angle ACD < 180°$,所以由三角形等角逆定理的预备定理得:

$$1 = \frac{S_{\triangle ADC}}{S_{\triangle ACD}} > \frac{AD \cdot DC}{AC \cdot DC} = \frac{AD}{AC},$$所以$AC > AD$,同理$BC > BD$.

所以$AC + BC > AD + BD = AB$,即在任意三角形中,任意两边之和大于第三边.

由此也易得,在任意三角形中,任意两边之差小于第三边.

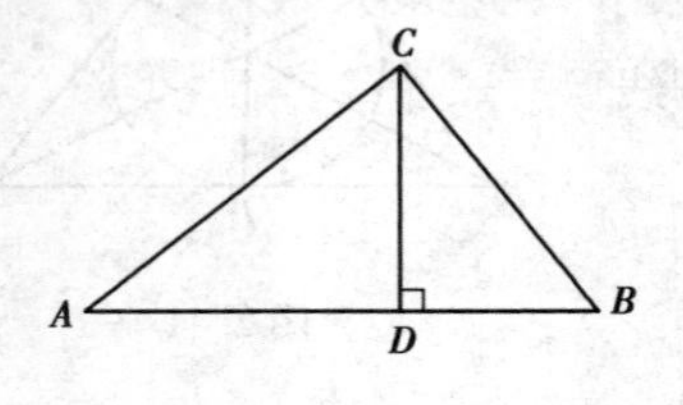

图 2.42

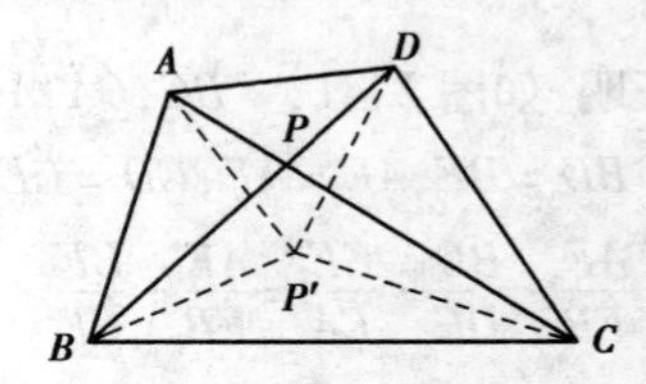

图 2.43

例 35 在凸四边形$ABCD$的平面内求一点P,使$PA + PB + PC + PD$为最小.

解:如图 2.43,设凸四边形$ABCD$的两条对角线相交于点P,则P即为所求之点.

证明:在凸四边形$ABCD$的平面内任取一点P'(与P不重合)连接$P'A$,$P'B$,

$P'C,P'D$,则 $PA+PC=AC<P'A+P'C,PB+PD=BD<P'B+P'D$. 若 P' 在对角线上,则上述两个不等式中有一个为等式,所以如下关系总成立:

$$PA+PB+PC+PD<P'A+P'B+CP'+P'D$$

例 36 在 $\triangle ABC$ 的 BC 边上任取一点 D,求证:AD 的长度小于 AB,AC 中较大者.

证明:如图 2.44,记 $\angle ADB=\angle 1,\angle ADC=\angle 2$,由于 $\angle B+\angle C<180°=\angle 1+\angle 2$,所以 $\angle B<\angle 1$ 或 $\angle C<\angle 2$ 两者中必有一个成立,因此,$AD<AB$ 或 $AD<AC$ 必有一个成立.

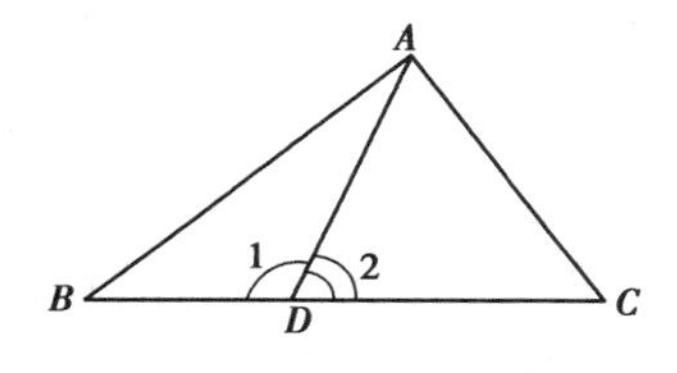

图 2.44

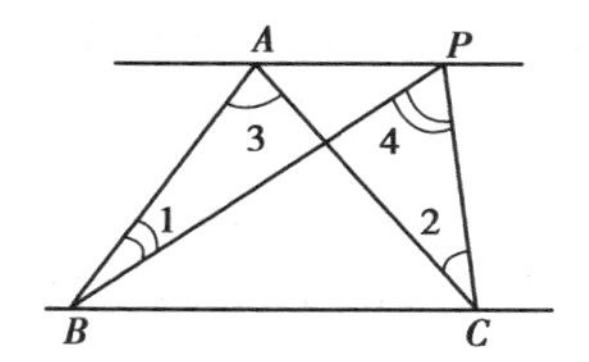

图 2.45

例 37 已知,在 $\triangle ABC$ 中,$\angle A\leqslant 90°,AB=AC$,过 A 作 BC 的平行线 AP.

求证:$AB\cdot AC<PB\cdot PC$.

证明:如图 2.45,记 $\angle ABP=\angle 1,\angle ACP=\angle 2,\angle BAC=\angle 3,\angle BPC=\angle 4$. 由 $AB=AC$ 得 $\angle ABC=\angle ACB$. 所以 $\angle PBC=\angle ABC-\angle 1<\angle ACB+\angle 2=\angle PCB$.

因此,$PC<PB$……①

下面用反证法证明 $\angle 1<\angle 2$.

假设 $\angle 1\geqslant\angle 2$,由 $\angle 1+\angle 2<180°,AP/\!/BC,AB=AC$ 得:

$1=\dfrac{S_{\triangle ABP}}{S_{\triangle ACP}}\geqslant\dfrac{AB\cdot BP}{AC\cdot CP}=\dfrac{BP}{CP}$,从而得 $PC>PB$,这与①矛盾,

故 $\angle 1<\angle 2$,所以 $\angle 3>\angle 4$. 又因为 $\angle A=\angle BAC=\angle 3\leqslant 90°$,所以 $\angle 3+\angle 4<180°$,由三角形等角逆定理的预备定理得:

$1=\dfrac{S_{\triangle ABC}}{S_{\triangle PBC}}>\dfrac{AB\cdot AC}{PB\cdot PC}$,所以 $AB\cdot AC<PB\cdot PC$.

例 38 证明:在给定了面积和一边长的所有三角形中,以给定边为底的等腰三角形周长最小.

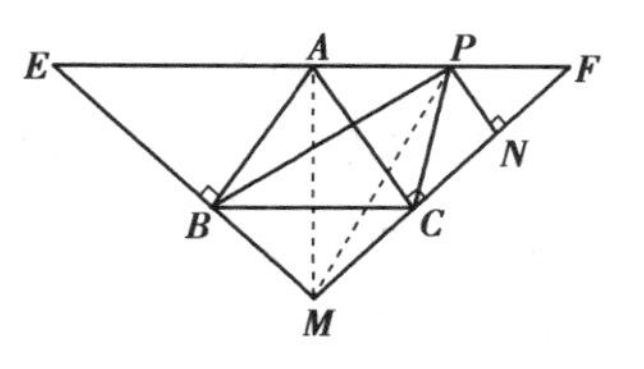

图 2.46

证明:如图 2.46,设 $\triangle ABC$ 是以 BC 为底边的等腰三角形,且 $S_{\triangle ABC}$ 为定值,$AP/\!/BC$,则 $S_{\triangle PBC}=S_{\triangle ABC}$,分别过 B,C 作 AB,AC 的垂线与直线 AP 形成等腰三角形 MEF,即设 $ME=MF=l$,则:

$$l(AB+AC)=2S_{\triangle AME}+2S_{\triangle AMF}=2S_{\triangle MEF}=2S_{\triangle PEM}+2S_{\triangle PFM}$$

过 P 点作 $PN\perp MF$，N 为垂足，因为 $AB<PB$，$PN<PC$，故 $2S_{\triangle PEM}=l\cdot AB<l\cdot PB$，$2S_{\triangle PFM}=l\cdot PN<l\cdot PC$，所以 $2S_{\triangle PEM}+2S_{\triangle PFM}<l(PB+PC)$，即 $l(AB+AC)<l(PB+PC)$，故 $AB+AC<PB+PC$，从而得：

$AB+AC+BC<PB+PC+BC$，即等腰三角形 ABC 的周长小于与它等底且等面积的非等腰三角形 PBC 的周长.

2.2 应用“坐标法”研究平面几何问题

所谓坐标法主要是指在建立平面直角坐标系的基础上，确立平面上的点与有序实数对的对应关系，因而实现了点的“算术化”，平面的“算术化”，然后，又建立起图形与方程的对应关系，最后，也是最根本的，就是通过方程的性质来研究相应的图形的性质. 笛卡尔引进坐标系后，代数与几何的关系变得明朗，且日益紧密起来，从解析几何的观点出发，几何图形的性质可以归结为方程的分析性质和代数性质，几何图形的分类问题（比如把圆锥曲线分为三类），也就转化为方程的代数特征分类的问题，即寻找代数不变量的问题. 因此对于一些复杂的平面几何问题可以考虑用“坐标法”来研究，这样能使复杂的问题简单化，下面就结合具体的例子来说明.

例 1 （2012 年江西理科高考题）如图 2.47(1)，已知 E,F 是等腰 $\mathrm{Rt}\triangle ABC$ 斜边 AB 上的三等分点，则 $\tan\angle ECF=$（ ）.

A. $\dfrac{4}{5}$ B. $\dfrac{2}{3}$ C. $\dfrac{\sqrt{3}}{3}$ D. $\dfrac{3}{4}$

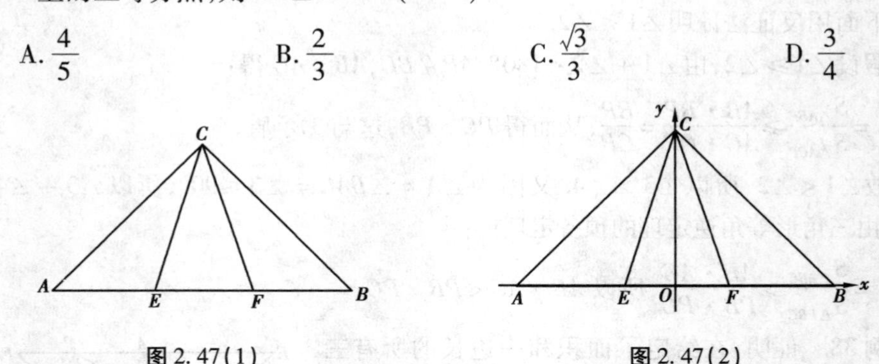

图 2.47(1) 图 2.47(2)

分析：不妨设 $AB=6$，以 AB 所在直线为 x 轴，EF 的中垂线为 y 轴建立平面直角坐标系，则由题意得：$AC=BC=3\sqrt{2}$，$OC=3$，如图 2.47(2)，得：$E(-1,0)$，$F(1,0)$，$C(0,3)$，$\overrightarrow{CE}=(-1,-3)$，$\overrightarrow{CF}=(1,-3)$，$\overrightarrow{CE}\cdot\overrightarrow{CF}=8$，

$$\because \cos\angle ECF=\cos<\overrightarrow{CE},\overrightarrow{CF}>=\frac{\overrightarrow{CE}\cdot\overrightarrow{CF}}{|\overrightarrow{CE}|\cdot|\overrightarrow{CF}|}=\frac{8}{\sqrt{10}\cdot\sqrt{10}}=\frac{4}{5}$$

$\therefore \tan\angle ECF = \dfrac{3}{4}$

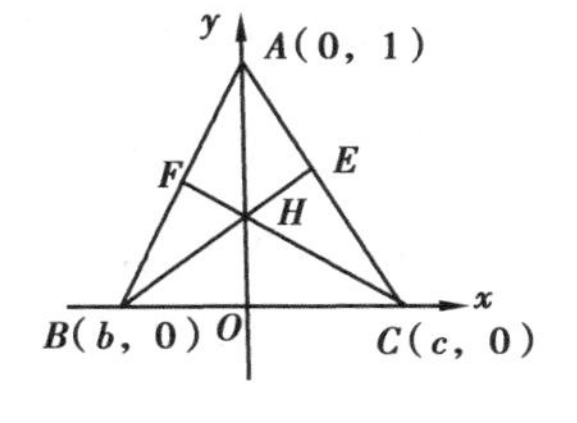

图 2.48

例 2 求证：$\triangle ABC$ 的三条垂线共点.

证明：以 BC 所在直线为 x 轴，过 A 作 $AO\perp BC$ 于 O，以 AO 所在直线为 y 轴建立平面直角坐标系，如图 2.48，令 $AO=1$，设 $B(b,0)$，$C(c,0)$，则 $A(0,1)$，过 B，C 分别作 $BE\perp AC$ 于点 E，$CF\perp AB$ 于点 F，则 $k_{AC}=-\dfrac{1}{c}$，$k_{AB}=-\dfrac{1}{b}$

$$\Rightarrow k_{BE}=c,k_{CF}=b\Rightarrow\begin{cases}\text{直线 } BE \text{ 的方程为}:y=c(x-b)\\ \text{直线 } CF \text{ 的方程为}:y=b(x-c)\end{cases}, \text{联立}\begin{cases}y=c(x-b)\\ y=b(x-c)\end{cases}\Rightarrow cx=bx$$

$\because c\neq b$

$\therefore x=0$，这说明 BE 与 CF 的交点在 y 轴上，而 AO 在 y 轴上

$\therefore BE,CF,AO$ 相交于一点 H，且交点在 y 轴上

$\therefore \triangle ABC$ 的 3 条垂线共点.

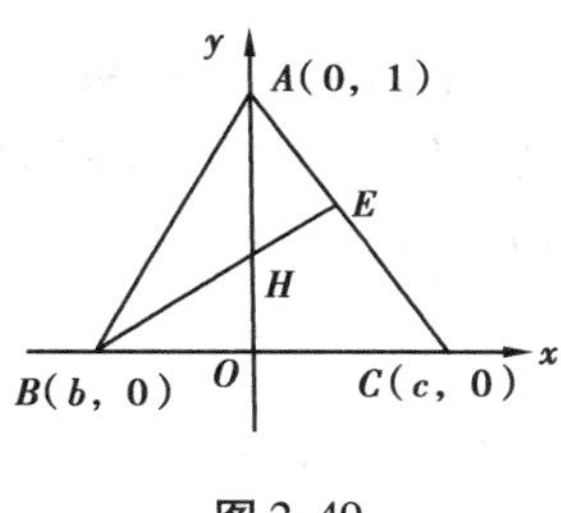

图 2.49

例 3 已知 H,O',G 分别是 $\triangle ABC$ 的垂心、外心、重心.

求证：(1) $\triangle ABC$ 的一个顶点和垂心 H 的距离等于外心 O' 到这个顶点对边的距离的两倍.

(2) G 内分线段 $O'H$ 且所成比 $1:2$.

证明：(1) 以 BC 所在直线为 x 轴，过 A 作 $AO\perp BC$ 于点 O，以 AO 所在直线为 y 轴建立平面直角坐标系，如图 2.49，令 $AO=1$，设 $B(b,0)$，$C(c,0)$，则 $A(0,1)$，过点 B 作 $BE\perp AC$ 于点 E，则 BE 与 AO 的交点为 H，$k_{AC}=-\dfrac{1}{c}$，$k_{BE}=c\Rightarrow$

$$\begin{cases}\text{直线 } BE \text{ 的方程为}:y=c(x-b)\\ \text{直线 } AO \text{ 的方程为}:x=0\end{cases}, \text{联立}\begin{cases}y=c(x-b)\\ x=0\end{cases}\Rightarrow\begin{cases}y=-bc\\ x=0\end{cases}$$

$\therefore H(0,-bc)\Rightarrow AH=1-(-bc)=1+bc$，由 $A(0,1)$，$B(b,0)$，$\Rightarrow k_{AB}=-\dfrac{1}{b}$，$AB$ 的中垂线的斜率为 b，中点坐标为 $\left(\dfrac{b}{2},\dfrac{1}{2}\right)$

$\therefore AB$ 的中垂线方程为：$y-\dfrac{1}{2}=b\left(x-\dfrac{b}{2}\right)$，由 $B(b,0)$，$C(0,c)\Rightarrow BC$ 的中垂线方程为：$x=\dfrac{b+c}{2}$，联立

$$\begin{cases}y-\dfrac{1}{2}=b(x-b)\\ x=\dfrac{b+c}{2}\end{cases}\Rightarrow\begin{cases}y=\dfrac{1+bc}{2}\\ x=\dfrac{b+c}{2}\end{cases}\Rightarrow O'\left(\dfrac{b+c}{2},\dfrac{1+bc}{2}\right)$$

$\therefore$ 外心 O' 到边 BC 的距离 $=\dfrac{1+bc}{2}$，故 $AH=2$ 倍外心 O' 到边 BC 的距离，即 $\triangle ABC$ 的一个顶点和垂心 H 的距离等于外心 O' 到这个顶点对边的距离的两倍.

(2) 由 $A(0,1)$，$B(b,0)$，$C(c,0)$ 得 $G\left(\dfrac{b+c}{3},\dfrac{1}{3}\right)$. 又假设把 $O'H$ 内分为 $1:2$ 的点为 $G'(x,y)$，则

$$\begin{cases} x=\dfrac{0+2\times\dfrac{b+c}{2}}{1+2}=\dfrac{b+c}{3} \\ y=\dfrac{-bc+2\times\dfrac{1+bc}{2}}{1+2}=\dfrac{1}{3} \end{cases}$$

$\therefore G'\left(\dfrac{b+c}{3},\dfrac{1}{3}\right)$，故 G 点与 G' 点重合

$\therefore G$ 内分线段 $O'H$ 且所成比为 $1:2$

例 4　已知 AO 是 $\triangle ABC$ 的一条中线.

求证：$AB^2+AC^2=2(AO^2+BO^2)$.

证明：以 BC 所在直线为 x 轴，BC 的中垂线为 y 轴建立平面直角坐标系，如图 2.50，令 $BC=2$，则 $B(-1,0)$，$C(-1,0)$，又设 $A(a,b)$，则：$AB^2+AC^2=(a+1)^2+b^2+(a-1)^2+b^2=2(a^2+b^2)+2$，$2(AO^2+BO^2)=2(a^2+b^2+1)=2(a^2+b^2)+2$，$\therefore AB^2+AC^2=2(AO^2+BO^2)$.

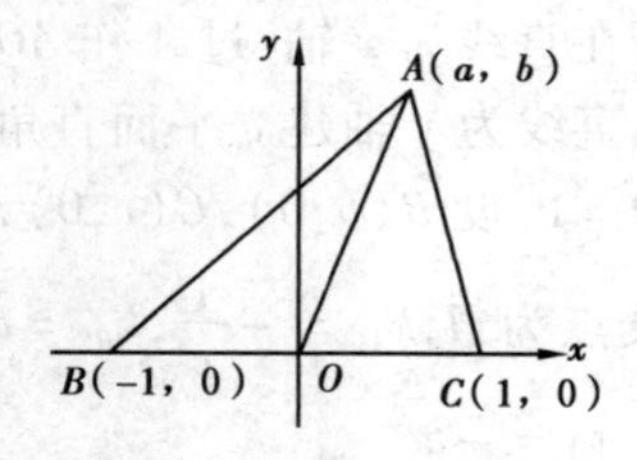

图 2.50

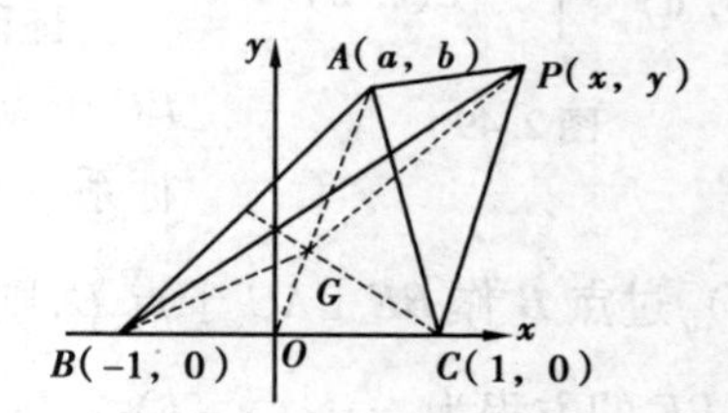

图 2.51

例 5　已知 G 为 $\triangle ABC$ 的重心，P 为该平面上任意一点.

求证：$AP^2+BP^2+CP^2=AG^2+BG^2+CG^2+3GP^2$.

证明：以 BC 所在直线为 x 轴，BC 的中垂线为 y 轴建立平面直角坐标系，如图 2.51，令 $BC=2$，则 $B(-1,0)$，$C(-1,0)$，又设 $A(a,b)$，$P(x,y)$，则：$\triangle ABC$ 的重心 G 的坐标为 $\left(\dfrac{a}{3},\dfrac{b}{3}\right)$，$AP^2+BP^2+CP^2=(x-a)^2+(y-b)^2+(x+1)^2+y^2+(x-1)^2+y^2=3(x^2+y^2)-2ax-2by+a^2+b^2+2$

$AG^2+BG^2+CG^2+3GP^2=\left(x-\dfrac{a}{3}\right)^2+\left(y-\dfrac{b}{3}\right)^2+\left(-1-\dfrac{a}{3}\right)^2+\left(\dfrac{b}{3}\right)^2+$

$$\left(1-\frac{a}{3}\right)^2+\left(\frac{b}{3}\right)^2+3\left[\left(x-\frac{a}{3}\right)^2+\left(y-\frac{b}{3}\right)^2\right]=3(x^2+y^2)-2ax-2by+a^2+b^2+2$$

$\therefore AP^2+BP^2+CP^2=AG^2+BG^2+CG^2+3GP^2$

例 6 求证:$\triangle ABC$ 三边的垂直平分线共点.

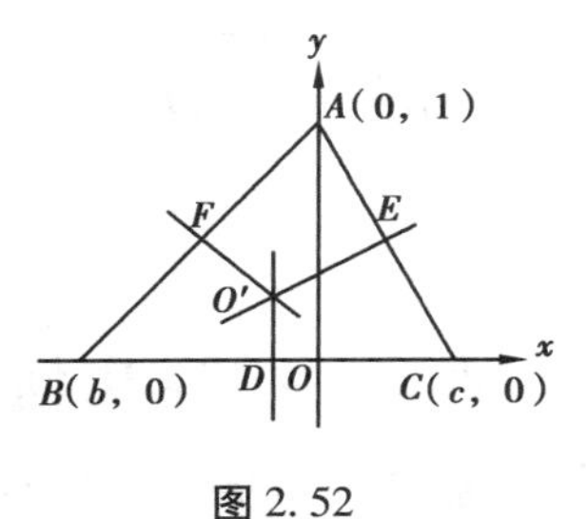

图 2.52

证明:以 BC 所在直线为 x 轴,过点 A 作 $AO\perp BC$ 于点 O,以 AO 所在直线为 y 轴建立平面直角坐标系,如图 2.52,令 $AO=1$,设 $B(b,0)$,$C(c,0)$,BC,CA,AB 三边的中点分别为 D,E,F,则 $A(0,1)$,$D\left(\frac{b+c}{2},0\right)$,

$E\left(\frac{c}{2},\frac{1}{2}\right)$,$F\left(\frac{b}{2},\frac{1}{2}\right)$,$k_{AC}=-\frac{1}{c}$,$k_{AB}=-\frac{1}{b}$

$\Rightarrow\begin{cases}\text{过点 } E \text{ 且与直线 } AC \text{ 垂直的直线方程为}:y-\frac{1}{2}=c\left(x-\frac{c}{2}\right)\\ \text{过点 } F \text{ 且与直线 } AB \text{ 垂直的直线方程为}:y-\frac{1}{2}=b\left(x-\frac{b}{2}\right)\end{cases}$

联立$\begin{cases}y-\frac{1}{2}=c\left(x-\frac{c}{2}\right)\\ y-\frac{1}{2}=b\left(x-\frac{b}{2}\right)\end{cases}\Rightarrow c\left(x-\frac{c}{2}\right)=b\left(x-\frac{b}{2}\right)$

$\because b\neq c$

$\therefore\Rightarrow x=\frac{b+c}{2}$,即直线 AC 的中垂线方程与 AB 的中垂线方程的交点 O' 的横坐标为$\frac{b+c}{2}$

又$\because$ BC 的中垂线方程为 $x=\frac{b+c}{2}$

$\therefore$ AC,AB,BC 的中垂线相交于点 O',且该点的横坐标为$\frac{b+c}{2}$,即$\triangle ABC$ 三边的垂直平分线共点.

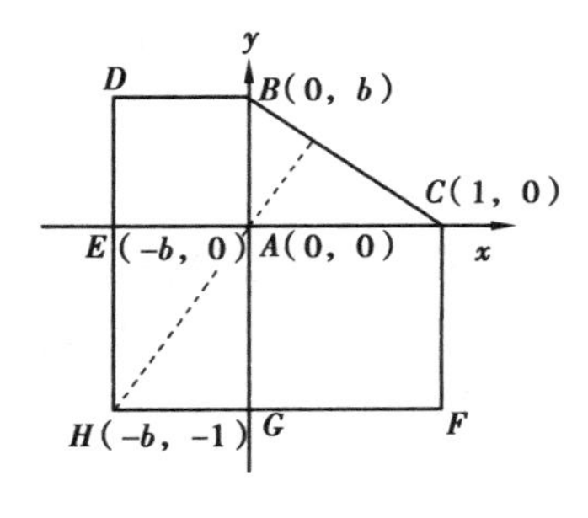

图 2.53

例 7 以 Rt$\triangle ABC$ 的两直角边 AB,AC 为一边,在三角形的外部分别作正方形 $ABDE$ 和正方形 $ACFG$,则直线 DE,FG 的交点 H 和顶点 A 的连线垂直于斜边 BC.

证明:以 A 为坐标原点,AC 所在直线为 x 轴,AB 直线为 y 轴建立平面直角坐标系,如图 2.53,令 $AC=$

1, $B(0,b)$, 则: $A(0,0)$, $C(1,0)$, $H(-b,-1)$.

$\Rightarrow \overrightarrow{BC}=(1,-b)$, $\overrightarrow{AH}=(-b,-1)$

$\Rightarrow \overrightarrow{BC}\cdot\overrightarrow{AH}=-b+b=0$

$\therefore \overrightarrow{BC}\perp\overrightarrow{AH}\Rightarrow BC\perp AH$, 即直线 DE, FG 的交点 H 和顶点 A 的连线垂直于斜边 BC.

2.3 初等几何变换及其应用

所谓的“变换”就是“运动”. 因此,有了“变换”,“运动”和辩证法就进入了几何学,所以,“运动、变换、对应、联系”等近代数学的基本思想和方法,在平面几何中起到了决定性的作用,而所有这些思想和方法在本质上来说都是辩证的. 因此,逐步形成辩证的思维习惯,是学好平面几何的关键.

几何变换是几何内容的核心,大家都知道:作辅助线是初等几何证明的难点,很多情况下,辅助线的做法恰恰是变换的结果.

初等几何变换,就是一个将几何图形按照某种法则或规律变成另一种几何图形的过程,它对于几何学的研究有重要作用. 初等几何变换主要包括合同变换,位似变换以及它们的乘积变换. 合同变换主要包括平移交换、旋转变换和反射变换. 利用初等几何变换解证平面几何题,对于理清解题思路,简化解题的表述过程有着不可替代的作用,并对难度较大的一些平面几何题的解决,能起到化难为易的效果,同时,变换为用近代数学方法讨论初等几何问题提供了广阔的前景. 另外,几何变换还在绘图、力学、机械结构的设计、航空摄影测量、电路网络等方面有着广泛的应用.

2.3.1 图形的相等或合同

设由两个点集合构成的两个图形 F 和 F',它们的点之间能建立这样的一一对应,使 F 中任意两点的连线总等于 F' 中两个对应点的连线,那么 F 和 F' 称为相等或合同.

1) 合同变换的概念

合同变换:由两个点集合构成的两个图形 F 和 F',它们的点之间能够建立一一对应关系,使 F 中的任意两点的连线段 AB 总等于 F' 中两个对应点的连线段 $A'B'$,那么称 F 和 F' 为合同或全等,把这个变换称为合同变换.

2) 合同变换的性质

定理 1:图形的相等具有反身性、对称性和传递性.

定理 2:相等的图形中.

①与共线点对应的是共线点.

②两相交直线的交角等于两条对应线的交角(对应角相等).

3)全等变换存在逆变换,恒等变换

连续施行两次全等变换的积仍是全等变换,所以全等变换的全体组成“群”,称为全等变换群,也称为刚体变换群或运动群. 平移、旋转、反射(对称)都是特殊的全等变换.

合同变换主要有3种基本类型:平移、旋转、对称(轴反射).

2.3.2 平移变换

1)平移变换的概念

(1)平移变换的定义

如图2.54,设$\overrightarrow{PQ}$是一条给定的有向线段,T是平面上的一个变换,它把平面图形F上任一点M变到M',使得$\overrightarrow{MM'}=\overrightarrow{PQ}$,$M'$在图形$F'$上,则$T$称为沿有向线段$\overrightarrow{PQ}$的平移变换. 记为$M\xrightarrow{T(\overrightarrow{PQ})}M'$,图形$F\xrightarrow{T(\overrightarrow{PQ})}F'$.

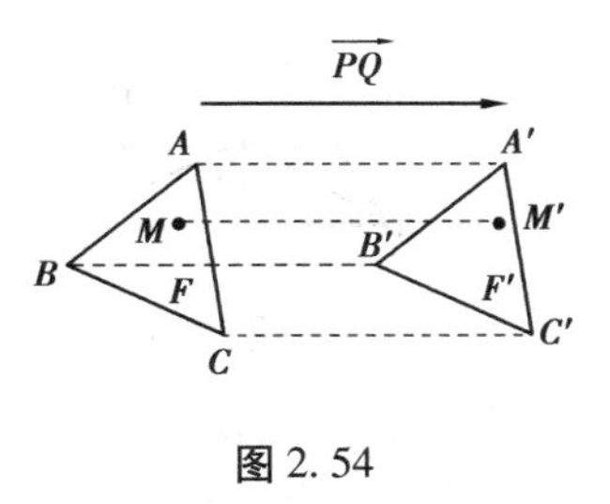

图2.54

(2)平移变换的性质

①平移变换是合同变换,平移变换把任意图形变成与它真正合同的图形.

②平移变换的逆变换为平移变换.

③对应线段平行且相等,直线变为直线,三角形变为三角形,圆变为圆,两对应点连线段与给定的有向线段平行(共线)且相等.

④对应角相等且角的两边同向平行.

⑤两个平移变换的乘积是一个平移变换.

⑥平移变换由一对对应点或由平移方向和平移距离完全确定.

2)平移变换在初等几何中的应用

例1 设H是$\triangle ABC$的垂心,求证:$AH^2+BC^2=BH^2+AC^2=CH^2+AB^2$.

分析:观察命题的结论$AH^2+BC^2=BH^2+AC^2=CH^2+AB^2$,它是三联等式,对于$\triangle ABC$的各边来说,它是轮换式,所以只需证得某一个等式即可.

由于等式两边都是两线段的平方和,这便联想到直角三角形,若以AH,BC为直角边构成的直角三角形的斜边,同时也是CH,AB为直角边构成的直角三角形的斜边,等式也自然成立.

证明:如图2.55,延长AH与BC相交于点M

$\because$ H是$\triangle ABC$的垂心,则$AM\perp BC$,延长CH与AB相交于点N,则$CN\perp AB$,把$AH \xrightarrow{T(\overrightarrow{AB})} BD$,则$ABDH$是平行四边形

$\therefore BD=AH,\angle DBC=\angle AMB=90°$,连接$DC$,则$DC^2=BD^2+BC^2=AH^2+BC^2$

又$\because$ 在$\triangle DHC$中,$\angle DHC=\angle BNC=90°,DH=AB$

$\therefore DC^2=CH^2+DH^2=CH^2+AB^2$

$\therefore AH^2+BC^2=CH^2+AB^2$

同理可证:$AH^2+BC^2=BH^2+AC^2$

$\therefore AH^2+BC^2=BH^2+AC^2=CH^2+AB^2$

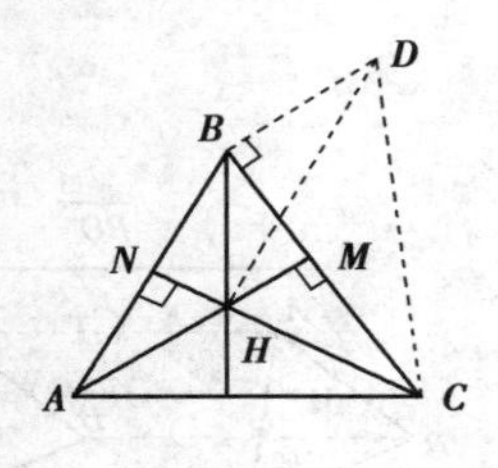

图2.55

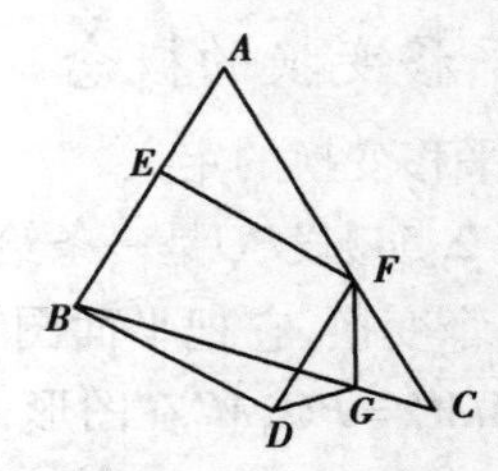

图2.56

评析:证明题的题设条件是完成论证的保证,然而体现这些条件的图形的几何要素之间的关系往往是松散的、疏远的.作为证明,把几何元素作有效集中就显得十分必要,它是使问题中已知条件向结论转化最常用、最有效的手段.

例2 如图2.56,设E,F分别是$\triangle ABC$的AB,AC边上的点,$BE=CF$.

求证:$EF<BC$.

分析:要证$EF<BC$,因为EF与BC的关系疏远,故把$EF \xrightarrow{T(\overrightarrow{EB})} BD$,那么$EBDF$是平行四边形,$\therefore$ $BD=EF$,$\therefore$ 只需作$\angle CFD$的平分线FG交BC于点G,则$DG=CG$,那么$BC=BG+CG=BG+DG$,而$BD<BG+DG$成立.

证明:如图2.56,把$EF \xrightarrow{T(\overrightarrow{EB})} BD$,则$EBDF$是平行四边形,$BD=EF,BE=DF=CF$,作$\angle CFD$的平分线$FG$交$BC$于点$G$

$\because DF=CF,FG=FG,\angle DFG=\angle CFG$

$\therefore \triangle DFG\cong\triangle CFG$

$\therefore DG=CG$,在$\triangle DBG$中,

$BD<BG+DG=BG+CG=BC$

又$\because BD=EF$

$\therefore EF<BC$

例3 设梯形 $ABCD$ 的 $AD /\!/ BC, AD < BC$, $AB > DC$.

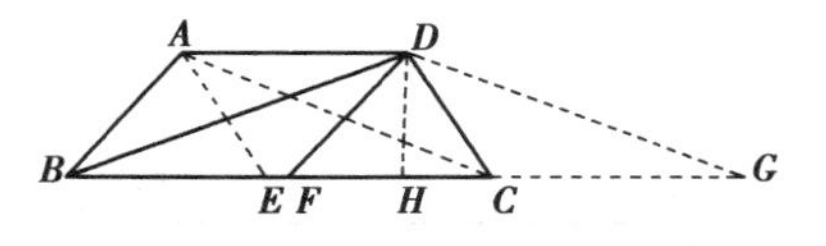

图 2.57

求证:(1) $\angle DCB > \angle ABC$.

(2) $DB > AC$.

分析:如图 2.57,

(1)若 $\angle DCB > \angle ABC$,当把 $DC \xrightarrow{T(\overrightarrow{DA})} AE$,问题就变成需证 $\angle AEB > \angle ABC$.

(2)若 $DB > AC$,当把 $AC \xrightarrow{T(\overrightarrow{AD})} DG$,并作 $DH \perp BC$,问题就变成需证 $HB > HG$.

证明:(1)如图 2.57,把 $DC \xrightarrow{T(\overrightarrow{DA})} AE$

$\because AD /\!/ BC$

$\therefore$ 点 E 在 BC 上,$AECD$ 是平行四边形,$AE = CD$,在 $\triangle ABE$ 中,$AB > AE$

$\therefore \angle AEB > \angle ABE$

$\therefore \angle DCB > \angle ABC$.

(2)把 $AB \xrightarrow{T(\overrightarrow{AD})} DF, AC \xrightarrow{T(\overrightarrow{AD})} DG$

$\because AD /\!/ BC$

$\therefore$ 点 F, G 在 BC 和其延长线上

$\therefore ABFD$ 和 $ACGD$ 是平行四边形,过点 D 作 $DH \perp BC$ 交 BC 于点 H

$\because HB = BF + FH = AD + FH = CG + FH, HG = HC + CG$

又$\because AB > DC$

$\therefore DF > DC$

$\because DH \perp FC$

$\therefore FH > HC(FH = \sqrt{DF^2 - DH^2}, HC = \sqrt{DC^2 - DH^2})$

$\therefore HB > HG$

$\because DB = \sqrt{HB^2 + DH^2}, DG = \sqrt{HG^2 + DH^2}$

$\therefore DB > DG = AC$.

例4 设 P, Q 分别是梯形 $ABCD$ 的上、下底 AD 和 BC 上的点,且 $2AP = PD$, $2BQ = QC, 2AB = DC$.

求证:PQ 与 AB, DC 成等角.

分析:欲证 PQ 与 AB, DC 成等角,但 PQ 与 AB, DC 的关系疏远,所以把 $AB \xrightarrow{T(\overrightarrow{AP})} PM, DC \xrightarrow{T(\overrightarrow{DP})} PN$,那么 PQ 与 PM, PN 就有一个公共顶点 P,问题就变成了证明 PQ 与 PM, PN 成等角.

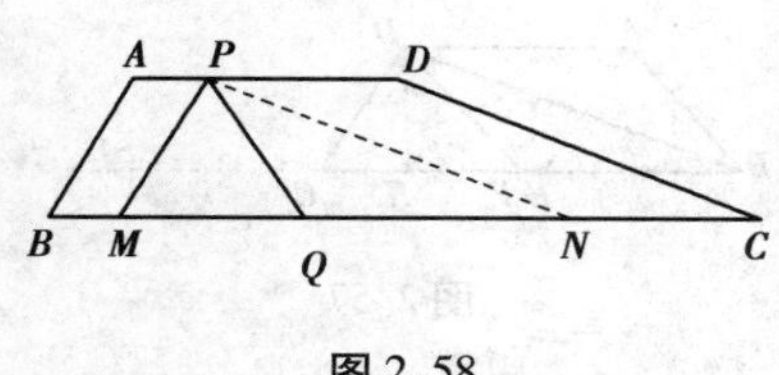

图 2.58

证明:如图 2.58,把 $AB \xrightarrow{T(\overrightarrow{AP})} PM$,$DC \xrightarrow{T(\overrightarrow{DP})} PN$

$\because AD /\!/ BC$

$\therefore$ 点 M,N 均在 BC 上,$ABMP$ 和 $PNCD$ 均为平行四边形.

$\therefore$ 由已知条件 $2AB=DC$ 得:$\dfrac{PM}{PN}=\dfrac{AB}{DC}=\dfrac{1}{2}$

又$\because \dfrac{MQ}{QN}=\dfrac{BQ-BM}{CQ-CN}=\dfrac{BQ-AP}{CQ-DP}$,$2AP=PD$,$2BQ=QC$

$\therefore \dfrac{BQ-AP}{CQ-DP}=\dfrac{BQ-AP}{2BQ-2AP}=\dfrac{1}{2}$

$\therefore \dfrac{MQ}{QN}=\dfrac{1}{2}$

$\therefore \dfrac{PM}{PN}=\dfrac{MQ}{QN}$

$\therefore PQ$ 为 $\angle MPN$ 的平分线.

$\therefore PQ$ 与 AB,DC 成等角.

2.3.3 轴对称变换(轴反射变换)

1)轴对称变换(或轴反射变换)的概念

(1)轴对称变换的定义

如图 2.59,设 l 是一条给定的直线,s 是平面上的一个变换,它把平面图形 F 上任意一点 M 变到 M',使得 M 与 M' 关于直线 l 对称,M' 在图形 F' 上,则 s 称作以 l 为对称轴的轴对称变换(或轴反射变换),记为 $M \xrightarrow{s(l)} M'$,图形 $F \xrightarrow{s(l)} F'$.

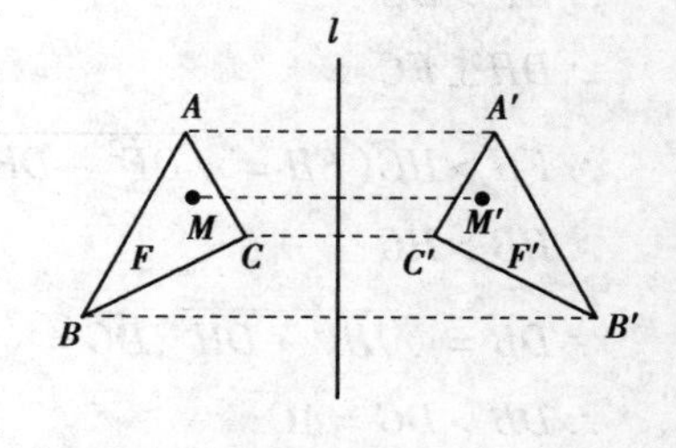

图 2.59

显然,对称轴是各对应点所连线段的中垂线,对称轴上任意一点到各对应点的距离相等.

关于直线对称的两个图形,是互为反常全等的图形(如图 2.59 中的图形 F 与 F' 是互为反常图形).

如果沿着一条直线把两个图形对折后能够互相重合,那么就称这两个图形为以这条直线为对称轴的互为对称的图形.

如果一个图形被一条直线分成的两个部分,且关于此直线互为对称,那么就称此图形为轴对称图形. 如等腰三角形是关于底边上的高为对称轴的轴对称图形,矩形、菱形、等腰梯形、圆等都是轴对称图形.

(2)轴对称变换的性质

①如果图形 F 与图形 F' 关于直线 l 对称,那么对应点的连线被对称轴垂直平分.

②两个图形关于某直线对称,如果它们的对应线段或其延长线相交,那么交点在对称轴上.

③如果两个图形的对应点连线被同一条直线垂直平分,那么这两个图形关于这条直线对称.

④轴对称变换是合同变换,轴对称变换把任意图形变换成与镜像合同的图形.

⑤轴对称变换有无穷多个二重点,它们都是对称轴上的点.

⑥轴对称变换有无穷多条二重线,它们是对称轴上的线.

⑦对应点的连线 AA',BB',CC'……互相平行且都被对称轴 l 垂直平分.

⑧对应线段相等,且延长后交于对称轴 l 的同一点,两线形成的角被对称轴 l 平分;对应角相等.

2)轴对称变换在初等几何中的应用

例5 已知$\triangle ABC$是等边三角形,延长 BC 至点 D,延长 BA 至点 E,且有 $AE = BD$,连接 CE,DE,求证:$CE = DE$.

分析:在证明几何题中,常常选择某直线为对称轴,把不是轴对称的图形,通过对称变换,补添为轴对称图形,或将轴一侧的图形通过对称变换反射到另一侧,以实现条件相对集中,所以先设法将图形"补齐". 如图 2.60,延长 BD 至点 F,使 $DF = BC$,并且连接 EF,设 O 为 CD 中点,连接 OE,然后只需证明:$\triangle EBC \xrightarrow{S(OE)} \triangle EFD$(或 $\triangle ECO \xrightarrow{S(OE)} \triangle EDO$),从而得出:$CE = DE$ 的结论.

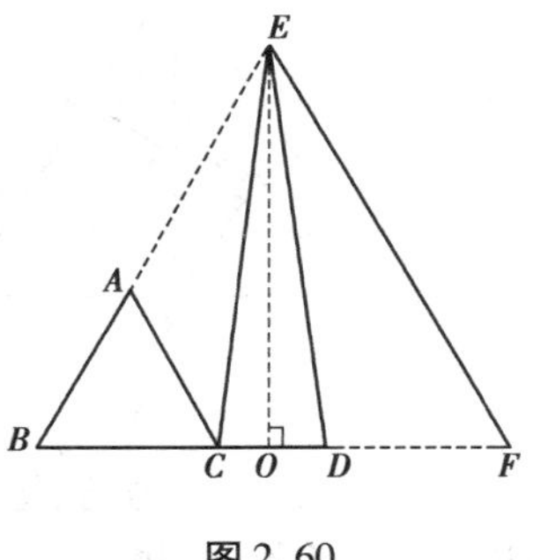

图 2.60

证明:如图 2.60,延长 BD 至点 F,使 $DF = BC$,并且连接 EF,设 O 为 CD 中点,连接 OE.

$$\text{由}\left.\begin{array}{l} AE = BD \\ EB = AE + AB \\ BF = BD + DF \\ DF = BC \\ \triangle ABC\text{ 为等边三角形} \end{array}\right\} \Rightarrow \left.\begin{array}{l} EB = BF \\ \angle B = 60^\circ \end{array}\right\} \Rightarrow \left.\begin{array}{l} \triangle EBF\text{ 为等边三角形} \\ \because O\text{ 为 } CD\text{ 中点} \end{array}\right\} \Rightarrow O\text{ 为 } BF\text{ 的中}$$

点$\Rightarrow OE$ 是 BF 的垂直平分线$\Rightarrow \triangle EBC \xrightarrow{S(OE)} \triangle EFD$(或$\triangle ECO \xrightarrow{S(OE)} \triangle EDO$)

$\therefore CE \xrightarrow{S(OE)} DE$,从而 $CE = DE$

例6 已知在 $\triangle ABC$ 中,AT 平分 $\angle BAC$,$BE \perp AT$ 于点 E,$CF \perp AT$ 于点 F,且 M 是 BC 的中点.

求证:$ME = MF$.

分析:如图2.61,依照"补齐"图形的原则,把 AE 当作对称轴,延长 CF 与 AB 相交于点 C',延长 AC,BE 交于点 B',则点 B',点 C' 都是 B,C 关于 AE 的对称点.

证明:如图2.61,$\because AT$ 平分 $\angle BAC$,$BE \perp AT$

$\therefore$ 把 $\triangle ABE \xrightarrow{S(AE)} \triangle AB'E$,则 $AB = AB'$,E 为 BB' 中点,延长 CF 于点 C' 与 AB 相交于点 C'

$\because CF \perp AT$

$\therefore C' \xrightarrow{S(AE)} C$,由此得 $AC = AC'$,$B'C = BC'$

$\because M$ 是 BC 的中点

$\therefore ME$,MF 分别是 $\triangle BB'C$,$\triangle BCC'$ 的中位线

$\therefore ME \mathrel{\underline{\underline{\parallel}}} \frac{1}{2}B'C$,$MF \mathrel{\underline{\underline{\parallel}}} \frac{1}{2}BC'$

$\therefore ME = MF$

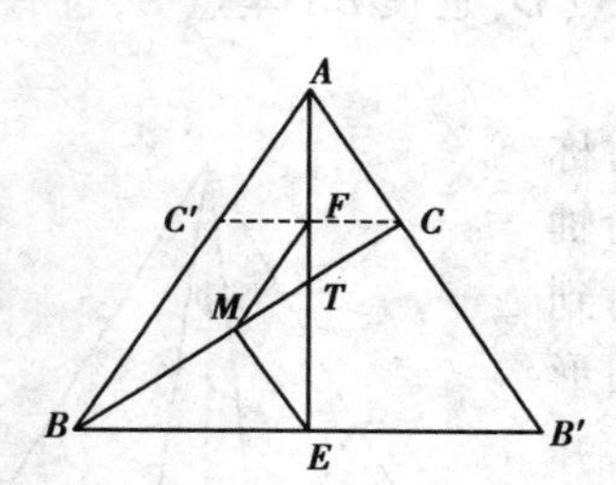

图2.61

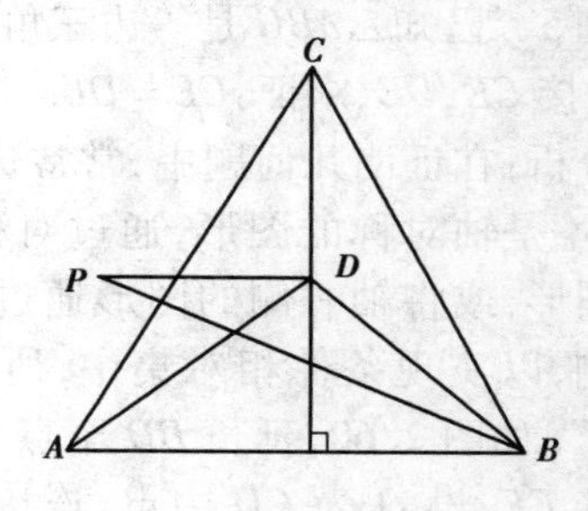

图2.62

例7 已知 D 为等边三角形 ABC 内一点,有 $DB = DA$,$BP = AB$,$\angle DBP = \angle DBC$,求 $\angle BPD$ 的度数.

分析:如图2.62,显然 CD 是 $\triangle CAB$ 的一条对称轴.

解:如图2.62,连接 CD,由 $\left.\begin{aligned}CA = CB\\DB = DA\end{aligned}\right\} \Rightarrow CD$ 是 AB 的垂直平分线,又由 $\triangle ABC$ 为等边三角形 $\Rightarrow \triangle ACD \xrightarrow{S(CD)} \triangle BCD$,$\angle BCD = \frac{1}{2}\angle BCA = 30°$,由 $\left.\begin{aligned}BP = BC\\ \angle DBP = \angle DBC\\ BD = BD\end{aligned}\right\}$

$\Rightarrow \triangle BDP \cong \triangle BDC$

$\therefore \angle BPD = \angle DCB = 30°$

例8 如图2.63,已知在 $\triangle ABC$ 中,$\angle A = 2\angle B$,CD 平分 $\angle ACB$.

求证:$BC=AC+AD$.

分析:如图2.63,由于CD是$\angle ACB$的平分线,如果以CD为对称轴,将$\triangle ACD$作对称变换,那么A点的对称点A'一定会落在BC边上,即$A'C=AC,DA'=DA$.如果能证明$A'B=A'D$,则问题就能得到解决.

证明:如图2.63

$\because$ CD平分$\angle ACB$

$\therefore$ 点A关于直线CD的对称点A'必落在BC上

$\therefore$ 作$\triangle ACD\xrightarrow{S(CD)}\triangle A'CD$,连接$DA'$,则$A'C=AC,DA'=DA,\angle DAC=\angle DA'C$

又$\because$ $\angle A=2\angle B$

$\therefore$ $\angle DA'C=2\angle B$

$\because$ $\angle DA'C=\angle B+\angle A'DB$

$\therefore$ $\angle B=\angle A'DB$

$\therefore$ $A'D=A'B=AD$

$\therefore$ $BC=A'B+A'C=AD+AC$,从而$BC=AC+AD$成立.

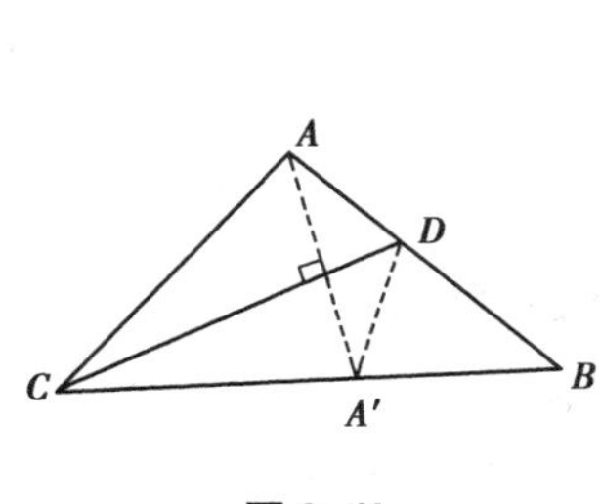

图2.63

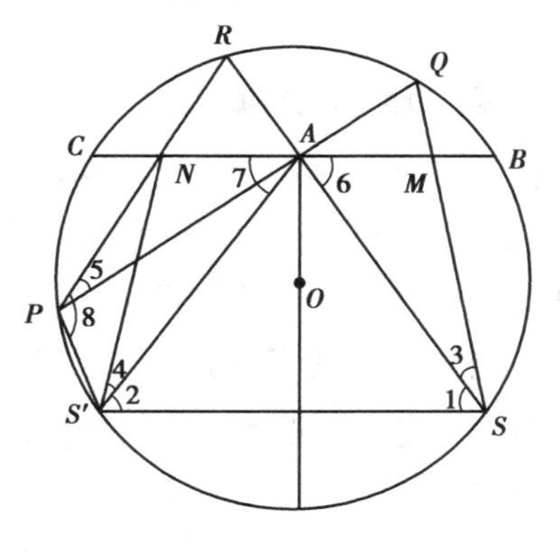

图2.64

例9(蝴蝶定理) 在圆O中,过弦BC的中点A任意作两条弦PQ,RS,其中SQ,PR分别与BC交于M,N两点.

求证:$AM=AN$.

分析:A点是弦BC的中点,又应该是线段MN的中点,所以线段AM和AN应该关于直线OA对称,作$S\xrightarrow{S(OA)}S'$,然后证明:$\triangle ASM\xrightarrow{S(OA)}\triangle AS'N$.

证明:如图2.64,作$S\xrightarrow{S(OA)}S'$

$\because$ A是弦BC的中点,O是圆心,则S'必在圆O上,$OA\perp BC$

$\therefore$ $BC/\!/SS'$,连接SS',AS,AS',PS',NS'.设$\angle ASS'=\angle 1,\angle AS'S=\angle 2,\angle ASM=$

$\angle 3$，$\angle AS'N=\angle 4$，$\angle APR=\angle 5$，$\angle MAS=\angle 6$，$\angle NAS'=\angle 7$，$\angle NPS'=\angle 8$，由 $BC /\!/ SS'$ 得：$\angle 1=\angle 6$，$\angle 2=\angle 7$，又由 $S\xrightarrow{S(OA)}S'$ 得：$AS\xrightarrow{S(OA)}AS'$，$AS=AS'$，$\angle 1=\angle 2=\angle 6=\angle 7$

$\because P,R,S,S'$ 四点在圆 O 上

$\therefore \angle 1+\angle 8=180°$

$\therefore \angle 7+\angle 8=180°$，从而得 A,N,P,S' 四点共圆

$\therefore \angle 4=\angle 5$（同弧所对的圆周角相等）

又$\because \angle 3=\angle 5$（同弧所对的圆周角相等）

$\therefore \angle 3=\angle 4$

$\therefore$ 由 $\left.\begin{matrix}\angle 3=\angle 4\\ AS=AS'\\ \angle 6=\angle 7\end{matrix}\right\}\Rightarrow \triangle ASM\cong\triangle AS'N$

即 $\triangle ASM\xrightarrow{S(OA)}\triangle AS'N$

$\therefore AM=AN$

2.3.4 旋转变换

旋转是几何变换中的基本变换，它一般先对给定的图形（或其中一部分图形），通过旋转，改变位置后重新组合，然后在新的图形中分析有关图形之间的关系，进而揭示条件与结论之间的内在联系，找出证明途径.

1）旋转变换的目的

旋转变换是一种重要的几何变换，进行几何变换的目的有两个：

①揭示几何图形的性质或几何量之间的内在联系.

②使分散的元素集中，使表面互不相干的条件变得密切相关.

2）旋转变换的概念

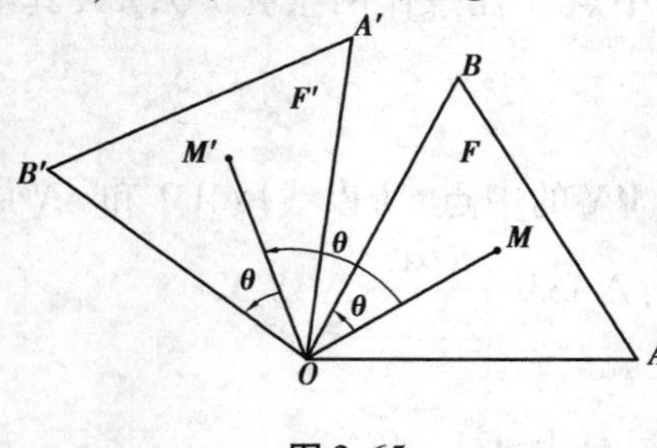

图 2.65

如图 2.65，θ 为一个定角，R 是平面上的一个变换，它把平面图形 F 上任一点 M 都绕平面上的一个定点 O 旋转一个角 θ 到 M'，使得 OM 到 OM' 成 θ 角，M' 在图形 F' 上，将旋转后的点构成的图形记为 F'，则称 R 为以 O 为旋转中心、θ 为旋转角的旋转变换，简称旋转，M 与 M' 两个点称为这个旋转的对应点，记为 $OM\xrightarrow{R(O,\theta)}OM'$，图形 $F\xrightarrow{R(O,\theta)}F'$，按逆时针方向旋转 θ 取正

值，按顺时针方向旋转 θ 取负值.

旋转变换下各对应直线所成的角不变，都等于其旋转角，一个图形经过旋转变换，得到与它正常全等的图形.

旋转角 $\theta=180°$时的旋转变换称为中心对称变换.

3）旋转变换的性质

①对应点到旋转中心的距离相等.

②对应点与旋转中心所连线段的夹角等于旋转角.

③旋转前、后的图形全等. 旋转三要素：旋转中心、旋转方向、旋转角度.

④对应角相等.

⑤旋转中心是唯一的二重点，没有二重线.

⑥旋转由中心与一对对应点完全确定.

⑦$R(0,\theta)$为合同变换，F 与 F'为正向合同.

⑧$R(0,\theta_1)\cdot R(0,\theta_2)=R(0,\theta_1+\theta_2)$.

4）旋转变换在初等几何中的应用

什么时候考虑用旋转变换？怎样运用旋转变换呢？下面结合例题谈谈旋转变换在平面几何解题中的应用.

例 10　已知 $ABCD$ 是矩形，$BC=3AB$，若 M,N 是 BC 上的点，$BM=MN=CN$. 求证：$\angle DBC+\angle DMC=\angle DNC$.

分析：如图 2.66，欲证 $\angle DBC+\angle DMC=\angle DNC$，$\because$ $\angle DBC$，$\angle DMC$，$\angle DNC$ 的关系疏远，为了使它们通过有效集中以便寻求数量上的关系

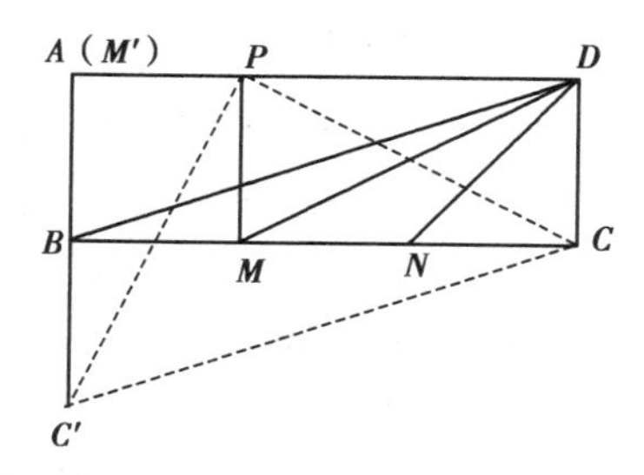

图 2.66

$\therefore$ 作 $PM\perp BC$ 于 M，把 $\text{Rt}\triangle PMC\xrightarrow{R(P,\,-90°)}\text{Rt}\triangle PAC'$，连接 CC'，则 $\angle BCC'=\angle DBC$，$\angle PCM=\angle DMC$

$\therefore$ $\angle DBC$，$\angle DMC$ 便集中于$\angle PCC'$中，问题变成求证$\angle PCC'=\angle DNC$.

证明：作 $PM\perp BC$ 于点 M

$\because$ $PM=PA$，$\angle PMC=\angle PAB=90°$

$\therefore$ 把 $\text{Rt}\triangle PMC\xrightarrow{R(P,\,-90°)}\text{Rt}\triangle PAC'$，则点 A,B,C'共线，且 $BC'=AB$，连接 $C'C$

$\because$ $PC'=PC$，$\angle CPC'=90°$

$\therefore$ $\angle PCC'=45°$

又$\because$ 在 $\text{Rt}\triangle DNC$ 中，$DC=NC$

$\therefore \angle DNC = 45°$

$\therefore \angle PCC' = \angle DNC$

$\because \angle PCC' = \angle PCM + \angle BCC', \angle PCM = \angle DMC$

$\because BC'CD$ 是平行四边形

$\therefore \angle BCC' = \angle DBC$

$\therefore \angle DBC + \angle DMC = \angle DNC$

例 11 设 E, F 分别为正方形 $ABCD$ 的边 BC 和 DC 上的点，$\angle EAF = 45°$，$AN \perp EF$ 于点 N，求证：

(1) $AN = AD$.

(2) $S_{ABCD} : S_{\triangle AEF} = 2AB : EF$.

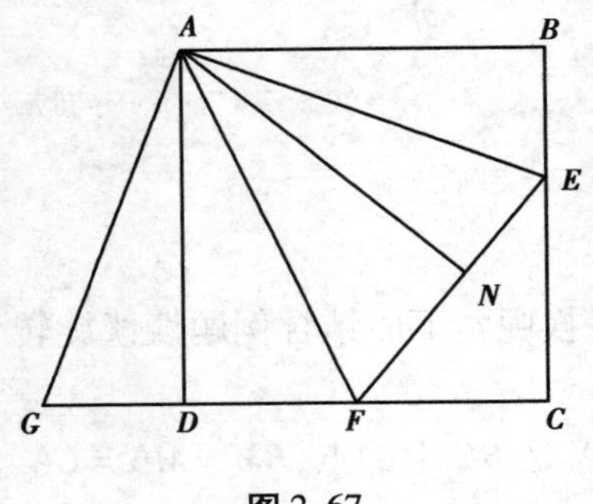

图 2.67

分析：如图 2.67，欲证 $AN = AD$，因此可以构造两个全等三角形 AEF 和 AGF，若 AN, AD 分别为这两个三角形的对应线段，问题便可得到解决. 所以选择三角形 AEF 和 AGF，证明它们全等.

证明：(1) $\because AD = AB, \angle BAD = \angle ADC = 90°$

$\therefore$ 把 $\text{Rt}\triangle ABE \xrightarrow{R(A,\ -90°)} \text{Rt}\triangle ADG$，则点 G 在 CD 的延长线上，$GD = BE, \angle GAE = 90°$

$\because \angle EAF = 45°$

$\therefore \angle GAF = \angle GAE - \angle EAF = 90° - 45° = 45°$

$\therefore \angle GAF = \angle EAF$

$$\therefore \text{由} \left.\begin{aligned} \angle GAF &= \angle EAF \\ AG &= AE \\ AF &= AF \end{aligned}\right\} \Rightarrow \triangle AGF \cong \triangle AEF$$

$\therefore$ 根据全等三角形的对应高相等可知：$AN = AD$.

(2) $\because AN = AD$

$$\therefore \frac{S_{ABCD}}{S_{\triangle AEF}} = \frac{AB \cdot AD}{\frac{1}{2}EF \cdot AN} = \frac{2AB}{EF}$$

例 12 如图 2.68，D 为等边三角形 ABC 内一点，且 $\triangle EDA$ 和 $\triangle CDF$ 都为等边三角形.

求证：四边形 $EBCF$ 是平行四边形.

证明：$\because \triangle ABC, \triangle EDA$ 和 $\triangle CDF$ 都为等边三角形

$\therefore$ 把$\triangle AEB \xrightarrow{R(A,60^\circ)} \triangle ADC$，把$\triangle ADC \xrightarrow{R(D,60^\circ)} \triangle DEF$

$\therefore EB = CD = DF = CF, EF = AC = BC$

$\therefore$ 四边形 $EBCF$ 是平行四边形.

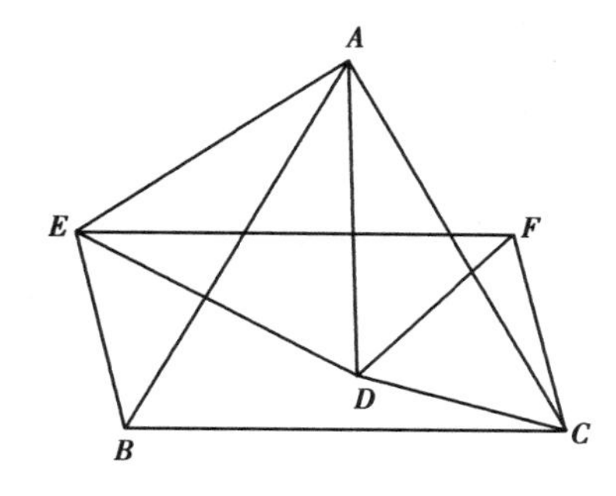

图 2.68

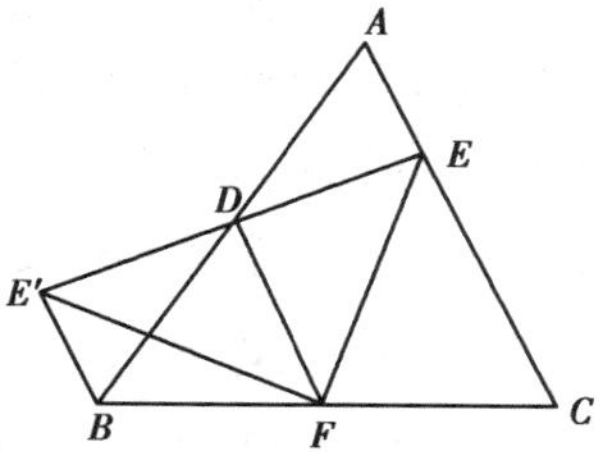

图 2.69

例 13 在$\triangle ABC$中，点 D 是 AB 边的中点，E，F 分别是 AC，BC 上的点.

求证：$\triangle DEF$ 的面积不超过$\triangle ADE$ 和$\triangle BDF$ 的面积之和.

分析：考虑把$\triangle ADE$ 和$\triangle BDF$ 拼成一个图形，然后和$\triangle DEF$ 的面积比较.

证明：如图 2.69，$\because$ D 为 AB 边的中点

$\therefore$ 把$\triangle ADE \xrightarrow{R(D,180^\circ)} \triangle BDE'$，连接 FE'

$\therefore \triangle ADE \cong \triangle BDE'$

$\therefore DE = DE', \triangle ADE = \triangle BDE'$

$\therefore \triangle DEF = \triangle FDE = \triangle FDE', S_{\triangle ADE} + S_{\triangle BDF} = S_{\triangle BDE'} + S_{\triangle BDF} = S_{BFDE'}$

$\therefore S_{BFDE'} \geqslant S_{\triangle FDE'} = S_{\triangle DEF}$（当 E 和 A 重合或 F 和 B 重合时上式取等号）.

2.3.5 相似变换和位似变换

1）相似变换的概念

（1）相似变换的定义

若 $H(k)$ 是平面到其自身的一个变换，它使得平面图形 F 上任意两点 A，B 及其图形 F' 上的对应点 A'，B'，总有 $A'B' = kAB(k>0)$，则把这个变换 $H(k)$ 称为相似变换，k 称为相似比，记作 $AB \xrightarrow{H(k)} A'B'$，图形 $F \backsim F'$.

当 $k=1$ 时，相似变换就是合同变换.

（2）相似变换的性质

性质 1：相似图形满足反身性、对称性、传递性.

①$k=1$ 时，$AB \xrightarrow{H(1)} AB$；

②$AB \xrightarrow{H(k)} A'B'$，$A'B' = kAB \Rightarrow A'B' \xrightarrow{H\left(\frac{1}{k}\right)} AB$，$AB = \frac{1}{k}A'B'$；

③$H(k_1)H(k_2) = H(k_1k_2)$.

性质2：相似变换保持两直线所成角的大小不变.

性质3：相似变换不改变图形的形状，而改变其大小.

性质4：相似变换下，线段的简单比例不变.

性质5：两个相似的平面图形，其面积之比等于它们的相似比的平方.

性质6：平面的全体相似变换组成一个群，称为相似变换群.

2)相似图形的判定

(1)三角形相似的判定

在$\triangle ABC$和$\triangle A'B'C'$中，若满足下列条件中的任何一个，则$\triangle ABC \backsim \triangle A'B'C'$.

①$\angle A = \angle A'$，$\angle B = \angle B'$.

②$\angle A = \angle A'$，$\frac{AB}{A'B'} = \frac{AC}{A'C'}$.

③$\frac{AB}{A'B'} = \frac{AC}{A'C'} = \frac{BC}{B'C'}$.

(2)多边形相似的判定

两个多边形F和F'同时具备下列3个条件时：

①边数相同.

②对应角相等.

③对应边的比相等.

则$F \backsim F'$.

例14 如图2.70，已知在$\triangle ABC$中，$\angle ACB$为钝角，$AD \perp BC$交BC延长线于点D，$DE \perp AB$于点E，$DF \perp AC$于点F.

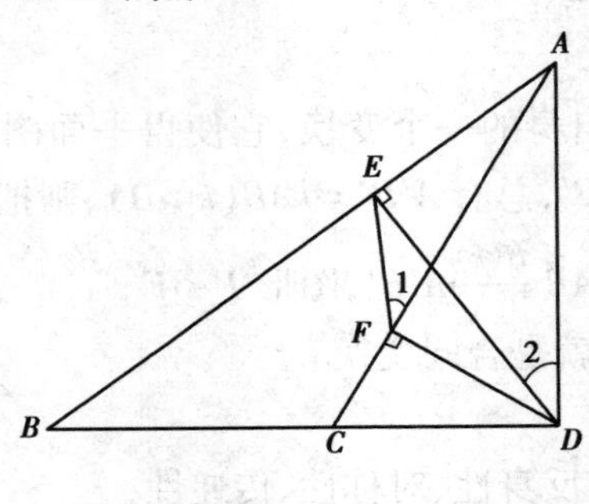

图2.70

求证：$\triangle AEF \backsim \triangle ABC$.

证明：如图 2.70，令 $\angle AFE = \angle 1$，$\angle ADE = \angle 2$，由 $DE \perp AB$，$DF \perp AC \Rightarrow A, E, F, D$ 四点共圆.

$\therefore \angle 1 = \angle 2$

$\because AD \perp BC$

$\therefore \angle B = 90° - \angle BAD$，$\angle 2 = 90° - \angle BAD$

$\therefore \angle B = \angle 2 = \angle 1$

又$\because \angle FAE = \angle BAC$

$\therefore \triangle AEF \backsim \triangle ABC$

例 15　如图 2.71，从锐角三角形 ABC 的顶点 B, C 分别向对边引垂线 BD, CE. 求证：$\triangle ADE \backsim \triangle ABC$.

证明：如图 2.71，令 $\angle AED = \angle 1$，$\angle ADE = \angle 2$

$\because BD \perp AC, CE \perp AB$

$\therefore \angle BDC = \angle BEC = 90°$，故 B, E, D, C 四点共圆

$\therefore \angle DBC = \angle DEC$，而$\angle ACB = 90° - \angle DBC$，$\angle 1 = 90° - \angle DEC$

$\therefore \angle ACB = \angle 1$，$\angle ABC = \angle 2$

$\therefore \triangle ADE \backsim \triangle ABC$

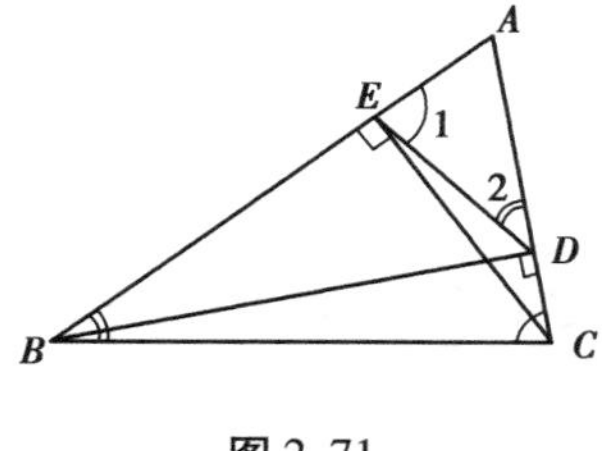

图 2.71

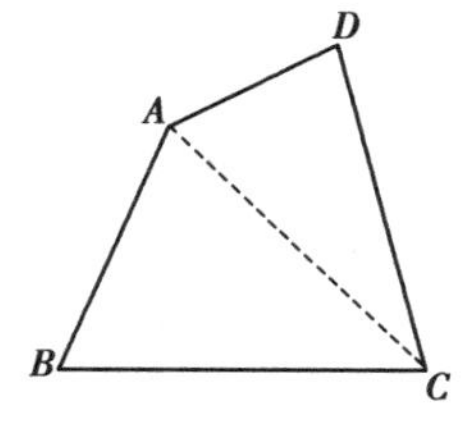

图 2.72

例 16　已知在两个四边形 $ABCD$，$A'B'C'D'$ 中，角按相同顺序对应相等，且 $\frac{AB}{A'B'} = \frac{BC}{B'C'}$.

求证：四边形 $ABCD \backsim$ 四边形 $A'B'C'D'$.

证明：如图 2.72，连接 AC，$A'C'$

$\because \angle B = \angle B'$，$\frac{AB}{A'B'} = \frac{BC}{B'C'}$

$\therefore \triangle ABC \backsim \triangle A'B'C' \Rightarrow \angle ACB = \angle A'C'B'$，$\frac{BC}{B'C'} = \frac{AC}{A'C'}$

又$\because \angle C = \angle C' \Rightarrow \angle ACD = \angle A'C'D'$

$\because \angle D=\angle D'$

$\therefore \triangle ACD \backsim \triangle A'C'D' \Rightarrow \dfrac{AC}{A'C'}=\dfrac{CD}{C'D'}=\dfrac{DA}{D'A'}$

$\therefore \dfrac{AB}{A'B'}=\dfrac{BC}{B'C'}=\dfrac{AC}{A'C'}=\dfrac{CD}{C'D'}=\dfrac{DA}{D'A'}$

又$\because$ 四边形 $ABCD$ 和四边形 $A'B'C'D'$ 的对应角相等

$\therefore$ 四边形 $ABCD \backsim$ 四边形 $A'B'C'D'$.

3)应用相似变换解决一些初等几何问题

例 17(阿切塔定理、射影定理) 如图 2.73,在 $Rt\triangle ABC$ 中,若从直角顶点 A 向斜边 BC 作垂线 AD,则:

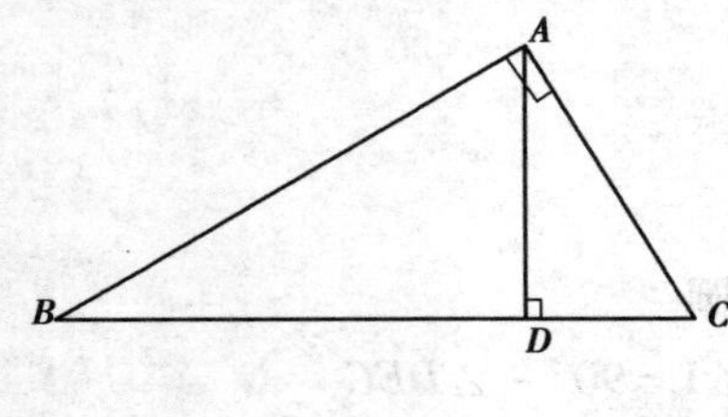

图 2.73

①$AB^2=BD\cdot BC$.

②$AC^2=CD\cdot BC$.

③$AD^2=BD\cdot DC$.

④$\dfrac{AB^2}{AC^2}=\dfrac{BD}{DC}$.

证明:①$\because \angle BAC=90°, AD\perp BC$

$\therefore \triangle BAD \backsim \triangle ABC \Rightarrow \dfrac{AB}{BD}=\dfrac{BC}{AB}$

$\therefore AB^2=BD\cdot BC$

②同理可得:$\triangle ACD \backsim \triangle ABC$

$\therefore \dfrac{AC}{CD}=\dfrac{BC}{AC}$

故 $AC^2=CD\cdot BC$

③$\because \angle B+\angle BAD=90°, \angle CAD+\angle BAD=90°$

$\therefore \angle B=\angle CAD$,得 $Rt\triangle ABD \backsim Rt\triangle ACD$

$\therefore \dfrac{AD}{BD}=\dfrac{CD}{AD}$,故 $AD^2=BD\cdot DC$

④$\because \triangle ABD \backsim \triangle ACD$

$\therefore \dfrac{S_{\triangle ABD}}{S_{\triangle ACD}}=\dfrac{AB^2}{AC^2}$

又$\because \dfrac{S_{\triangle ABD}}{S_{\triangle ACD}}=\dfrac{BD}{DC}$

$\therefore \dfrac{AB^2}{AC^2}=\dfrac{BD}{DC}$

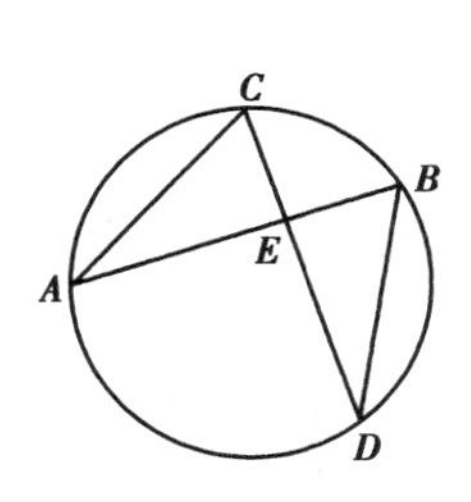

图 2.74(1)

图 2.74(2)

例 18(圆幂定理) 如图 2.74,若圆的两弦 AB,CD 或其延长线相交于点 E,则 $AE \cdot EB = CE \cdot ED$.

证明:如图 2.74(1),$\because \angle A = \angle D, \angle C = \angle B$

$\therefore \triangle AEC \backsim \triangle BED$

$\therefore \dfrac{AE}{ED} = \dfrac{CE}{BE}$

$\therefore AE \cdot EB = CE \cdot ED$

如图 2.74(2),$\because \angle EBD = \angle C, \angle EDB = \angle A$

$\therefore \triangle EBD \backsim \triangle EAC, \dfrac{AE}{ED} = \dfrac{CE}{BE}$

$\therefore AE \cdot EB = CE \cdot ED$

例 19(圆幂定理逆定理) 如图 2.74,若两条线段 AB,CD 或其延长线相交于一点 E,且 $AE \cdot EB = CE \cdot ED$,则 A,B,C,D 四点共圆.

证明:如图 2.74,由 $AE \cdot EB = CE \cdot ED \Rightarrow \dfrac{AE}{CE} = \dfrac{ED}{EB}$,在 $\triangle AEC$ 和 $\triangle DEB$ 中,$\angle AEC = \angle DEB$

$\therefore \triangle EBD \backsim \triangle EAC$,从而 $\angle A = \angle EDB$

$\therefore A,B,C,D$ 四点共圆

例 20 如图 2.75,若在线段 BA 的延长线上取一点 P,则过点 P 的线段 PT 与过三点 A,B,T 的圆相切的充要条件是:$PT^2 = PA \cdot PB$.

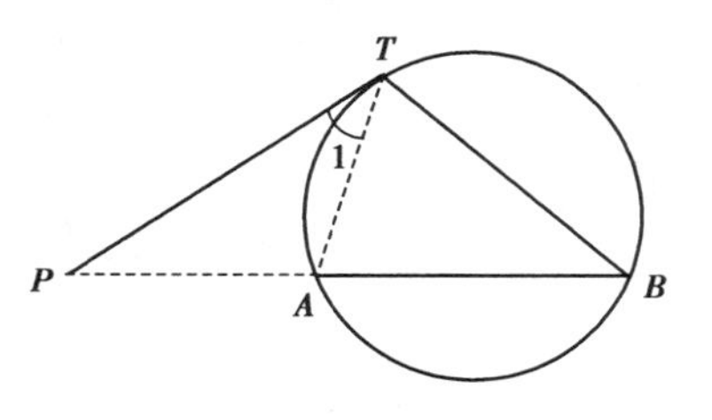

图 2.75

证明:如图 2.75,令 $\angle PTA = \angle 1$,若 PT 是圆的切线,则 $\angle 1$ 是弦切角

$\therefore \angle 1 = \angle B$,得 $\triangle PAT \backsim \triangle PTB$

$\therefore \dfrac{PA}{PT} = \dfrac{PT}{PB}$,即 $PT^2 = PA \cdot PB$

反之，若 $PT^2=PA\cdot PB$，则 $\frac{PA}{PT}=\frac{PT}{PB}$

又 $\because \angle TPA=\angle TPB$

$\therefore \triangle PAT\backsim\triangle PTB$，从而得 $\angle 1=\angle B$

$\therefore PT$ 是圆的切线

例21（托勒密定理） 圆内接四边形 $ABCD$ 的两组对边乘积的和 $AB\cdot CD+BC\cdot DA$ 等于它的对角线的乘积 $AC\cdot BD$，即 $AB\cdot CD+BC\cdot DA=AC\cdot BD$.

证明： 如图2.76，

作 $\triangle ACD\xrightarrow{H\left(\frac{AB}{AC}\right)}\triangle ABE$，则 $\triangle ACD\backsim\triangle ABE$

令 $\angle ABE=\angle 1,\angle ACD=\angle 2,\angle CAD=\angle 3$

$\angle BAE=\angle 4,\angle CAE=\angle 5,\angle ACB=\angle 6$

$\angle ADB=\angle 7$，则 $\angle 1=\angle 2,\angle 3=\angle 4,\frac{AB}{AC}=\frac{BE}{CD}$

即 $AB\cdot CD=AC\cdot BE\cdots\cdots$①

$\because \angle BAC=\angle 4+\angle 5,\angle DAE=\angle 3+\angle 5$

$\therefore \angle BAC=\angle DAE$

又 $\because \angle 6=\angle 7$

$\therefore \triangle ABC\backsim\triangle ADE$，从而得 $\frac{BC}{AC}=\frac{DE}{DA}$

即 $BC\cdot DA=AC\cdot DE\cdots\cdots$②

①+②得：

$AB\cdot CD+BC\cdot DA=AC\cdot(BE+DE)=AC\cdot BD$

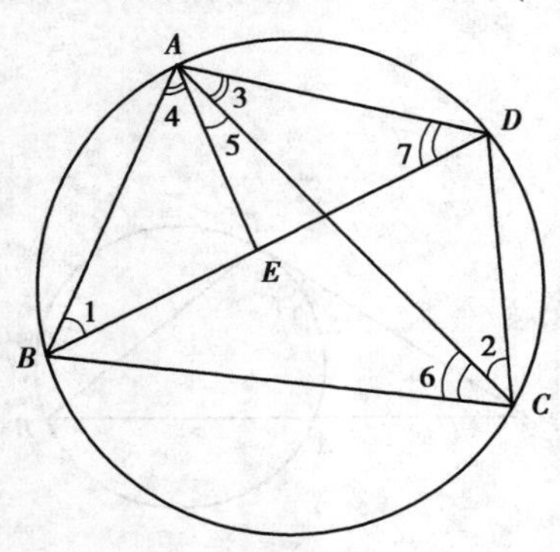

图2.76

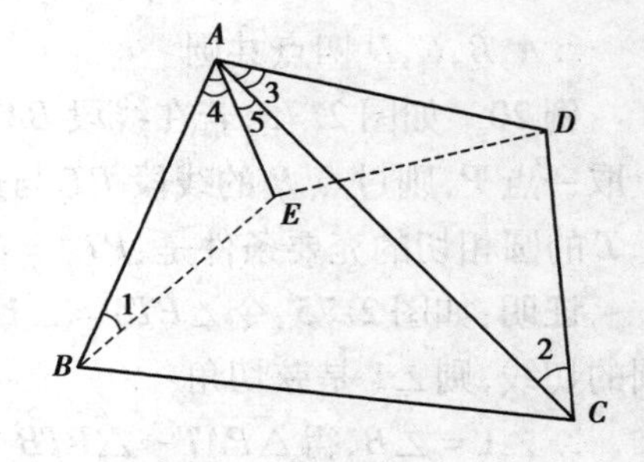

图2.77

例22（托勒密定理的逆定理） 若四边形 $ABCD$ 的两组对边乘积的和

$AB \cdot CD + BC \cdot DA$ 等于它的对角线的乘积 $AC \cdot BD$,即 $AB \cdot CD + BC \cdot DA = AC \cdot BD$,则 $ABCD$ 是圆内接四边形.

证明:如图 2.77,作$\triangle ACD \xrightarrow{H\left(\frac{AB}{AC}\right)} \triangle ABE$(使$\angle ABE = \angle ACD$),则:$\triangle ACD \backsim \triangle ABE$,令$\angle ABE = \angle 1$,$\angle ACD = \angle 2$,$\angle CAD = \angle 3$,$\angle BAE = \angle 4$,$\angle CAE = \angle 5$,则$\angle 1 = \angle 2$,$\angle 3 = \angle 4$,$\frac{AB}{AC} = \frac{BE}{CD}$

即 $AB \cdot CD = AC \cdot BE$……①

$\because \angle BAC = \angle 4 + \angle 5$,$\angle DAE = \angle 3 + \angle 5$

$\therefore \angle BAC = \angle DAE$

$\therefore \triangle ABC \backsim \triangle ADE$,从而得$\frac{BC}{AC} = \frac{DE}{DA}$

即 $BC \cdot DA = AC \cdot DE$……②

① + ②得:

$AB \cdot CD + BC \cdot DA = AC \cdot (BE + DE)$

又$\because AB \cdot CD + BC \cdot DA = AC \cdot BD$

$\therefore BE + DE = BD$

$\therefore$ 点 E 在 BD 上

$\therefore \angle ABE = \angle ABD$

又由$\angle 1 = \angle 2$得$\angle ABD = \angle 2$,即$\angle ABD = \angle ACD$

$\therefore ABCD$ 是圆内接四边形.

例 23 如图 2.78,由线段 QR 上的一点 B 引垂线 BA,从 B 向 AQ,AR 分别作垂线 BC,BD,若 AB 与 CD 的交点为 P.

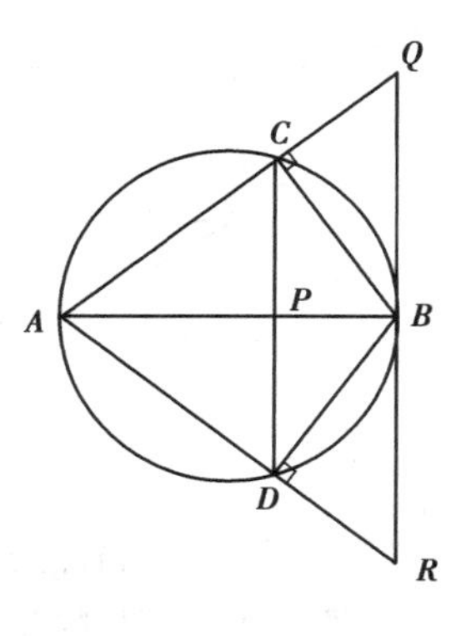

图 2.78

求证:$BQ \cdot BR \cdot AP = AB^2 \cdot BP$.

证明:$\because BC \perp AQ$,$BD \perp AR$

$\therefore A,B,C,D$ 四点在以 AB 为直径的圆上.

如图 2.78,又$\because \angle ABQ = 90°$

$\therefore \triangle ABQ \backsim \triangle ABC$

$\therefore \frac{BQ}{AB} = \frac{BC}{AC}$……①

同理可得:$\triangle ABR \backsim \triangle ABD$

$\therefore \frac{BR}{AB} = \frac{BD}{AD}$……②

①×②得：

$$\frac{BQ \cdot BR}{AB^2}=\frac{BC \cdot BD}{AC \cdot AD}\cdots\cdots③$$

由 A,B,C,D 四点在以 AB 为直径的圆上得：$\angle CAD+\angle CBD=180°$

∴ 由三角形等角定理得：

$$\frac{S_{\triangle DBC}}{S_{\triangle DAC}}=\frac{BC \cdot BD}{AC \cdot AD}\cdots\cdots④$$

又∵ $\triangle DBC$ 和 $\triangle DAC$ 有公共边 DC

∴ 由三角形共边定理得：

$$\frac{S_{\triangle DBC}}{S_{\triangle DAC}}=\frac{BP}{AP}\cdots\cdots⑤$$

由④，⑤得：$\frac{BC \cdot BD}{AC \cdot AD}=\frac{BP}{AP}$

又由②，③得：$\frac{BQ \cdot BR}{AB^2}=\frac{BP}{AP}$

∴ $BQ \cdot BR \cdot AP=AB^2 \cdot BP$

4）位似变换的概念

（1）位似变换的定义

若 $H(O,k)$ 是平面到其自身的一个变换，O 为定点，它使得平面图形 F 上任意一点 P 及其图形 F' 上的对应点 P'，总有 $OP'=kOP(k\neq0)$，则就把这个变换 $H(O,k)$ 称为位似变换，k 称为位似比，O 称为位似中心，P' 称为 P 的位似点，记作 $P\xrightarrow{H(O,k)}P'$，图形 $F\xrightarrow{H(O,k)}F'$.

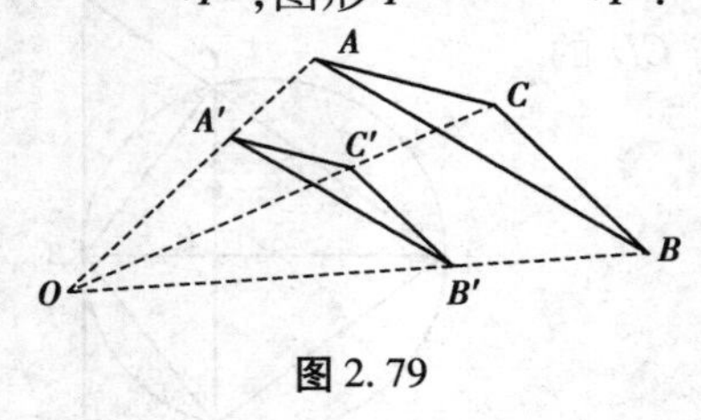

图 2.79

当 $k>0$ 时，点 P,P' 在 O 点的同侧；

当 $k<0$ 时，点 P,P' 在 O 点的异侧；

当 $k=-1$ 时，是以 O 为中心，旋转角为 $180°$ 的旋转变换. 如图 2.79，$\triangle ABC$ 与 $\triangle A'B'C'$ 就是两个位似图形，O 为位似中心.

（2）位似变换的性质

①性质 1：位似变换一定是相似变换.

②性质 2：在位似变换下，任意一条直线变成与自己平行的直线.

③性质 3：三个互相位似的图形中，两两的位似中心共线.

④性质 4：两个位似图形中，对应线段互相平行.

⑤性质 5：平面上任意两个不等的圆可以看成一对位似图形，其中两圆心是一

对对应点.

5)应用位似变换解决初等几何中的一些问题

例 24 若两个相似的平行四边形 $ABCD$,平行四边形 $A'B'C'D'$公有 $\angle B$.

求证:AC',$A'C$,BD 相交于一点.

证明:如图 2.80,设 AC 与 BD 相交于 O 点,则 O 为 AC 的中点

$\because$ 四边形 $ABCD$,$A'B'C'D'$公有 $\angle B$ 且相似

$\therefore$ 四边形 $ABCD \xrightarrow{H\left(B,\frac{A'B}{AB}\right)}$ 四边形 $A'B'C'D'$,$A'C' /\!/ AC$,不妨设 AC' 与 $A'C$ 相交于点 P,连接 BP 并延长与 AC 相交于点 O',由三角形共边定理得:

$$\frac{AO'}{CO'}=\frac{S_{\triangle ABP}}{S_{\triangle CBP}}=\frac{S_{\triangle ABP}}{S_{\triangle APC}}\cdot\frac{S_{\triangle APC}}{S_{\triangle CBP}}=\frac{BC'}{CC'}\cdot\frac{AA'}{BA'}$$

由 $A'C' /\!/ AC$ 得:

$$\frac{BC'}{CC'}=\frac{BA'}{AA'},\text{故}\frac{BC'}{CC'}\cdot\frac{AA'}{BA'}=\frac{BA'}{AA'}\cdot\frac{AA'}{BA'}=1$$

$\therefore \dfrac{AO'}{CO'}=1$,即 O'为 AC 的中点

$\therefore O'$与 O 重合,从而 B,P,O 三点共线

$\therefore AC',A'C,BD$ 相交于一点.

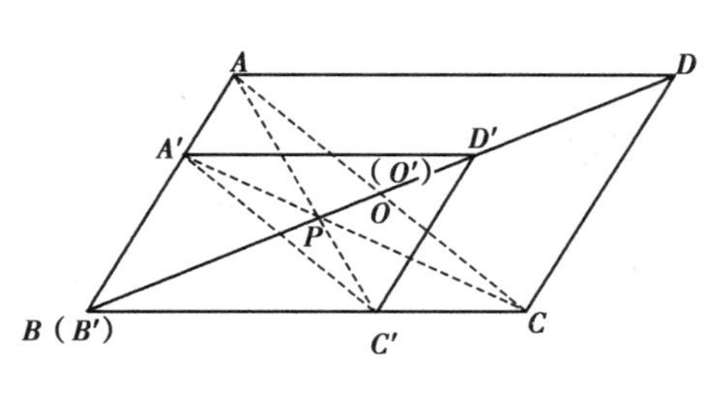

图 2.80

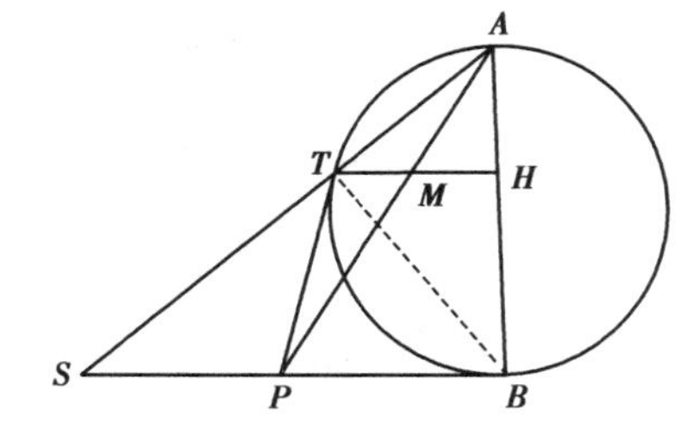

图 2.81

例 25 如图 2.81,已知 PT,PB 是圆的切线,AB 为直径,H 为 T 在 AB 上的射影,求证:PA 平分 TH.

证明:设 PA 与 TH 相交于点 M,如图 2.81,延长 AT 与 BP 相交于点 S,

$\because TH\perp AB,PB\perp AB$

$$\therefore \triangle ATH \xrightarrow{H\left(A,\frac{AB}{AH}\right)} \triangle ABS \Rightarrow M \xrightarrow{H\left(A,\frac{AB}{AH}\right)} P,\ T \xrightarrow{H\left(A,\frac{AB}{AH}\right)} S,\ H \xrightarrow{H\left(A,\frac{AB}{AH}\right)} B$$

$\therefore$ 要证 $TM=MH$,只需证 $SP=PB$,即:

$TM=MH \Leftrightarrow SP=PB$

$\because \angle S=90^\circ-\angle SAB$，$\angle STB=\angle BTA=90^\circ$（直径所对的圆周角），$\angle SAB=\angle PTB$（同弧所对的圆周角等于同弧所对的弦切角）

$\therefore \angle STP=90^\circ-\angle PTB$，$\angle S=\angle STP \Rightarrow SP=PT$

又$\because PT,PB$是圆的切线

$\therefore PT=PB \Rightarrow SP=PB$

$\therefore TM=MH$，即PA平分TH.

例 26 已知过两圆的位似中心的直线与两圆相交.

求证：所截得的弦的比等于两圆半径的比.

证明：如图 2.82(1)和图 2.82(2)，设过位似中心O的任意直线与圆A的交点为P,Q，与圆B的交点为S,R，两圆的半径分别为r,r'，从A,B分别向PQ,SR引垂线AC,BD，C,D为垂足，连接AP,BS.

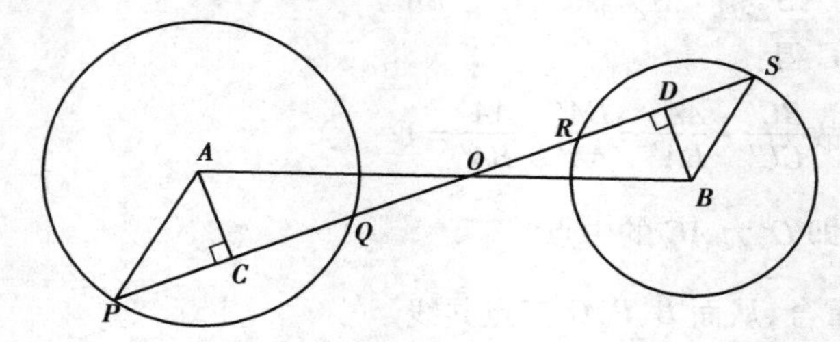

图 2.82(1)

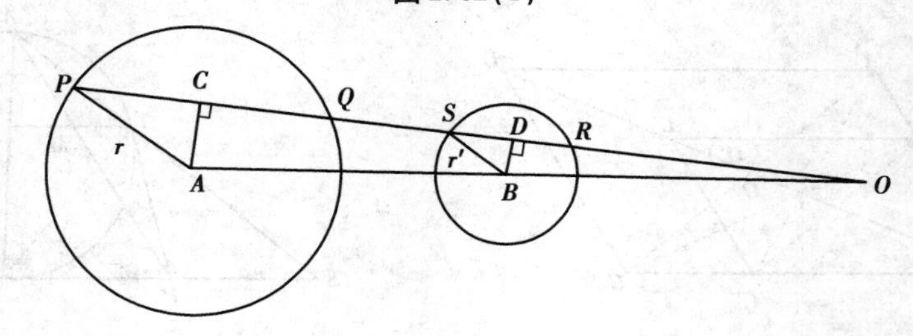

图 2.82(2)

下面以图 2.82(2)来证明，图 2.82(1)同理可证：

$\because$ 圆 $A \xrightarrow{H\left(O,\frac{r'}{r}\right)}$ 圆 B，$P \xrightarrow{H\left(O,\frac{r'}{r}\right)} S$

$\therefore \dfrac{OB}{OA}=\dfrac{r'}{r}=\dfrac{BS}{AP}$

又$\because AC\perp PO$，$BD\perp PO$

$\therefore AC /\!/ BD$，$PQ=2PC$，$SR=2SD$，$\dfrac{BD}{AC}=\dfrac{OB}{OA}=\dfrac{OD}{OC}=\dfrac{r'}{r}$

$\therefore C \xrightarrow{H\left(O,\frac{r'}{r}\right)} D$，从而$\triangle ACP \xrightarrow{H\left(O,\frac{r'}{r}\right)} \triangle BDS$

$\therefore \dfrac{PQ}{SR}=\dfrac{PC}{SD}=\dfrac{r'}{r}$，即若过两圆的位似中心的直线与两圆相交，则所截得的弦的比等于两圆半径的比.

例27 如图2.83，$\triangle ABC$的坐标分别为$A(-4,4)$，$B(-2,2)$，$C(0,4)$，画出它的一个以原点O为位似中心，位似比为$-\dfrac{1}{2}$的位似图形$A'B'C'$.

解：A'的坐标为$\left(-4\times\left(-\dfrac{1}{2}\right),4\times\left(-\dfrac{1}{2}\right)\right)$，即$(2,-2)$；$B'$的坐标为$(1,-1)$；$C'$的坐标为$(0,-2)$. 画出$\triangle ABC$的位似图形$\triangle A'B'C'$如图2.83.

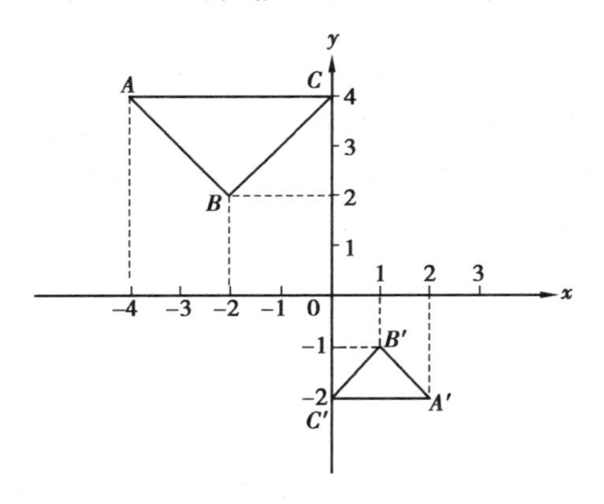

图2.83

2.3.6 等积变换

等积变换一般分为等面积变换和等体积变换，下面所说的等积变换是指等面积变换，等体积变换在第4章立体几何中再论述.

1) 等积变换的概念

(1)等积变换的定义

把一个图形切开后组拼成另一个图，它的形状变了，但面积的大小未变，这样的过程称为图形的等积变换，也称等面积变换.

(2)等积变换的性质

①两个全等图形的面积相等.

②若把已知图形分成若干部分，则被分成的各部分的面积和等于已知图形的面积.

③(**等积移动定理**)若两个在公共底边 AB 的同旁的$\triangle ADB$,$\triangle ACB$ 等积,则 $AB /\!/ DC$,反之亦然.

④(**三角形等角定理**)在$\triangle ABC$ 和$\triangle A'B'C'$中,若$\angle B=\angle B'$或$\angle B+\angle B'=180°$,则有$\dfrac{S_{\triangle ABC}}{S_{\triangle A'B'C'}}=\dfrac{AB\cdot BC}{A'B'\cdot B'C'}$.

⑤等底等高的三角形面积相等;等高的三角形面积之比等于其底之比.

⑥在两个三角形中,若两边分别相等、其夹角互补(或相等),则这两个三角形的面积相等.

2)等积变换在初等几何问题中的具体应用

下面,从3个方面来介绍"等积变换"在初等几何问题中的具体应用.

(1)等积证明

这类问题的证明方法,最基本、最常用的方法是等积代换法,它的基本特点在于运用等积移动定理,作一系列等积代换,以求得有关结论.

例28 如图2.84,设四边形 $ABCD$ 的对角线 AC,BD 交于点 O,若 $AB /\!/ DC$,则$\triangle AOD$ 和$\triangle BOC$ 的面积相等,反之亦然.

证明:如图2.84,若 $AB /\!/ DC$,

则 $S_{\triangle ABC}=S_{\triangle ABD}$

$\therefore S_{\triangle ABC}-S_{\triangle AOB}=S_{\triangle ABD}-S_{\triangle AOB}$

$\therefore S_{\triangle BOC}=S_{\triangle AOD}$

反之,若 $S_{\triangle BOC}=S_{\triangle AOD}$,则 $S_{\triangle BOC}+S_{\triangle AOB}=S_{\triangle AOD}+S_{\triangle AOB}$,即 $S_{\triangle ABC}=S_{\triangle ABD}$

又$\because$ CD 在 AB 的同旁

$\therefore$ 由等积移动定理的逆定理得 $AB /\!/ DC$.

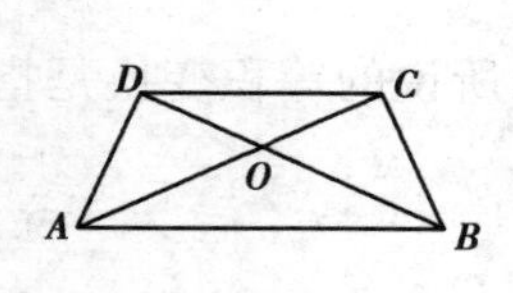

图2.84

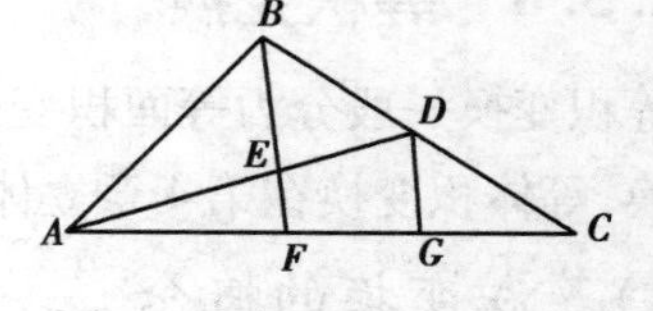

图2.85

例29 设$\triangle ABC$ 的中线 AD 的中点为 E,BE 的延长线与 AC 交于点 F.

求证:$\triangle BCF=2\triangle ABF$.

证明:如图2.85

$\because$ AD 是$\triangle ABC$ 的中线

$\therefore$ D 是 BC 的中点,过 D 作 $DG /\!/ BE$ 与 AC 交于 G,则 G 是 FC 的中点

又$\because$ E 是 AD 的中点,$EF /\!/ DG$

$\therefore F$ 是 AG 的中点

$\therefore AF = FG = GC$，得 $CF = 2AF$，而$\dfrac{S_{\triangle BCF}}{S_{\triangle ABF}} = \dfrac{FC}{AF}$

$\therefore \dfrac{S_{\triangle BCF}}{S_{\triangle ABF}} = 2$，故 $S_{\triangle BCF} = 2S_{\triangle ABF}$

例 30　如图 2.86，已知 PA，PB 是圆 O 的两条切线，AC 是圆 O 的直径.

求证：$S_{\triangle ABC} = 2S_{\triangle PBC}$.

证明：如图 2.86，连接 PO，

$\because PA$，PB 是圆 O 的切线

$\therefore PA = PB$，$\angle APO = \angle BPO$ 从而得 $PO \perp AB$

$\because AC$ 是圆 O 的直径

$\therefore BC \perp AB \Rightarrow PO /\!/ BC$，由等积移动定理知：

$S_{\triangle BOC} = S_{\triangle PBC}$

又$\because AC = 2OC$

$\therefore \dfrac{S_{\triangle BAC}}{S_{\triangle BOC}} = \dfrac{AC}{OC} = 2$，即 $S_{\triangle BAC} = 2S_{\triangle BOC}$

$\therefore S_{\triangle ABC} = 2S_{\triangle PBC}$

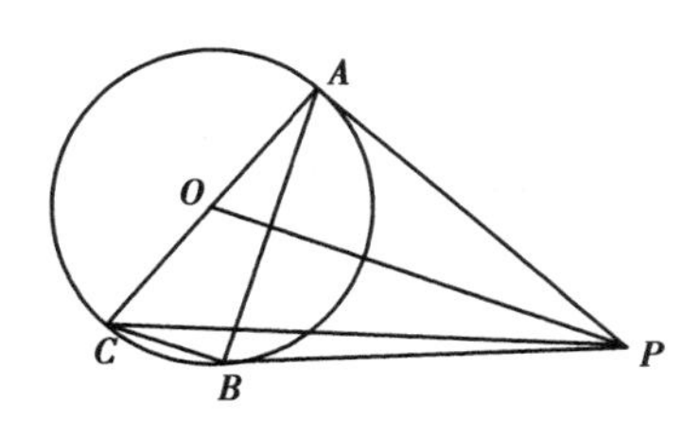

图 2.86

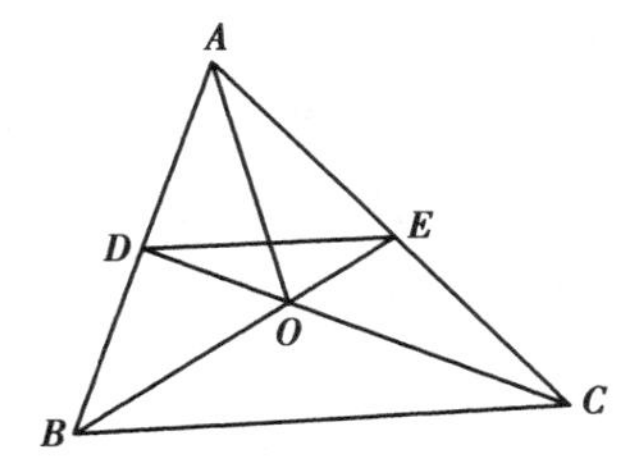

图 2.87

例 31　如图 2.87，设平行于△ABC 底边 BC 的直线与 AB，AC 的交点分别为 D，E，若 BE，CD 的交点为 O.

求证：$S_{\triangle AOD} = S_{\triangle AOE}$.

证明：如图 2.87，

$\because DE /\!/ BC$

$\therefore$ 由等积移动定理得：$S_{\triangle BDE} = S_{\triangle CDE}$

$\because S_{\triangle BOD} = S_{\triangle BDE} - S_{\triangle DOE}$，$S_{\triangle COE} = S_{\triangle CDE} - S_{\triangle DOE}$

$\therefore S_{\triangle BOD} = S_{\triangle COE}$

由三角形共边定理得：

$\dfrac{S_{\triangle AOB}}{S_{\triangle ABC}}=\dfrac{OD}{CD},\dfrac{S_{\triangle AOC}}{S_{\triangle ABC}}=\dfrac{OE}{BE}$

又$\because \dfrac{S_{\triangle EOD}}{S_{\triangle ECD}}=\dfrac{OD}{CD},\dfrac{S_{\triangle DOE}}{S_{\triangle DBE}}=\dfrac{OE}{BE},\dfrac{S_{\triangle EOD}}{S_{\triangle ECD}}=\dfrac{S_{\triangle DOE}}{S_{\triangle DBE}}$

$\therefore \dfrac{OD}{CD}=\dfrac{OE}{BE}\Rightarrow\dfrac{S_{\triangle AOB}}{S_{\triangle ABC}}=\dfrac{S_{\triangle AOC}}{S_{\triangle ABC}}\Rightarrow S_{\triangle AOB}=S_{\triangle AOC}$

$\because S_{\triangle AOD}=S_{\triangle AOB}-S_{\triangle BOD},S_{\triangle AOE}=S_{\triangle AOC}-S_{\triangle COE}$

$\therefore S_{\triangle AOD}=S_{\triangle AOE}$

例 32 如图 2.88,给定$\triangle ABC$及其与各边都不平行的一条直线l,过顶点A,B,C作直线l的平行线,若这些平行线与BC,CA,AB或其延长线的交点分别为D,E,F.

求证:$\triangle DEF$的面积是定值.

证明:$\because AD/\!/BE/\!/CF/\!/l$

$\therefore$由等积移动定理得:$S_{\triangle DBE}=S_{\triangle ABE}$……①

$S_{\triangle FBE}=S_{\triangle CBE}$……②,$S_{\triangle DFC}=S_{\triangle AFC}$

$\therefore S_{\triangle DFC}-S_{\triangle FBC}=S_{\triangle AFC}-S_{\triangle FBC}$

即$S_{\triangle DBF}=S_{\triangle ABC}$……③

①+②+③得:

$S_{\triangle DBE}+S_{\triangle FBE}+S_{\triangle DBF}=S_{\triangle ABE}+S_{\triangle CBE}+S_{\triangle ABC}$

$\therefore S_{\triangle DEF}=2S_{\triangle ABC}=$定值,即无论直线$l$的方向如何,$\triangle DEF$的面积总等于$\triangle ABC$面积的 2 倍.

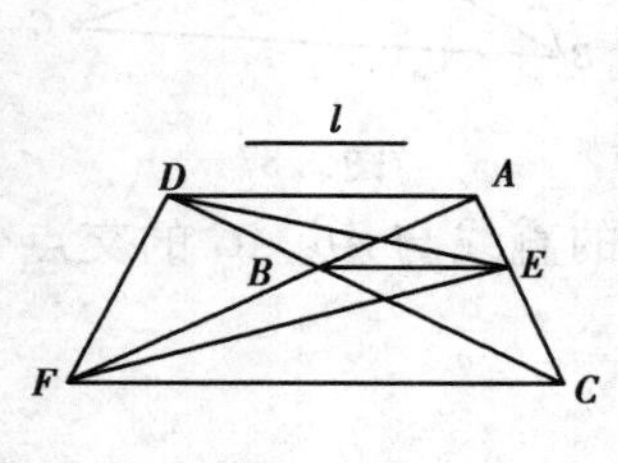

图 2.88

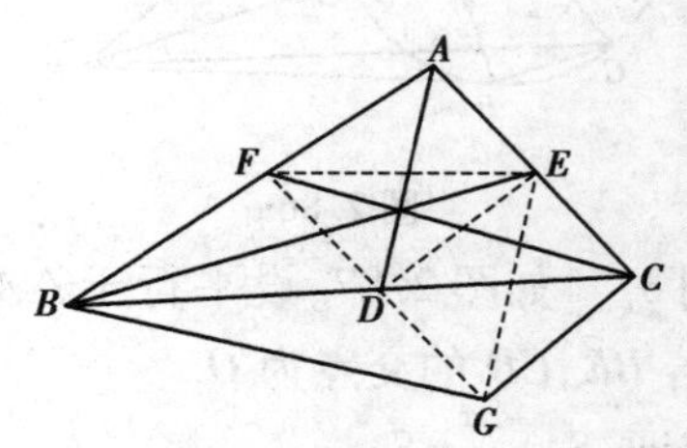

图 2.89

例 33 求证:以三角形 3 条中线为三边的三角形的面积,等于原三角形面积的四分之三.

证明:如图 2.89,设AD,BE,CF是$\triangle ABC$的 3 条中线,则D,E,F分别是BC,AC,AB的中点,连接FD,并延长到G点,使$FD=DG$,连接CG,则四边形$FBGC$是平行四边形,$\therefore CF=BG$.

又$\because FD \underline{\underline{/\!/}} \frac{1}{2}AC, AE=\frac{1}{2}AC$

$\therefore DG \underline{\underline{/\!/}} AE \Rightarrow$四边形 $ADGE$ 是平行四边形

$\therefore AD=GE$，$\triangle BEG$ 是以三边中线为边的三角形

$\because D,E,F$ 分别是 BC,AC,AB 的中点

$\therefore \triangle AEF \cong \triangle DEF \cong \triangle BDF \cong \triangle CDE$，故 $S_{\triangle AEF}=S_{\triangle DEF}=S_{\triangle BDF}=S_{\triangle CDE}=\frac{1}{4}S_{\triangle ABC}$

$\because D$ 是 FG 的中点

$\therefore S_{\triangle EDF}=S_{\triangle EDG}=\frac{1}{4}S_{\triangle ABC}, S_{\triangle BDG}=S_{\triangle BDF}=\frac{1}{4}S_{\triangle ABC}$，由 E,F 分别是 AC,AB 的中点$\Rightarrow EF /\!/ BC$

$\therefore$ 由等积移动定理得：$S_{\triangle BDE}=S_{\triangle BDF}=\frac{1}{4}S_{\triangle ABC} \Rightarrow S_{\triangle BDG}+S_{\triangle BDE}+S_{\triangle EDG}=\frac{3}{4}S_{\triangle ABC}$，即 $S_{\triangle BEG}=\frac{3}{4}S_{\triangle ABC}$.

(2)利用等积变换解决平面几何问题

例 34 在$\triangle ABC$ 内取一点 G，若 $S_{\triangle ABG}=S_{\triangle ACG}=S_{\triangle BCG}$.

求证：G 是$\triangle ABC$ 的重心.

证明：如图 2.90，延长 AG 与 BC 交于点 D，由三角形共边定理得：

$\frac{BD}{DC}=\frac{S_{\triangle BAG}}{S_{\triangle CAG}}$，$\because S_{\triangle ABG}=S_{\triangle ACG}$

$\therefore \frac{BD}{DC}=\frac{S_{\triangle BAG}}{S_{\triangle CAG}}=1$，故 $BD=DC$，AD 是$\triangle ABC$ 的 BC 边上的中线. 延长 BG 交 AC 于点 E，延长 CG 交 AB 于点 F，同理可得 BE,CF 分别是$\triangle ABC$ 的 AC 边，AB 边上的中线

$\therefore G$ 是$\triangle ABC$ 的重心.

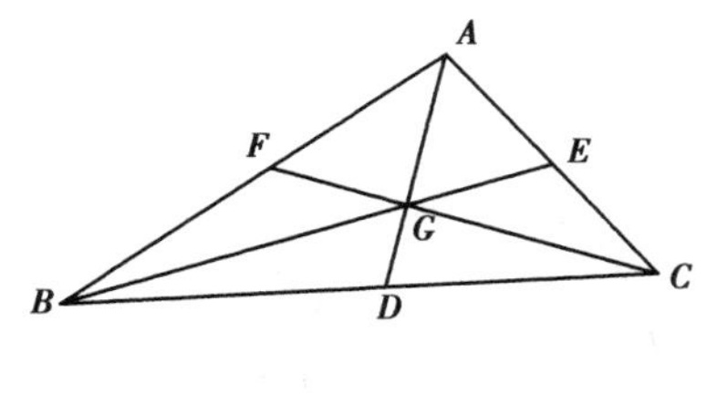

图 2.90

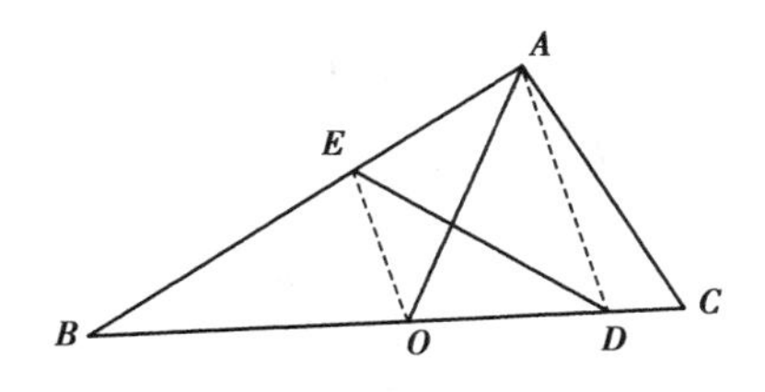

图 2.91

例 35 在 Rt$\triangle ABC$ 中，设 $AB>AC$，在斜边 BC 上取一点 D，使 $BD=AB$，过 D 作直线平分$\triangle ABC$ 的面积，且与 AB 的交点为 E.

求证：BE,DE 都等于 BC 的一半.

证明:如图 2.91,设 BC 的中点为 O,连接 AO,则:

$S_{\triangle ABO}=\frac{1}{2}S_{\triangle ABC}$,由题设知:

$S_{\triangle EBD}=\frac{1}{2}S_{\triangle ABC}$

$\therefore S_{\triangle ABO}=S_{\triangle EBD}\Rightarrow S_{\triangle ABO}=S_{\triangle ABO}\Rightarrow S_{\triangle EBD}=S_{\triangle EBD}\Rightarrow S_{\triangle EBO}=S_{\triangle EOD}$

又$\because$ AD 在 EO 的同旁

$\therefore$ 由等积移动定理的逆定理得:$AD\parallel EO$,又由 $BD=AB\Rightarrow BE=BO=\frac{1}{2}BC\Rightarrow$ $\triangle ABO\cong\triangle DBE$

$\therefore DE=AO$

$\because$ O 是 BC 中点,$\angle BAC=90°$

$\therefore AO=\frac{1}{2}BC$

故 $DE=\frac{1}{2}BC$

$\therefore BE=DE=\frac{1}{2}BC$

例 36 已知$\triangle ABC$ 和$\triangle DBC$ 中,$\angle A=\angle D$,点 A 和点 D 在 BC 的同侧,且 $S_{\triangle ABC}=S_{\triangle DBC}$.

求证:$\triangle ABC\cong\triangle DBC$.

证明:若$\triangle ABC$ 和$\triangle DBC$ 的顶点 A 和点 D 重合,显然$\triangle ABC\cong\triangle DBC$.

若$\triangle ABC$ 和$\triangle DBC$ 的顶点 A 和 D 不重合,由$\angle A=\angle D$,点 A 和点 D 在 BC 的同侧$\Rightarrow A,B,C,D$ 四点共圆,如图 2.92,连接 AD

$\because S_{\triangle ABC}=S_{\triangle DBC}$,且 A,D 在 BC 的同旁

$\therefore$ 由等积移动定理得:

$AD\parallel BC,\therefore \overset{\frown}{AB}=\overset{\frown}{CD}\Rightarrow AB=CD,\angle ACB=\angle DBC$

$\therefore \triangle ABC\cong\triangle DBC$

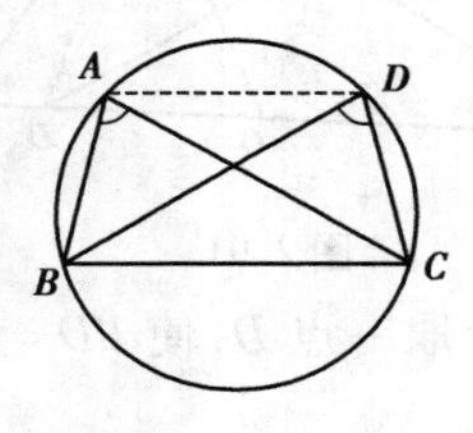

图 2.92

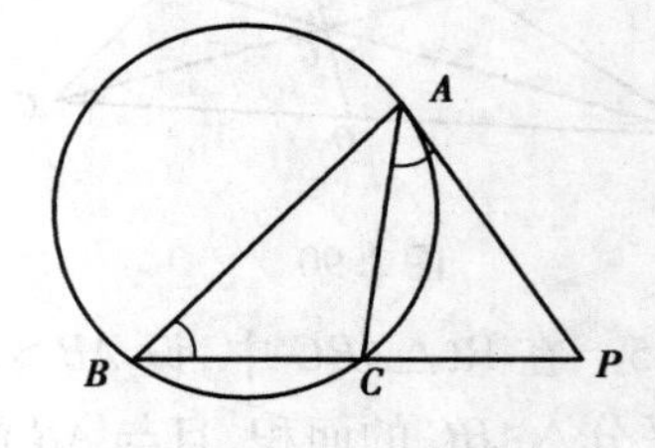

图 2.93

例37 如图2.93,已知从圆外一点 P 引切线 PA,A 为切点,引割线 PB 与圆交于点 C,B.

求证:$\dfrac{PB}{PC}=\dfrac{AB^2}{AC^2}$.

证明:$\because$ PA 为圆的切线

$\therefore$ 在 $\triangle PAB$ 和 $\triangle PAC$ 中,$\angle B=\angle PAC$($\angle P$ 公用)

$\therefore$ $\triangle PAB\backsim\triangle PAC\Rightarrow\dfrac{S_{\triangle PAB}}{S_{\triangle PAC}}=\left(\dfrac{AB}{AC}\right)^2=\dfrac{AB^2}{AC^2}$

又$\because$ $\dfrac{S_{\triangle APB}}{S_{\triangle APC}}=\dfrac{BP}{PC}$

$\therefore$ $\dfrac{BP}{PC}=\dfrac{AB^2}{AC^2}$

例38 如图2.94,四边形 $ABCD$ 是直角梯形,$AB=8\ \text{cm}$,$BC=4\ \text{cm}$,$CD=5\ \text{cm}$,E 为 AB 边上的一个动点,求 $S_{\triangle ADE}+S_{\triangle CBE}$.

解:如图2.94,

$\because$ 四边形 $ABCD$ 是直角梯形,$AB/\!/CD$

$\therefore$ 由等积移动定理得:

$S_{\triangle ADE}=S_{\triangle ACE}$

$\therefore$ $S_{\triangle ADE}+S_{\triangle CBE}=S_{\triangle ACB}=\dfrac{1}{2}\times8\times4=16(\text{cm}^2)$

(3)等积作图

关于面积的作图问题,多数是等积变换的问题,通常是应用等积移动定理解决这类问题.

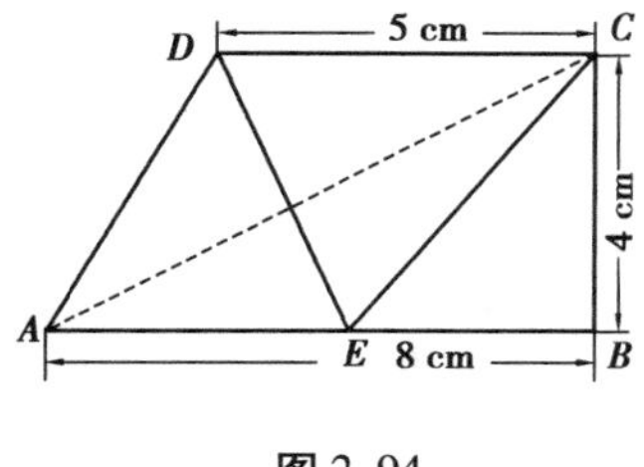

图2.94

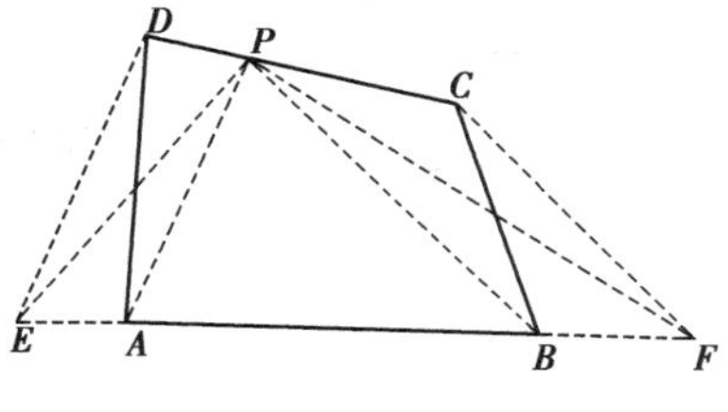

图2.95

例39 求作一个三角形,使其底边在已知四边形 $ABCD$ 的边 AB 所在的直线上,顶点为 CD 上的已知点 P,且与四边形等面积.

作法:如图2.95,过点 D,C 分别作直线 DE,CF 平行于 PA,PB,设与 AB 的延长线的交点分别为点 E,F,则 $\triangle PEF$ 即为所求.

证明:$\because$ $S_{ABCD}=S_{\triangle DAP}+S_{\triangle PAB}+S_{\triangle CPB}$,$S_{\triangle PEF}=S_{\triangle EAP}+S_{\triangle PAB}+S_{\triangle FPB}$

又∵ $DE /\!/ PA, FC /\!/ PB$

∴ 由等积移动定理得：$S_{\triangle DAP}=S_{\triangle EAP}, S_{\triangle CPB}=S_{\triangle FPB}$

∴ $S_{\triangle PEF}=S_{ABCD}$

例 40 过已知三角形一边上的一定点，求作一直线平分它的面积.

作法：如图 2.96，P 为 BC 边上的一定点，作 BC 边的中线 AD，连 AP，过点 D 作 $DE /\!/ PA$ 交 AB 于点 E，连接 PE，则 PE 为所求的直线.

证明：∵ AD 是 BC 边上的中线

∴ $S_{\triangle ABD}=\frac{1}{2}S_{\triangle ABC}$

∵ $S_{\triangle ABD}=S_{\triangle BED}+S_{\triangle AED}, S_{\triangle BEP}=S_{\triangle BED}+S_{\triangle DEP}$，由 $DE /\!/ PA \Rightarrow S_{\triangle AED}=S_{\triangle DEP}$

∴ $S_{\triangle BEP}=S_{\triangle ABD}=\frac{1}{2}S_{\triangle ABC}$

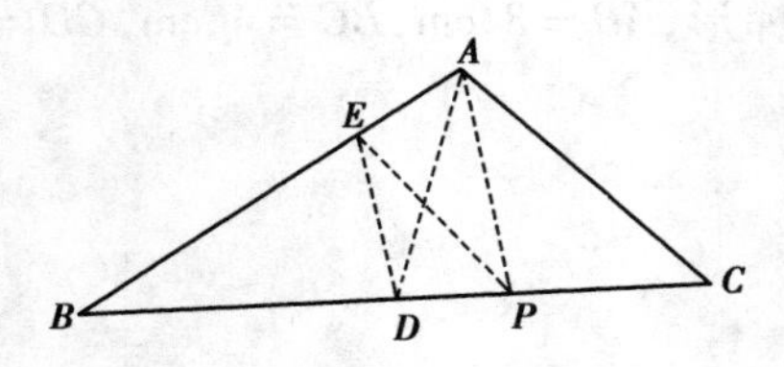

图 2.96

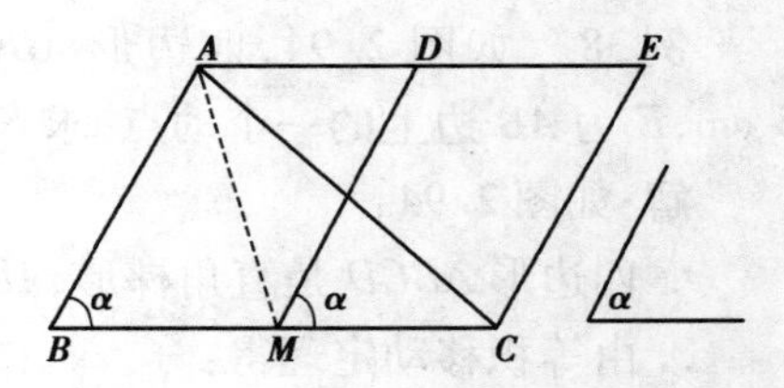

图 2.97

例 41 作与已知△ABC 等积的平行四边形，且使它的一个角等于已知角 α.

已知：如图 2.97，在△ABC 中，$\angle B=\alpha$.

求作一个平行四边形使其一内角等于 α，且其面积等于△ABC 的面积.

作法：如图 2.97，过 BC 的中点 M 作 $\angle CMD=\alpha$ 的直线 MD，过 A 作 CM 的平行线与 MD 的交点为 D，在 AD 的延长线上取点 E，使 $DE=MC$，则四边形 $DMCE$ 为所求作的平行四边形.

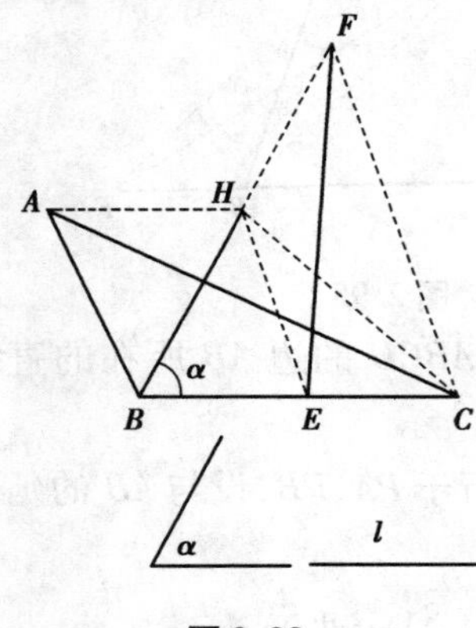

图 2.98

证明：∵ $DE \underline{/\!/} MC$

∴ 四边形 $DMCE$ 为平行四边形

又∵ $AE /\!/ BC, CM=\frac{1}{2}BC$

∴ $S_{\triangle ABC}=S_{\square DMCE}$

∵ $\angle CMD=\alpha$

∴ 四边形 $DMCE$ 为所求作的平行四边形.

例 42 求作三角形与已知△ABC 等积，使在底边上的一个角等于已知角 α，且底边等于已知线段 l.

作法：如图 2.98，过△ABC 的顶点 B 作直线 BH，

使$\angle HBC=\alpha$,再作$AH/\!/BC$,在BC或其延长线上取线段$BE=l$,连接EH,从C作$CF/\!/EH$,与BH或其延长线交于点F,则$\triangle FBE$为所求三角形.

证明:$\because AH/\!/BC$

$\therefore$由等积移动定理得:

$S_{\triangle ABC}=S_{\triangle HBC}$,由$CF/\!/EH \Rightarrow S_{\triangle CEH}=S_{\triangle FEH}$,而$S_{\triangle FBE}=S_{\triangle HBE}+S_{\triangle FEH}$

$\therefore S_{\triangle FBE}=S_{\triangle HBE}+S_{\triangle CEH}=S_{\triangle HBC}=S_{\triangle ABC}$

又$\because BE=l$,$\angle FBE=\alpha$

$\therefore \triangle FBE$为所求作的三角形.

评述:在利用等积变换解决平面几何问题时一定要善于利用“等积移动定理”和“三角形共边定理”.

习题2

1. 如题2.1图,已知E是AC的中点,F在AB边上且$AF=2FB$,BE与CF交于点P.求$\dfrac{EP}{PB}$,$\dfrac{FP}{PC}$和$\dfrac{S_{\triangle PBC}}{S_{\triangle ABC}}$的比值.

2. 如题2.2图,已知P,Q分别是$\triangle ABC$的两条边AC,AB上的点,且BP与CQ相交于点O,$AP:PC=4:3$,$AQ:QB=3:2$,求$S_{\triangle AOB}$与$S_{\triangle AOC}$之比.

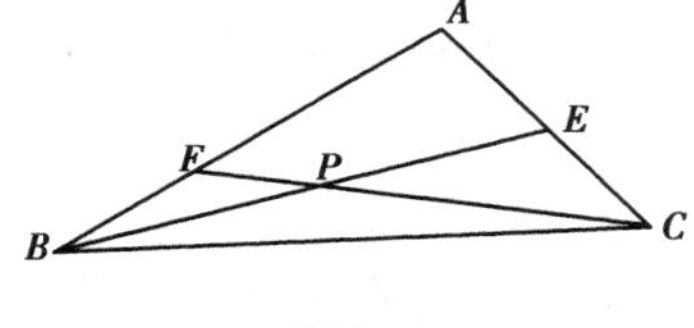

题 2.1

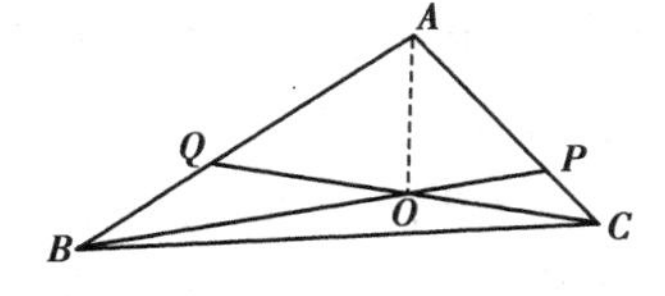

题 2.2

3. 在$\triangle ABC$的三边BC,CA,AB上,分别取点E,F,D使得$BE=2EC$,$CF=3FA$,$AD=4DB$.问直线AE,BF,CD围成的三角形面积是$S_{\triangle ABC}$的几分之几?

4. (1978年全国中学生数学竞赛试题)已知线段AB和一条平行于AB的直线l.取不在AB上也不在l上的一点P,作直线PA,PB分别与l交于点M,N,连AN,BM交于点O,连PO交AB于点Q.求证:$AQ=BQ$.

5. 如题2.5图,已知梯形$ABCD$对角线交于点O,如果直线$MN/\!/AB$,且MN与梯形两腰AD,BC,分别交于点M,N,与梯形对角线AC,BD分别交于点G,H.

求证:$MG=NH$.

6. 如题2.6图,自A出发的三条射线构成两个$60°$的角,直线l与三射线顺次交于点E,F,G.

求证：$\frac{1}{AF}=\frac{1}{AE}+\frac{1}{AG}$.

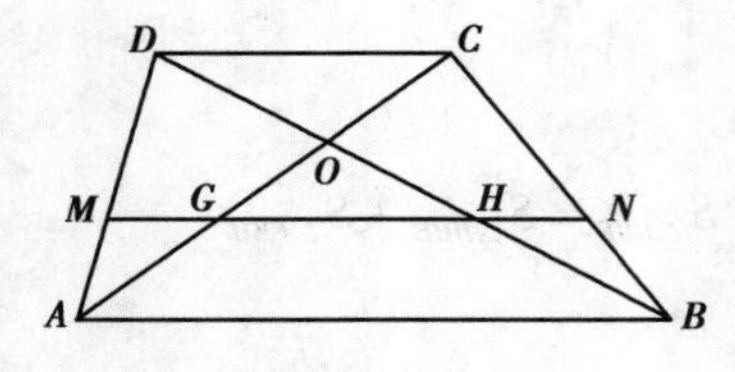

题 2.5

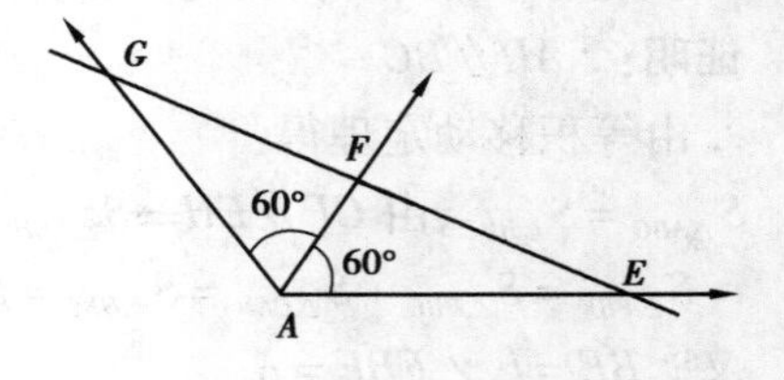

题 2.6

7. 如题 2.7 图，已知 D,E 分别是 $\triangle ABC$ 的两边 AC,AB 上的点，且使 $\angle DBC=\angle ECB=\frac{\angle A}{2}$.

求证：$BE=CD$.

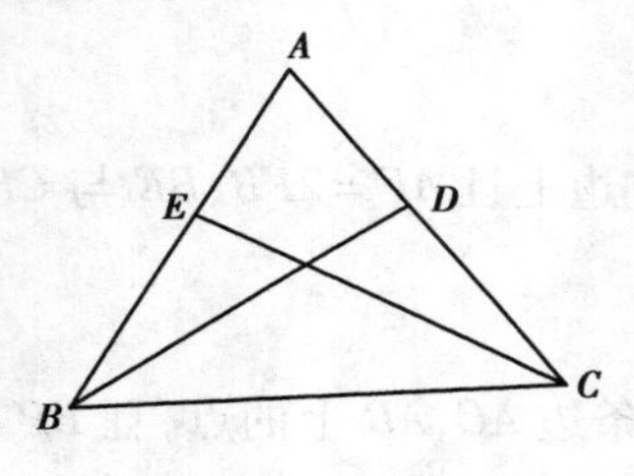

题 2.7

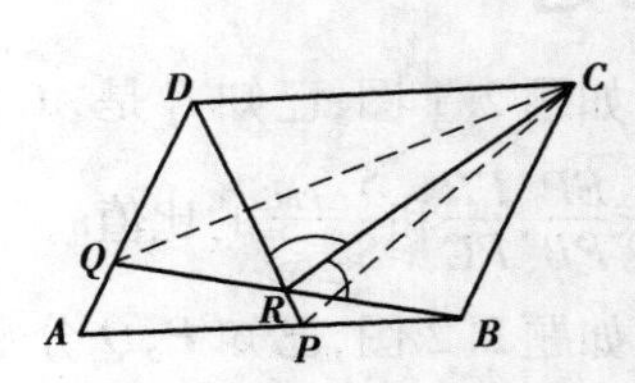

题 2.8

8. 如题 2.8 图，已知 $ABCD$ 是平行四边形，在 AD 上取点 Q，AB 上取点 P. 设 $BQ=DP$，BQ，DP 交于点 R.

求证：$\angle DRC=\angle BRC$.

9. 如题 2.9 图，若 $\triangle ABC$ 的 $\angle B$，$\angle C$ 的平分线与对边的交点分别为 E,F，与 $\angle A$ 相邻的外角平分线及对边的交点为 D.

求证：D,E,F 三点在一条直线上.

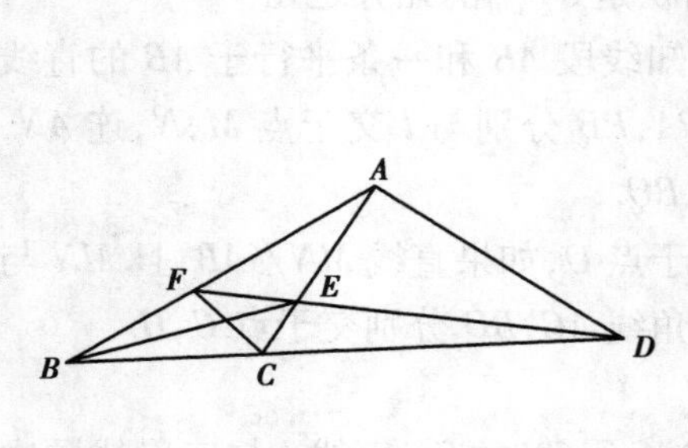

题 2.9

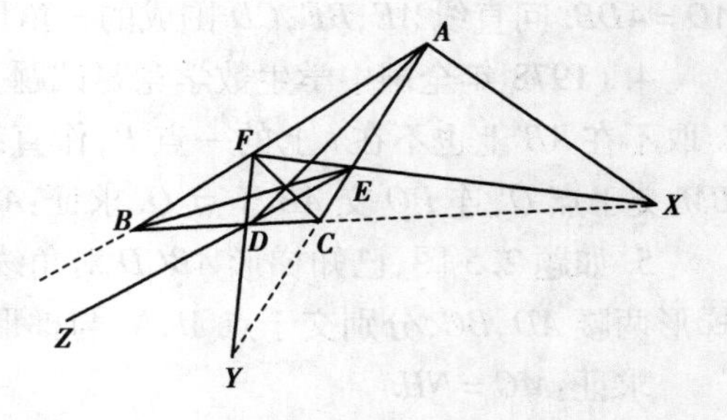

题 2.10

10. 如题 2.10 图，设 AD,BE,CF 分别是 $\triangle ABC$ 中 $\angle A,\angle B,\angle C$ 的平分线，且与对边的交点分别为 D,E,F 又 EF 与 BC，DF 与 CA，ED 与 AB 的交点分别为 X,Y,Z.

求证：X,Y,Z 在一条直线上.

11. 如题 2.11 图，$\triangle ABC$ 的一个旁切圆与 BC,CA,AB 的切点分别为 D,E,F.

求证：AD,BE,CF 相交于一点.

12. 求证：$\triangle ABC$ 的三条垂线共点.

13. 求证：三角形的三条中线相交于一点，并且这个点内分各中线为 $2:1$（从顶点算起）.

14. 如题 2.14 图，在平行四边形 $ABCD$ 中，P 是平行四边形 $ABCD$ 内一点，连接 PA,PB,PC,PD，且 $\angle PAB=\angle PCB$.

求证：$\angle PBA=\angle PDA$.

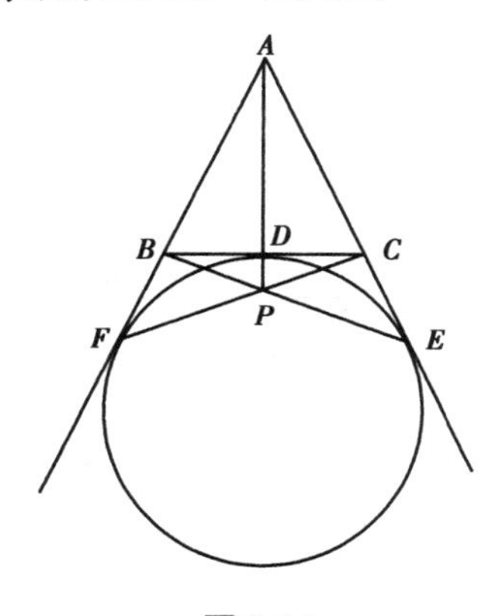

题 2.11

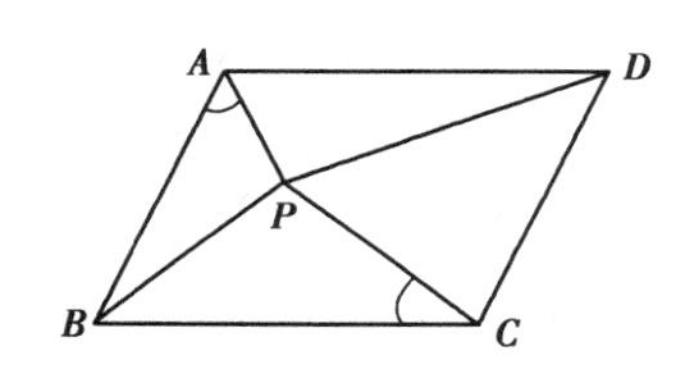

题 2.14

15. 求证：等腰梯形在同一底上的两角相等.

16. 已知：在梯形 $ABCD$ 中，$AD/\!/BC$，$\angle B=80°$，$\angle C=50°$.

求证：$AB=BC-AD$.

17. 已知：在梯形 $ABCD$ 中，$AD/\!/BC$，对角线 $AC\perp BD$.

求证：$AC^2+BD^2=(AD+BC)^2$.

18. 如题 2.18 图，在 $\triangle ABC$ 中，$AB=AC$，$\angle BAC=80°$，P 是三角形内一点，使 $\angle PBC=10°$，$\angle PCB=20°$. 求 $\angle PAB$ 的度数.

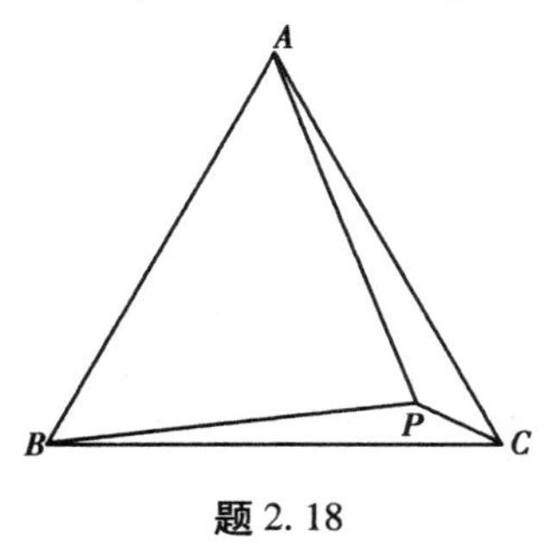

题 2.18

题 2.19

19. 如题 2. 19 图，在$\triangle ABC$中，AD为中线，DE平分$\angle ADB$. 交AB于点E，DF平分$\angle ADC$，交AC于点F.

求证：$BE+CF>EF$.

20. 如题 2. 20 图，已知在$\triangle ABC$中，$\angle A=2\angle B$，CD平分$\angle ACB$.

求证：$BC=AC+AD$.

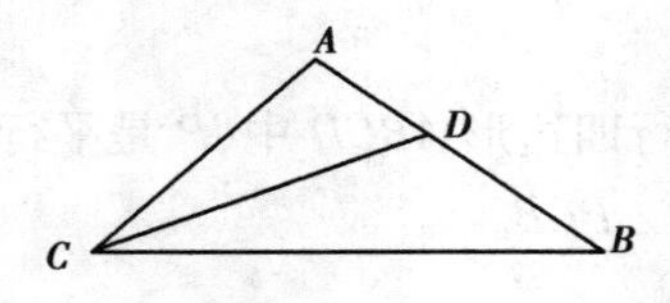

题 2. 20

21. 如题 2. 21 图，P是正三角形ABC内的一点，$PA=6$，$PB=8$，$PC=10$.

求$\triangle ABC$的边长.

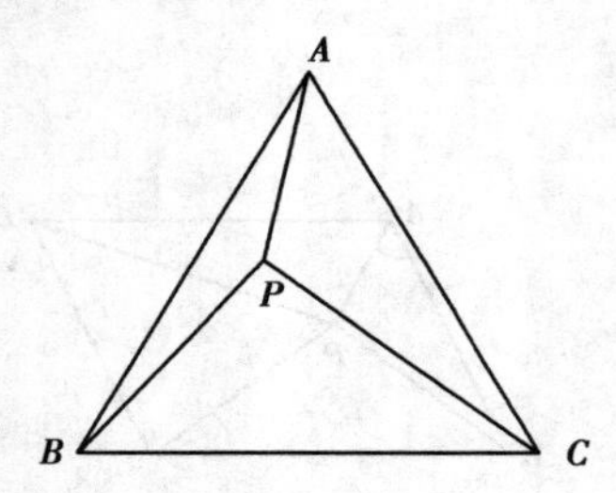

题 2. 21

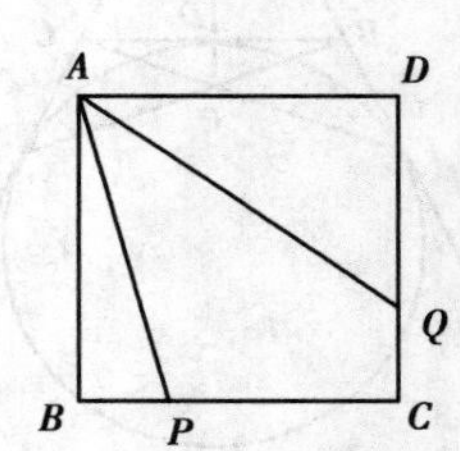

题 2. 22

22. 如题 2. 22 图，已知P为正方形$ABCD$的BC边上的一点，AQ平分$\angle DAP$，交CD于点Q.

求证：$AP=BP+DQ$.

23. 如题 2. 23 图，在$\triangle ABC$中，D为AB的中点，E为AC上的一点，DE交BC延长线于点F.

求证：$\dfrac{AE}{EC}=\dfrac{FB}{FC}$.

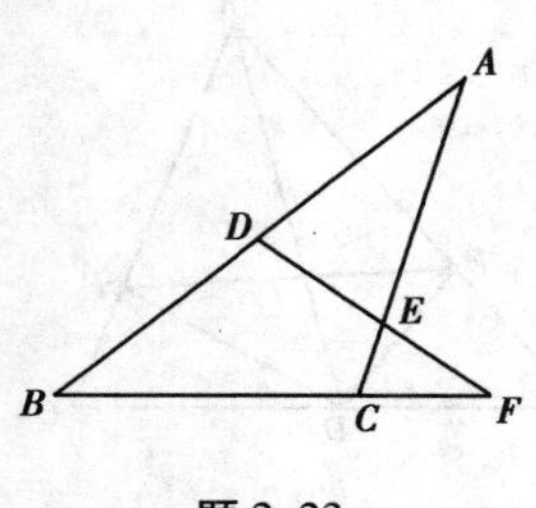

题 2. 23

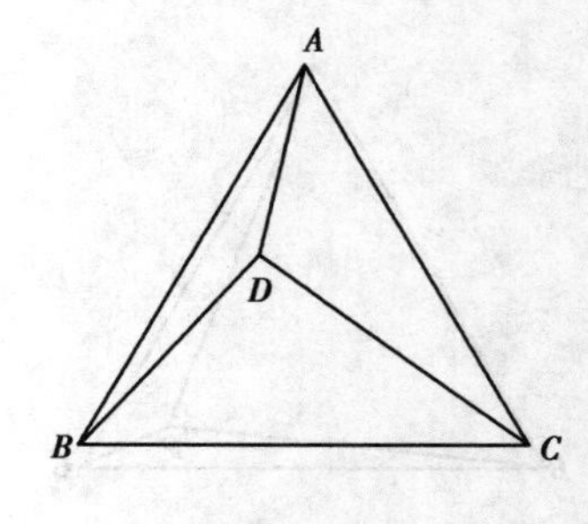

题 2. 24

24. 如题2.24图,已知 D 为正三角形 ABC 内一点.

求证:$DA < DB + DC$.

25. 求证:相似三角形的对应边上高的比等于相似比. 对应的中线的比也等于相似比.

26. 求证:相似三角形的内切圆的半径比等于相似比.

27. 求证:两个相似三角形外接圆的半径比等于这两个三角形的对应边的比.

28. 求证:两个相似三角形的重心到对应顶点的距离的比等于相似比.

29. 如题2.29图,从锐角三角形 ABC 的顶点 B,C 分别向对边引垂线 BD,CE.

求证:$\triangle ADE \backsim \triangle ABC$.

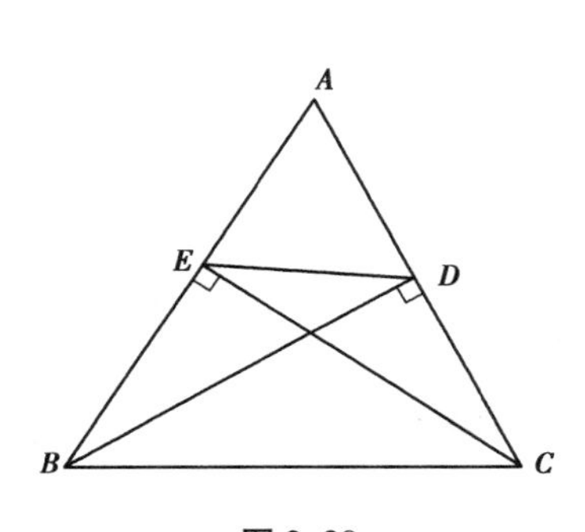

图2.29

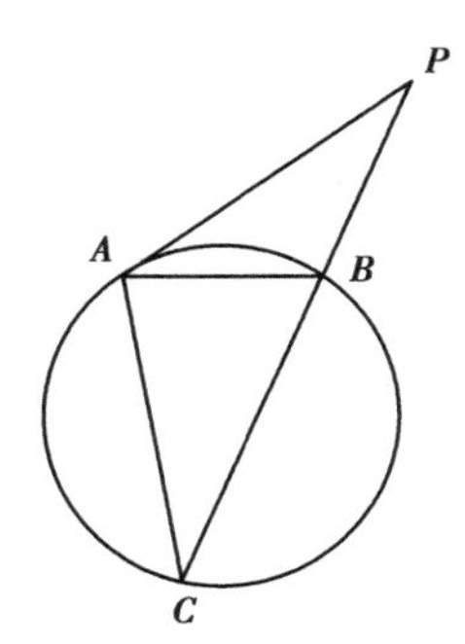

题2.30

30. 如题2.30图,从圆外一点 P 向圆引切线 PA,引割线 PBC,设 PBC 与圆相交于点 B,C,连接 AB,AC.

求证:$\triangle PAB \backsim \triangle PAC$.

31. 如题2.31图,从圆外一点 P 向圆引两条割线 PAB,PCD,分别交圆于 A,B,C,D,连接 AD,BC.

求证:(1) $\triangle PBC \backsim \triangle PDA$.

(2) $\triangle PAC \backsim \triangle PDB$.

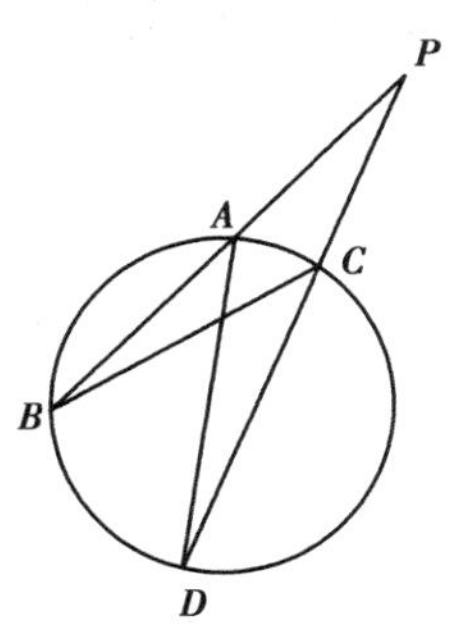

题2.31

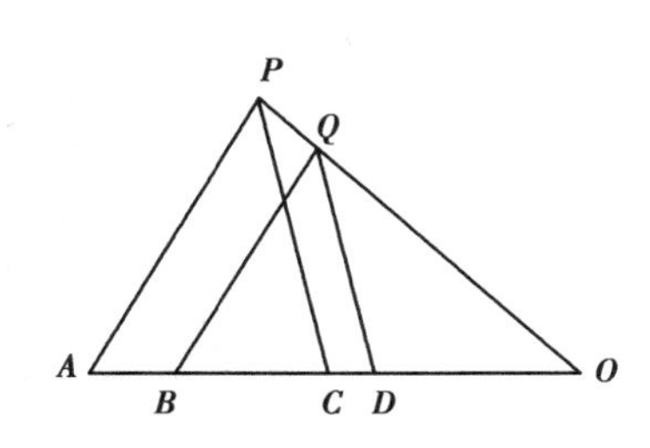

题2.32

32. 如题2.32图，一直线上有A,B,C,D四点，在AC,BD上作相似三角形APC和BQD，设对应边$AP/\!/BQ,CP/\!/DQ,PQ$与AD相交于点O.

求证：$OA\cdot OD=OB\cdot OC$.

33. 已知$\triangle ABC$的坐标分别为$A(-5,5),B(-3,3),C(1,5)$，画出它的一个以$O'(1,1)$为位似中心，位似比为$\frac{1}{2}$的位似图形$A'B'C'$.

34. 如题2.33图，从$\text{Rt}\triangle ABC$(B为直角)的顶点B向AC引垂线BD，在BD上取一点E，使$\frac{BD}{AD}=\frac{AD}{ED}$，连接$CE$.

求证：$S_{\triangle ABD}=S_{\triangle DEC}$.

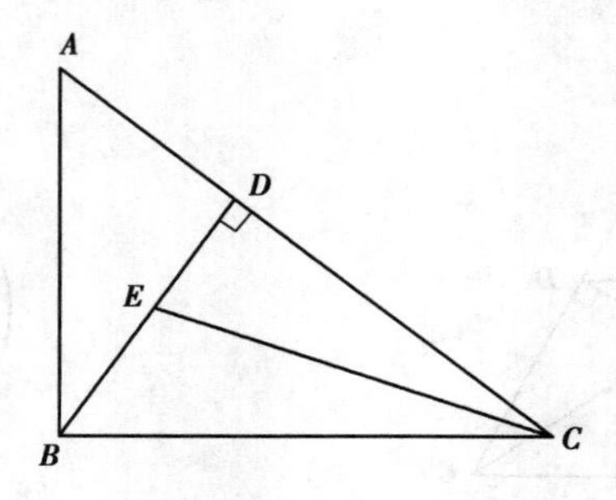

题2.34

35. 已知$\triangle ABC$中，AD是中线，E是AD的中点，F是BE的中点，G是CF的中点.

求证：$S_{\triangle EFG}=\frac{1}{8}S_{\triangle ABC}$.

36. 已知O为$\triangle ABC$内任意一点，AO,BO,CO的延长线分别交BC,CA,AB于点D,E,F.

求证：$\frac{OD}{AD}+\frac{OE}{BE}+\frac{OF}{CF}=1$.

37. 如题2.37图，已知与平行四边形$ABCD$之对角线BD平行的直线PQ交BC,CD于点P,Q.

求证：$S_{\triangle ABP}=S_{\triangle ADQ}$.

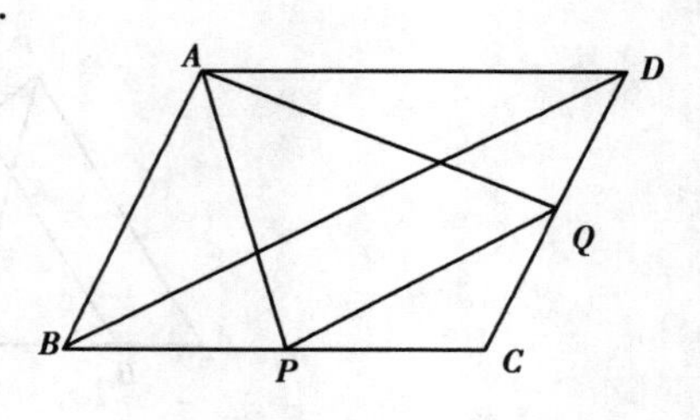

题2.37

38. 过已知三角形 ABC 一边 BC 上的已知点 P,求作一直线平分此三角形的面积.

39. 如题 2.39 图,已知:四边形 $ABCD$.

求作:过 A 点作一直线,分四边形 $ABCD$ 为等积的两部分.

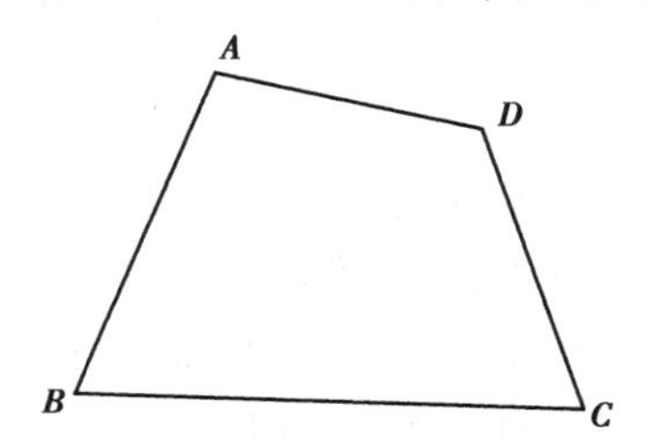

题 2.39

40. 已知三角形 ABC 和边 BC 上的一点 D.

求作:平行于定直线 AD 的直线 MN,使它将 $\triangle ABC$ 的面积分割成 $m:n$.

第3章　平面向量

向量具有数与形的双重性,能有效地将复杂的几何论证问题转化为简单的数学运算,使形向数的转化变得更为直接,推理运算过程大为简化.因此,向量是研究和解决几何问题的有力武器.同时,向量是中学新课标中的重要内容,向量知识体系在中学的介入,为中学平面几何问题的解决开辟了一条新的道路.

本章主要用向量的数量积来研究平面中的平行、垂直、夹角、共点、共线等问题,同时也拓展到用向量的向量积研究"面积、距离、等边三角形、等腰三角形、等腰直角三角形"等问题.

3.1　平面向量基本知识

3.1.1　平面向量的概念及运算

1)向量的有关概念

(1)向量

既有大小又有方向的量叫作向量.向量$\overrightarrow{AB}$的大小,也就是向量$\overrightarrow{AB}$的长度(或称模),记作$|\overrightarrow{AB}|$.

(2)零向量

长度为0的向量叫作零向量,记作$\vec{0}$.

(3)单位向量

长度等于1个单位长度的向量,叫作单位向量.

(4)平行向量

方向相同或相反的非零向量叫作平行向量.规定$\vec{0}$与任一向量平行.因为任一组平行向量都可以移到同一直线上,所以,平行向量也叫作共线向量.

(5)相等向量

长度相等且方向相同的向量叫作相等向量.零向量与零向量相等.任意两个相等的非零向量,都可以用同一条有向线段来表示,并且与有向线段的起点无关.

(6)相反向量

与向量$\vec{a}$长度相等,方向相反的向量叫作$\vec{a}$的相反向量,记作$-\vec{a}$,$\vec{a}$和$-\vec{a}$互为相反向量. 规定零向量的相反向量仍是零向量. 任一向量与它的相反向量的和是零向量.

2)向量的表示法

(1)几何表示法

用一条有向线段来表示向量,有向线段的长度表示向量的大小,箭头所指的方向表示向量的方向.

(2)字母表示法

用字母$\vec{a}$,$\vec{b}$,$\vec{c}$等表示向量,或用表示向量的有向线段的起点和终点字母表示向量,如$\overrightarrow{AB}$,$\overrightarrow{AC}$等.

3)向量的基本运算

(1)向量的加法

①定义:求两个向量和的运算,叫作向量的加法. 对于零向量与任一向量$\vec{a}$,有$\vec{a}+\vec{0}=\vec{0}+\vec{a}=\vec{a}$.

②运算律. A. 交换律:$\vec{a}+\vec{b}=\vec{b}+\vec{a}$.

B. 结合律:$(\vec{a}+\vec{b})+\vec{c}=\vec{a}+(\vec{b}+\vec{c})$.

③向量加法的平行四边形法则与三角形法则.

A. 平行四边形法则:

如图 3. 1(1).

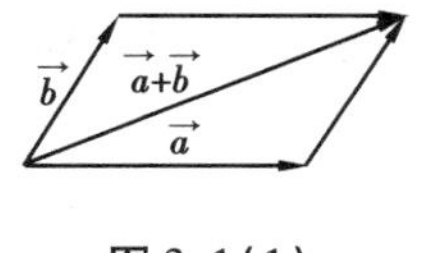

图 3. 1(1)

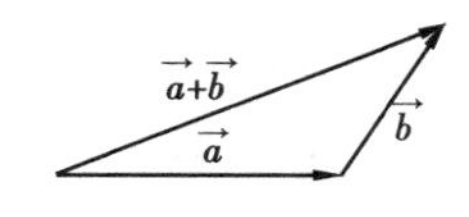

图 3. 1(2)

B. 三角形法则:

如图 3. 1(2).

(2)向量的减法

①定义:求两个向量差的运算,叫作向量的减法.

②向量减法的平行四边形法则(或三角形法则):如图 3. 2.

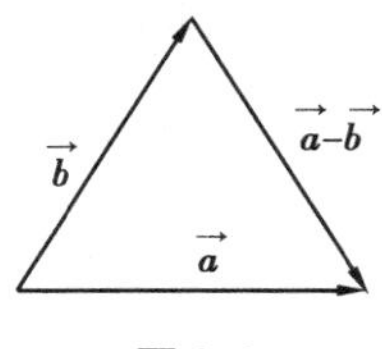

图 3. 2

(3)实数与向量的积

①实数 λ 与向量$\vec{a}$的积是一个向量,记作 $\lambda\vec{a}$,它的长度与方向规定如下:

A. $|\lambda\vec{a}|=|\lambda|\cdot|\vec{a}|$;

B. 当 $\lambda>0$ 时,$\lambda\vec{a}$的方向与$\vec{a}$的方向相同;当 $\lambda<0$ 时,$\lambda\vec{a}$的方向与$\vec{a}$的方向相反;当 $\lambda=0$ 时,$\lambda\vec{a}=\vec{0}$.

②运算律:设 λ,μ 为实数,那么:

A. $\lambda(\mu\vec{a})=(\lambda\mu)\vec{a}$.

B. $(\lambda+\mu)\vec{a}=\lambda\vec{a}+\mu\vec{a}$.

C. $\lambda(\vec{a}+\vec{b})=\lambda\vec{a}+\lambda\vec{b}$.

4)平面向量的相关定理

(1)共线向量定理

$\vec{b}$与非零向量$\vec{a}$共线的充要条件是有且只有一个实数 λ,使得$\vec{b}=\lambda\vec{a}$.

(2)平面向量基本定理

如果$\vec{e_1}$,$\vec{e_2}$是同一个平面内不共线的两个向量,那么对于这一平面内的任一向量$\vec{a}$,有且只有一对实数 λ_1,λ_2 使$\vec{a}=\lambda_1\vec{e_1}+\lambda_2\vec{e_2}$,不共线的向量$\overrightarrow{e_1}$,$\overrightarrow{e_2}$叫作表示这一平面所有向量的一组基底.

3.1.2 平面向量的坐标运算

1)平面向量的坐标表示

在平面直角坐标系内,分别取与 x 轴和 y 轴方向相同的两个单位向量$\vec{i}$,$\vec{j}$作为基底,任作一个向量$\vec{a}$. 由平面向量基本定理知,有且只有一对实数 x,y,使得$\vec{a}=x\vec{i}+y\vec{j}$,则实数对$(x,y)$叫作向量$\vec{a}$的(直角)坐标,记作$\vec{a}=(x,y)$,其中 x 叫作$\vec{a}$在 x 轴上的坐标,y 叫作$\vec{a}$在 y 轴上的坐标,$\vec{a}=(x,y)$叫作向量的坐标. 与$\vec{a}$相等的向量的坐标也为(x,y),显然$\vec{i}=(1,0)$,$\vec{j}=(0,1)$,$\vec{0}=(0,0)$.

2)平面向量的坐标运算

①已知$\vec{a}=(x_1,y_1)$,$\vec{b}=(x_2,y_2)$,则$\vec{a}+\vec{b}=(x_1+x_2,y_1+y_2)$,$\vec{a}-\vec{b}=(x_1-x_2,y_1-y_2)$.

②已知 $A(x_1,y_1)$,$B(x_2,y_2)$,则$\overrightarrow{AB}=(x_2-x_1,y_2-y_1)$.

③已知$\vec{a}=(x,y)$和实数 λ,则 $\lambda\vec{a}=(\lambda x,\lambda y)$.

④设$\vec{a}=(x_1,y_1)$,$\vec{b}=(x_2,y_2)$,其中$\vec{b}\neq\vec{0}$,则$\vec{a}/\!/\vec{b}$的充要条件是 $x_1y_2=x_2y_1$.

3.1.3 平面向量的数量积

1)平面向量数量积的概念

(1)两个非零向量的夹角

已知两个非零向量$\vec{a}$和$\vec{b}$,作$\overrightarrow{OA}=\vec{a}$,$\vec{b}=\overrightarrow{OB}$则$\angle AOB=\theta(0°\leqslant\theta\leqslant180°)$叫作向量$\vec{a}$与$\vec{b}$的夹角. 显然,当$\theta=0°$时,$\vec{a}$与$\vec{b}$同向;当$\theta=180°$时,$\vec{a}$与$\vec{b}$反向;当$\theta=90°$时,则称$\vec{a}$与$\vec{b}$垂直,记作$\vec{a}\perp\vec{b}$.

(2)平面向量的数量积

已知两个非零向量$\vec{a}$和$\vec{b}$,它们的夹角为θ,则数量$|\vec{a}|\cdot|\vec{b}|\cos\theta$叫作$\vec{a}$与$\vec{b}$的数量积(或内积),记作$\vec{a}\cdot\vec{b}$,即$\vec{a}\cdot\vec{b}=|\vec{a}|\cdot|\vec{b}|\cos\theta$.

规定$\vec{0}$与任一向量的数量积为0.

2)平面向量数量积的几何意义

(1)一个向量在另一个向量方向上的投影

$|\vec{b}|\cos\theta$叫作向量$\vec{b}$在$\vec{a}$方向上的投影. 投影是一个数量,而不是向量. 如图3.3所示,当θ为锐角时,投影是正值;当θ为钝角时,投影是负值;当$\theta=90°$时,投影为0;当$\theta=0°$时,投影是$|\vec{b}|$;当$\theta=180°$时,投影是$-|\vec{b}|$.

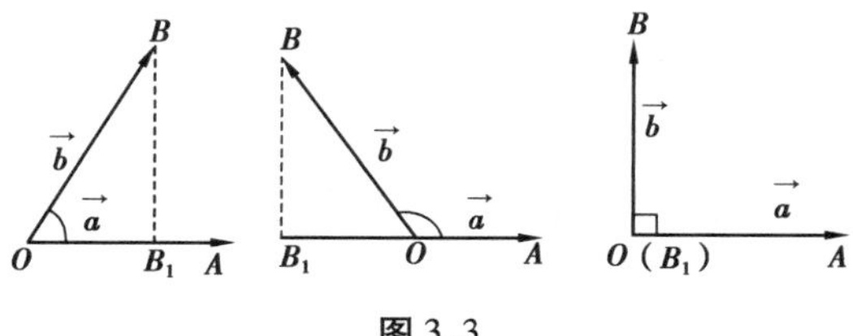

图3.3

(2)$\vec{a}\cdot\vec{b}$的几何意义

数量积$\vec{a}\cdot\vec{b}$等于$\vec{a}$的长度$|\vec{a}|$与$\vec{b}$在$\vec{a}$的方向上的投影$|\vec{b}|\cos\theta$的乘积.

3)平面向量数量积的性质

设$\vec{a}$,$\vec{b}$都是非零向量,$\vec{e}$是与$\vec{b}$方向相同的单位向量,θ是$\vec{a}$与$\vec{e}$的夹角,则:

①$\vec{e}\cdot\vec{a}=\vec{a}\cdot\vec{e}=|\vec{a}|\cos\theta$.

②$\vec{a}\perp\vec{b}\Leftrightarrow\vec{a}\cdot\vec{b}=0$.

③当$\vec{a}$与$\vec{b}$同向时,$\vec{a}\cdot\vec{b}=|\vec{a}|\cdot|\vec{b}|$;当$\vec{a}$与$\vec{b}$反向时,$\vec{a}\cdot\vec{b}=-|\vec{a}|\cdot|\vec{b}|$.

特别地,$\vec{a}\cdot\vec{a}=|\vec{a}|^2$,或$|\vec{a}|=\sqrt{\vec{a}\cdot\vec{a}}$,$|\vec{a}\pm\vec{b}|=\sqrt{(\vec{a}\pm\vec{b})^2}$.

④$\cos\theta=\dfrac{\vec{a}\cdot\vec{b}}{|\vec{a}|\cdot|\vec{b}|}$.

⑤$|\vec{a}\cdot\vec{b}|\leqslant|\vec{a}|\cdot|\vec{b}|$.

4)平面向量数量积的运算律

①设$\vec{a}=(x_1,y_1)$,$\vec{b}=(x_2,y_2)$,则$\vec{a}\cdot\vec{b}=x_1x_2+y_1y_2$.

②设$\vec{a}=(x,y)$,则$|\vec{a}|^2=x^2+y^2$,或$|\vec{a}|=\sqrt{x^2+y^2}$.

③设$A(x_1,y_1)$,$B(x_2,y_2)$,则$|\overrightarrow{AB}|=\sqrt{(x_2-x_1)^2+(y_2-y_1)^2}$.

④设非零向量$\vec{a}=(x_1,y_1)$,$\vec{b}=(x_2,y_2)$,则$\vec{a}\perp\vec{b}\Leftrightarrow x_1x_2+y_1y_2=0$.

3.1.4　线段的定比分点及图形的平移

1)线段的定比分点

(1)P分有向线段$\overrightarrow{P_1P_2}$所成的比

设P_1,P_2是l上的两点,点P是l上不同于P_1,P_2的任意一点,则存在一个实数λ,使$\overrightarrow{P_1P}=\lambda\overrightarrow{PP_2}$,$\lambda$叫作$P$分有向线段$\overrightarrow{P_1P_2}$所成的比.

(2)线段的定比分点坐标公式

设$\overrightarrow{P_1P}=\lambda\overrightarrow{PP_2}$,且$P_1(x_1,y_1)$,$P(x,y)$,$P_2(x_2,y_2)$,则:

$$\begin{cases}x=\dfrac{x_1+\lambda x_2}{1+\lambda}\\ y=\dfrac{y_1+\lambda y_2}{1+\lambda}\end{cases}$$叫作有向线段$\overrightarrow{P_1P_2}$的定比分点坐标公式.

特别地,当$\lambda=1$时,点P是线段P_1P_2的中点,有:

$$\begin{cases}x=\dfrac{x_1+x_2}{2}\\ y=\dfrac{y_1+y_2}{2}\end{cases}$$叫作有向线段$\overrightarrow{P_1P_2}$的中点坐标公式.

(3)线段的定比分点的性质

如图3.4,P是线段AB的一个分点,O为平面内一定点.

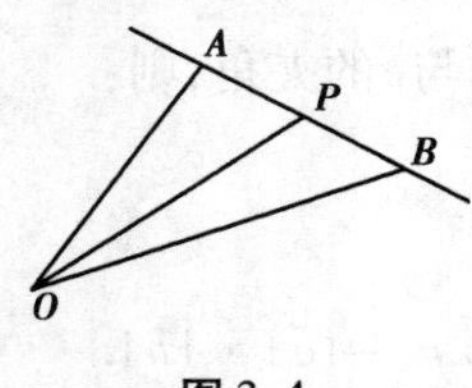

图3.4

①若$\overrightarrow{AP}=t\overrightarrow{AB}$,则$\overrightarrow{OP}=(1-t)\overrightarrow{OA}+t\overrightarrow{OB}$.反之,若$\overrightarrow{OP}=(1-t)\overrightarrow{OA}+t\overrightarrow{OB}$,则$A$,$P$,$B$三点共线.

②若P是把AB内分为$m:n$的点,则$\overrightarrow{OP}=\dfrac{n\overrightarrow{OA}+m\overrightarrow{OB}}{m+n}$.反之,若$\overrightarrow{OP}=\dfrac{n\overrightarrow{OA}+m\overrightarrow{OB}}{m+n}$,则$A$,$P$,$B$三点共线.

2)平移

(1)图形的平移

设 F 是坐标平面内的一个图形,将 F 上所有点按照同一方向$\vec{a}$,移动同样长度 $|\vec{a}|$,得到图形 F',这一过程叫作图形的平移,记作 $F\xrightarrow{\vec{a}}F'$.

(2)平移公式

设 $P(x,y)$ 是图形 F 上的任意一点,它在平移后图形 F'的对应点为 $P(x',y')$,且设$\overrightarrow{PP'}=(h,k)$,则$\begin{cases}x'=x+h\\y'=y+k\end{cases}$称为点的平移公式.

3.1.5 向量的向量积(又称叉积或外积)

1)两个向量的向量积(又称两个向量的叉积)

定义:如图 3.5,给定两个向量$\vec{a}$和$\vec{b}$,$\theta(0°\leqslant\theta\leqslant180°)$为向量$\vec{a}$与$\vec{b}$的夹角,规定一个新向量$\vec{a}\times\vec{b}$如下:

$|\vec{a}\times\vec{b}|=|\vec{a}|\cdot|\vec{b}|\sin\theta$

其几何意义就是以向量$\vec{a}$和$\vec{b}$为邻边的平行四边形的面积.

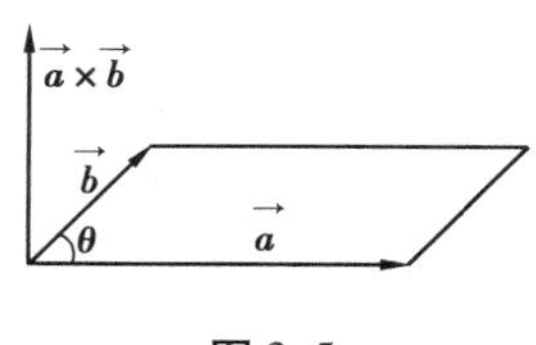

图 3.5

$\vec{a}\times\vec{b}$的方向:

①若$\vec{a}$和$\vec{b}$中有一个为零向量,则$\vec{a}\times\vec{b}$的方向不定.

②若$\vec{a}$和$\vec{b}$都是非零向量且共线,则$\vec{a}\times\vec{b}$的方向也不定.

③若$\vec{a}$和$\vec{b}$是不共线的非零向量,则$\vec{a}\times\vec{b}$同时垂直于$\vec{a}$和$\vec{b}$(即垂直于图 3.4 中平行四边形所在平面),且$\vec{a}$,$\vec{b}$及$\vec{a}\times\vec{b}$构成右手系.

这个新向量$\vec{a}\times\vec{b}$叫作向量$\vec{a}$与$\vec{b}$的向量积.

2)性质

①$\vec{a}\times\vec{a}=\vec{0}$.

②$\vec{a}/\!/\vec{b}\Leftrightarrow\vec{a}\times\vec{b}=\vec{0}$.

3)两个向量的向量积满足下列运算律

①$\vec{a}\times\vec{b}=-\vec{b}\times\vec{a}$.

②$(\vec{a}+\vec{b})\times\vec{c}=\vec{a}\times\vec{c}+\vec{b}\times\vec{c}$.

③$\vec{c}\times(\vec{a}+\vec{b})=\vec{c}\times\vec{a}+\vec{c}\times\vec{b}$.

④$\lambda(\vec{a}+\vec{b})=(\lambda\vec{a})\times\vec{b}=\vec{a}\times(\lambda\vec{b})$($\lambda$ 为常数).

4)点到直线的距离公式

设A,B是直线l上的两点,C是直线l外的一点,如图3.6,记$\overrightarrow{AB}=\vec{a}$,$\overrightarrow{AC}=\vec{b}$,则点$C$到直线$l$的距离:

$$d=\frac{|\vec{a}\times\vec{b}|}{|\vec{a}|}$$

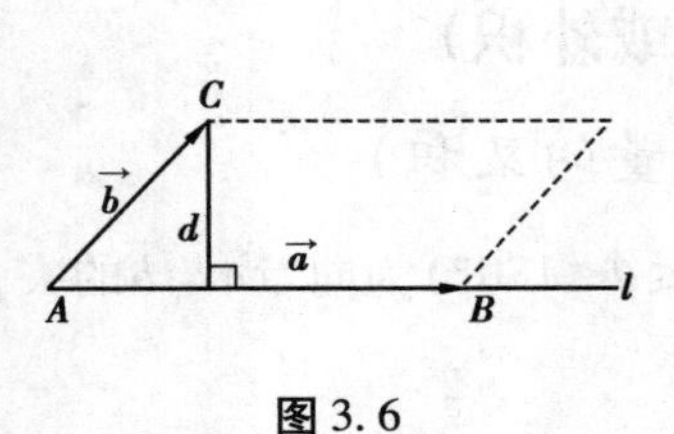

图3.6

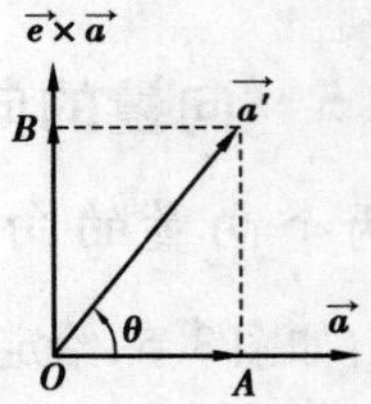

图3.7

5)向量的旋转

(1)设向量$\vec{a}$绕始点O逆时针方向旋转θ角到$\vec{a'}$的位置,如图3.7,$\vec{e}$为与平面AOB垂直的单位向量,$\vec{a'}$在$\vec{a}$和$\vec{e}\times\vec{a}$方向上的分量分别为:

$\overrightarrow{OA}=\vec{a}\cos\theta$;$\overrightarrow{OB}=\vec{e}\times\vec{a}\sin\theta$,则$\vec{a'}=\vec{a}\cos\theta+\vec{e}\times\vec{a}\sin\theta$

特别:当$\theta=90°$时,$\vec{a'}=\vec{e}\times\vec{a}$

(2)当向量$\vec{a}$绕始点O顺时针方向旋转θ角到$\vec{a'}$的位置时,$\vec{a'}=\vec{a}\cos\theta-\vec{e}\times\vec{a}\sin\theta$.

特别:当$\theta=90°$时,$\vec{a'}=-\vec{e}\times\vec{a}$.

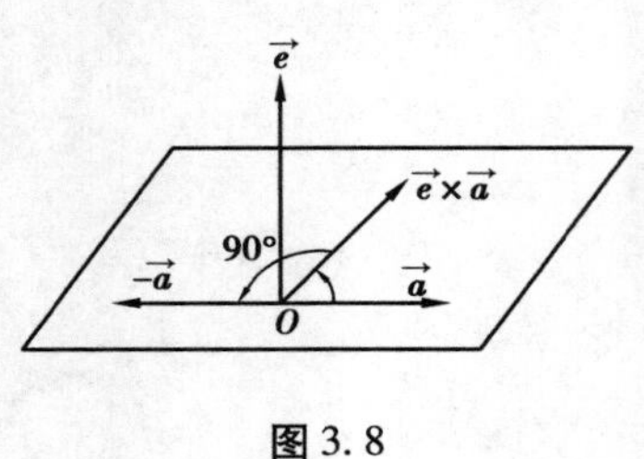

图3.8

(3)$\vec{e}\times(\vec{e}\times\vec{a})$的几何意义

如图3.8,将向量$\vec{a}$绕始点O逆时针方向旋转90°到达$\vec{e}\times\vec{a}$位置,再将向量$\vec{e}\times\vec{a}$绕始点O逆时针方向旋转90°即到达$\vec{e}\times(\vec{e}\times\vec{a})$的位置.

所以$\vec{e}\times(\vec{e}\times\vec{a})$的几何意义就是将$\vec{a}$绕始点$O$逆时针方向旋转180°所得到的向量,因此,$\vec{e}\times(\vec{e}\times\vec{a})=-\vec{a}$.

3.2 平面向量在平面几何中的应用

3.2.1 利用向量证明或判定两直线平行问题（运用共线向量定理证明或判定）

例1 证明三角形中位线定理

已知：如图3.9，$\triangle ABC$ 中，D,E 分别是边 AB,AC 的中点.

求证：$DE \underline{\underline{/\!/}} \frac{1}{2}BC$.

证明：$\because$ D,E 分别是边 AB,AC 的中点

$\therefore \overrightarrow{AD}=\frac{1}{2}\overrightarrow{AB},\overrightarrow{AE}=\frac{1}{2}\overrightarrow{AC}$

$\therefore \overrightarrow{DE}=\overrightarrow{AE}-\overrightarrow{AD}=\frac{1}{2}(\overrightarrow{AC}-\overrightarrow{AB})=\frac{1}{2}\overrightarrow{BC}$

$\therefore \overrightarrow{DE} \underline{\underline{/\!/}} \frac{1}{2}\overrightarrow{BC}$

又$\because$ DE 与 BC 不共线，$\therefore DE \underline{\underline{/\!/}} \frac{1}{2}BC$.

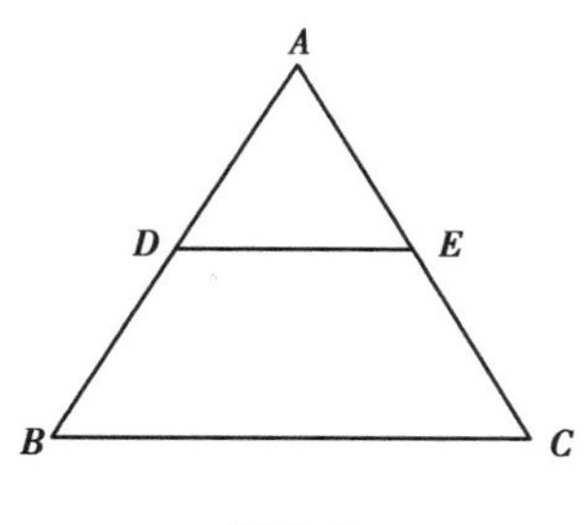

图3.9

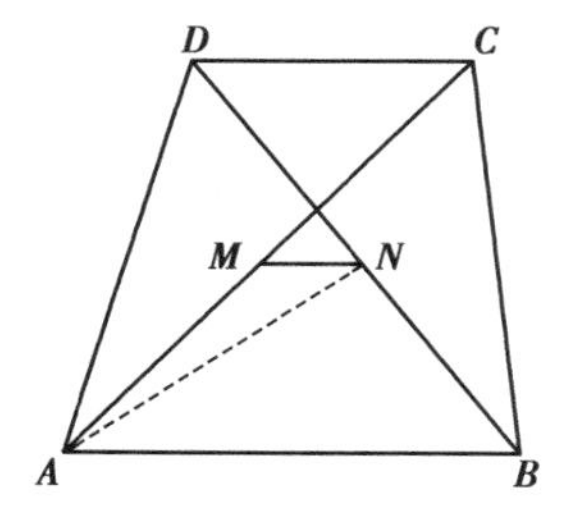

图3.10

例2 如图3.10，已知梯形 $ABCD$ 中 $AB/\!/CD$，M,N 分别为对角线 AC,BD 的中点.

求证：$MN/\!/AB$.

证明：$\because AB/\!/CD$

$\therefore$ 可设$\overrightarrow{AB}=\lambda\overrightarrow{DC}=\lambda\vec{a}(\lambda>1)$，又令$\overrightarrow{AD}=\vec{b}$，由$\overrightarrow{MN}=\overrightarrow{AN}-\overrightarrow{AM}$，$M,N$ 分别为对角线 AC,BD 的中点$\Rightarrow\overrightarrow{AM}=\frac{1}{2}\overrightarrow{AC}=\frac{1}{2}(\overrightarrow{AD}+\overrightarrow{DC})=\frac{1}{2}(\vec{b}+\vec{a})$，$\overrightarrow{BN}=\frac{1}{2}\overrightarrow{BD}=\frac{1}{2}(\overrightarrow{AD}-\overrightarrow{AB})=\frac{1}{2}(\vec{b}-\vec{a})$，$\overrightarrow{AN}=\overrightarrow{AB}+\overrightarrow{BN}=\lambda\vec{a}+\frac{1}{2}(\vec{b}-\vec{a})=\left(\lambda-\frac{1}{2}\right)\vec{a}+\frac{1}{2}\vec{b}$

$\therefore \overrightarrow{MN}=\left[\left(\lambda-\frac{1}{2}\right)\vec{a}+\frac{1}{2}\vec{b}\right]-\frac{1}{2}(\vec{b}+\vec{a})=(\lambda-1)\vec{a}$

$\because \lambda>1$

$\therefore \overrightarrow{MN}/\!/\vec{a}$,即$\overrightarrow{MN}/\!/\overrightarrow{AB}$

又$\because$ MN 与 AB 不共线

$\therefore MN/\!/AB$

3.2.2 利用向量证明或判定两直线垂直问题(充分利用两直线垂直的充要条件——数量积为零)

例3 证明菱形的两条对角线互相垂直平分.

如图3.11,已知四边形 $ABCD$ 为菱形,它的两条对角线 AC,BD 相交于点 O.

求证:$AC\perp BD$ 且 O 分别为 AC,BD 的中点.

证明:$\because$ 四边形 $ABCD$ 为菱形

$\therefore AB=AD$,设$\overrightarrow{AB}=\vec{a}$,$\overrightarrow{AD}=\vec{b}$,则$|\vec{a}|=|\vec{b}|$,$\overrightarrow{AC}=\vec{a}+\vec{b}$,$\overrightarrow{DB}=\vec{a}-\vec{b}\Rightarrow\overrightarrow{AC}\cdot\overrightarrow{DB}=(\vec{a}+\vec{b})\cdot(\vec{a}-\vec{b})=|\vec{a}|^2-|\vec{b}|^2=0$

$\therefore \overrightarrow{AC}\perp\overrightarrow{DB}$,即 $AC\perp BD$,$AO\perp BD$

又由$\left.\begin{matrix}AO\perp BD\\AB=AD\end{matrix}\right\}\Rightarrow O$ 为 BD 的中点,同理$\Rightarrow O$ 为 AC 中点.

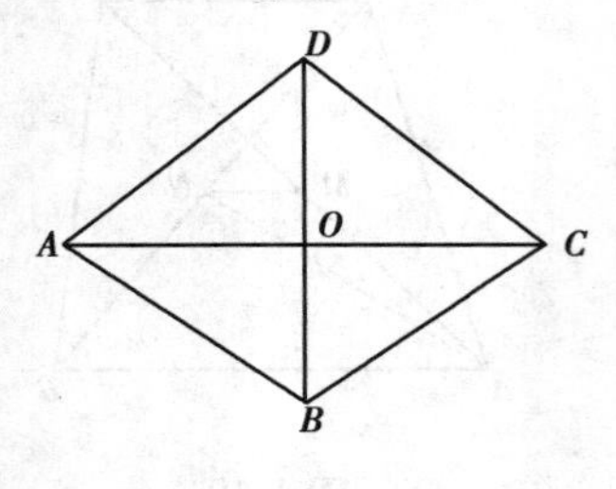

图3.11

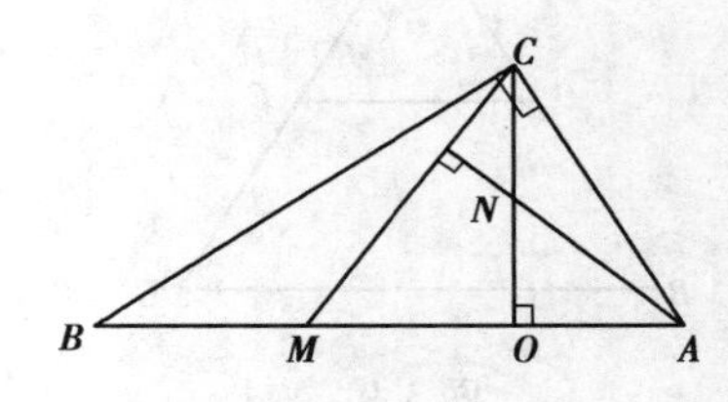

图3.12

$\therefore AC\perp BD$ 且 O 分别为 AC,BD 的中点,即菱形的两条对角线互相垂直平分.

例4 如图3.12 在 Rt$\triangle ABC$ 中,$\angle C=90°$,CO 为 AB 边上的高,点 M 和 N 分别是 OB 和 CO 的中点.

求证:$AN\perp CM$.

证明:设$\overrightarrow{OB}=2\vec{a}$,$\overrightarrow{OC}=2\vec{b}$,由点 M 和 N 分别是 OB 和 CO 的中点$\Rightarrow\overrightarrow{OM}=\vec{a}$,$\overrightarrow{ON}=\vec{b}$,又令$\overrightarrow{AO}=\lambda\vec{a}$,由$\overrightarrow{AC}=\overrightarrow{AO}+\overrightarrow{OC}$,$\overrightarrow{CB}=\overrightarrow{OB}-\overrightarrow{OC}$得$\overrightarrow{AC}=\lambda\vec{a}+2\vec{b}$,$\overrightarrow{CB}=2\vec{a}-2\vec{b}$.

$\because \angle ACB=90°$

$\therefore \overrightarrow{AC}\cdot\overrightarrow{CB}=0\Rightarrow(\lambda\vec{a}+2\vec{b})\cdot(2\vec{a}-2\vec{b})=0\Rightarrow$

$2\lambda|\vec{a}|^2+(4-2\lambda)\vec{a}\cdot\vec{b}-4|\vec{b}|^2=0$

$\because OC\perp OB$

$\therefore \vec{a}\cdot\vec{b}=0$,从而得 $\lambda|\vec{a}|^2-2|\vec{b}|^2=0$

又由 $\left.\begin{array}{l}\overrightarrow{AN}=\overrightarrow{AO}+\overrightarrow{ON}=\lambda\vec{a}+\vec{b}\\ \overrightarrow{CM}=\overrightarrow{OM}-\overrightarrow{OC}=\vec{a}-\vec{b}\end{array}\right\}\Rightarrow\overrightarrow{AN}\cdot\overrightarrow{CM}=(\lambda\vec{a}+\vec{b})\cdot(\vec{a}-2\vec{b})=\lambda|\vec{a}|^2-2|\vec{b}|^2=0$

$\therefore \overrightarrow{AN}\perp\overrightarrow{CM}$,即 $AN\perp CM$.

3.2.3　利用向量研究“有向线段的定比分点”和“三点共线”问题（运用线段的定比分点的性质研究此类问题）

例5　（证明有向线段的定比分点的性质）

如图3.13,P 是线段 AB 的一个分点,O 为平面内一定点.

①若$\overrightarrow{AP}=t\overrightarrow{AB}$,则$\overrightarrow{OP}=(1-t)\overrightarrow{OA}+t\overrightarrow{OB}$.

反之,若$\overrightarrow{OP}=(1-t)\overrightarrow{OA}+t\overrightarrow{OB}$,则 A,P,B 三点共线.

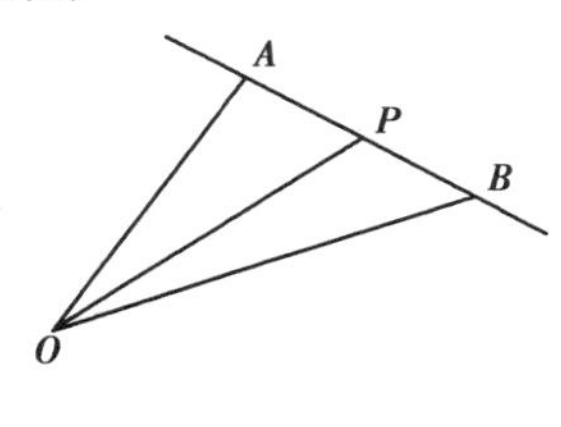

图3.13

②若 P 把 AB 内分为 $m:n$ 的点,则 $\overrightarrow{OP}=$
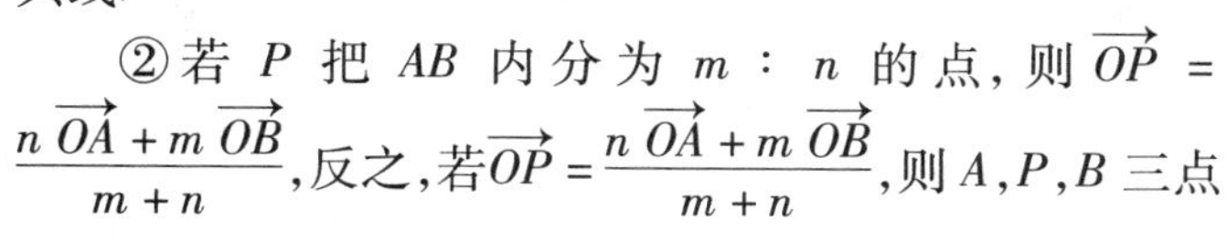
$\dfrac{n\overrightarrow{OA}+m\overrightarrow{OB}}{m+n}$,反之,若$\overrightarrow{OP}=\dfrac{n\overrightarrow{OA}+m\overrightarrow{OB}}{m+n}$,则 A,P,B 三点共线.

证明:①若$\overrightarrow{AP}=t\overrightarrow{AB}$,则$\overrightarrow{AP}=t(\overrightarrow{OB}-\overrightarrow{OA})$

$\because \overrightarrow{OP}=\overrightarrow{OA}+\overrightarrow{AP}$

则$\overrightarrow{OP}=\overrightarrow{OA}+t(\overrightarrow{OB}-\overrightarrow{OA})=(1-t)\overrightarrow{OA}+t\overrightarrow{OB}$. 反之,若$\overrightarrow{OP}=(1-t)\overrightarrow{OA}+t\overrightarrow{OB}$

则$\overrightarrow{OA}+\overrightarrow{AP}=(1-t)\overrightarrow{OA}+t\overrightarrow{OB}\Rightarrow\overrightarrow{AP}=t(\overrightarrow{OB}-\overrightarrow{OA})=t\overrightarrow{AB}$

$\therefore A,P,B$ 三点共线.

②如果 P 是把 AB 内分为 $m:n$ 的点,那么$\overrightarrow{AP}=\dfrac{m}{m+n}\overrightarrow{AB}=\dfrac{m}{m+n}(\overrightarrow{OB}-\overrightarrow{OA})\overrightarrow{OP}=$

$\overrightarrow{OA}+\overrightarrow{AP}=\overrightarrow{OA}+\dfrac{m}{m+n}\overrightarrow{AB}=\left(1-\dfrac{m}{m+n}\right)\overrightarrow{OA}+\dfrac{m}{m+n}\overrightarrow{OB}=\dfrac{m}{m+n}\overrightarrow{OA}+\dfrac{m}{m+n}\overrightarrow{OB}=$

$\dfrac{n\overrightarrow{OA}+m\overrightarrow{OB}}{m+n}$. 反之,若$\overrightarrow{OP}=\dfrac{n\overrightarrow{OA}+m\overrightarrow{OB}}{m+n}$,则 A,P,B 三点共线.

特别:如果 P 为 AB 的中点,那么$\overrightarrow{OP}=\dfrac{\overrightarrow{OA}+\overrightarrow{OB}}{2}$.

例6　已知 G 为$\triangle ABC$ 的重心,O 为$\triangle ABC$ 所在平面内任意一点,且$\overrightarrow{OA}=\vec{a}$,

$\overrightarrow{OB}=\vec{b},\overrightarrow{OC}=\vec{c}$.

求证：$\overrightarrow{OG}=\frac{1}{3}(\vec{a}+\vec{b}+\vec{c})$.

证明：如图 3.14，设△*ABC* 的一边 *BC* 的中点为 *M*，则把 *AM* 内分为 2∶1的点，就是△*ABC* 的重心 *G*，由上题（有向线段的定比分点的性质）知：

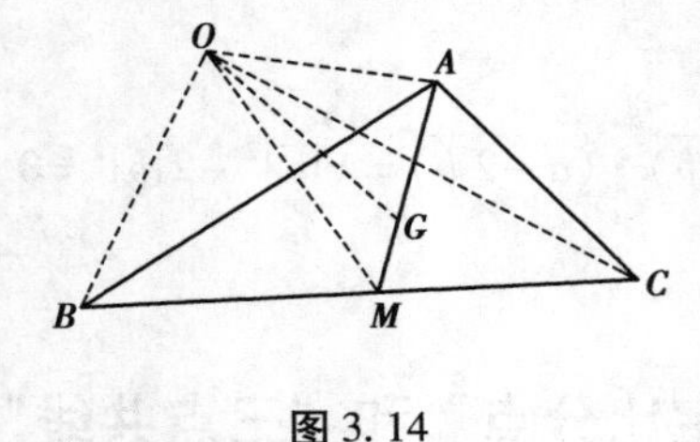

图 3.14

$$\overrightarrow{OM}=\frac{\overrightarrow{OB}+\overrightarrow{OC}}{2}=\frac{1}{2}(\vec{b}+\vec{c}),\ \overrightarrow{OG}=\frac{1\cdot\overrightarrow{OA}+2\overrightarrow{OM}}{1+2}=\frac{\vec{a}+2\left[\frac{1}{2}(\vec{b}+\vec{c})\right]}{3}=\frac{1}{3}(\vec{a}+\vec{b}+\vec{c})$$

例 7　设把△*ABC* 的边 *BC*，*CA*，*AB* 内分为 *m*∶*n* 的点分别为 *A′*，*B′*，*C′*，求证：△*ABC* 的重心 *G* 和△*A′B′C′*的重心 *G′*是同一点.

证明：设$\overrightarrow{OA}=\vec{a},\overrightarrow{OB}=\vec{b},\overrightarrow{OC}=\vec{c}$，由上题知$\overrightarrow{OG}=\frac{1}{3}(\vec{a}+\vec{b}+\vec{c})$，又由有向线段的定比分点的性质得：

$$\overrightarrow{OA'}=\frac{n\overrightarrow{OB}+m\overrightarrow{OC}}{m+n}=\frac{n\vec{b}+m\vec{c}}{m+n},\overrightarrow{OB'}=\frac{n\overrightarrow{OC}+m\overrightarrow{OA}}{m+n}=\frac{n\vec{c}+m\vec{a}}{m+n}$$

$$\overrightarrow{OC'}=\frac{n\overrightarrow{OA}+m\overrightarrow{OB}}{m+n}=\frac{n\vec{a}+m\vec{b}}{m+n}$$

$\because \overrightarrow{OG'}=\overrightarrow{OG}=\frac{1}{3}(\overrightarrow{OA'}+\overrightarrow{OB'}+\overrightarrow{OC'})$

$\therefore \overrightarrow{OG'}=\frac{1}{3}\left(\frac{n\vec{b}+m\vec{c}}{m+n}+\frac{n\vec{c}+m\vec{a}}{m+n}+\frac{n\vec{a}+m\vec{b}}{m+n}\right)=\frac{1}{3}(\vec{a}+\vec{b}+\vec{c})$

$\therefore \overrightarrow{OG}=\overrightarrow{OG'}$

∴ *G* 和 *G′*是同一点

例 8　如图 3.15，设平行四边形 *ABCD* 的边 *BC* 的中点为 *E*，连结 *AE*.

求直线 *AE* 把对角线 *BD* 所分成的比.

解：如图 3.15，设 *AE* 和 *BD* 的交点为 *P*，$\overrightarrow{BA}=\vec{a},\overrightarrow{BC}=\vec{b}$，则$\overrightarrow{BD}=\vec{a}+\vec{b},\overrightarrow{BE}=\frac{1}{2}\vec{b}$，令$\overrightarrow{EP}=t\overrightarrow{EA}$，则由有向线段的定比分点的性质得：$\overrightarrow{BP}=(1-t)\overrightarrow{BE}+t\overrightarrow{BA}=t\vec{a}+(1-t)\frac{1}{2}\vec{b}$……①

又因为 *P* 是 *BD* 上的点，设$\overrightarrow{BP}=m\overrightarrow{BD}$，即$\overrightarrow{BP}=m(\vec{a}+\vec{b})$……②

由①,②得:$t\vec{a}+(1-t)\frac{1}{2}\vec{b}=m(\vec{a}+\vec{b})\Rightarrow(t-m)\vec{a}=\left(m-\frac{1-t}{2}\right)\vec{b}\Rightarrow$

$$\begin{cases}t-m=0\\ m-\frac{1-t}{2}=0\end{cases}\Rightarrow\begin{cases}t=m\\ m=\frac{1}{3}\end{cases}$$

$\therefore \overrightarrow{BP}=m\overrightarrow{BD}=\frac{1}{3}\overrightarrow{BD}$

$\therefore BP:PD=1:2$,即直线 AE 把对角线 BD 所分成的比为 $1:2$.

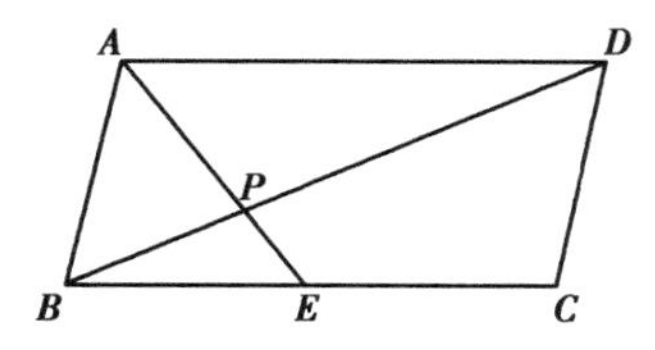

图 3.15

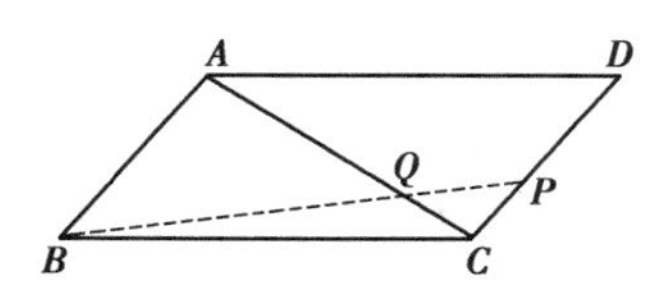

图 3.16

例 9 如图 3.16,已知 P 为平行四边形 $ABCD$ 的边 CD 上的一点,且使 $CP:PD=1:2$,Q 为对角线 AC 上的点,使 $CQ:QA=1:3$.

求证:B,Q,P 三点共线.

证明:设$\overrightarrow{CP}=\vec{a}$,$\overrightarrow{CB}=\vec{b}$,由 $CP:PD=1:2\Rightarrow CP:CD=1:3$

$\therefore \overrightarrow{CD}=3\overrightarrow{CP}=3\vec{a}$

$\because ABCD$ 是平行四边形

$\therefore \overrightarrow{CA}=\overrightarrow{CD}+\overrightarrow{CB}=3\vec{a}+\vec{b}$,$CQ:QA=1:3\Rightarrow CQ:CA=1:4$,$\Rightarrow\overrightarrow{CQ}=\frac{1}{4}\overrightarrow{CA}=\frac{1}{4}(3\vec{a}+\vec{b})=\frac{3}{4}\vec{a}+\frac{1}{4}\vec{b}$

$\therefore \overrightarrow{PQ}=\overrightarrow{CQ}-\overrightarrow{CP}=\left(\frac{3}{4}\vec{a}+\frac{1}{4}\vec{b}\right)-\vec{a}=\frac{1}{4}(\vec{b}-\vec{a})$,即 $4\overrightarrow{PQ}=\vec{b}-\vec{a}$

又$\because \overrightarrow{PB}=\overrightarrow{CB}-\overrightarrow{CP}=\vec{b}-\vec{a}$

$\therefore \overrightarrow{PB}=4\overrightarrow{PQ}$

$\therefore B,Q,P$ 三点共线.

例 10 如图 3.17,在平行四边形 $ABCD$ 的边 BC,CD 上分别取点 E,F,使 $BE:EC=1:3$,$CF:FD=2:1$,且 BF 的中点为 M.

求证:D,M,E 三点在一直线上,并且 $DM:ME=2:1$.

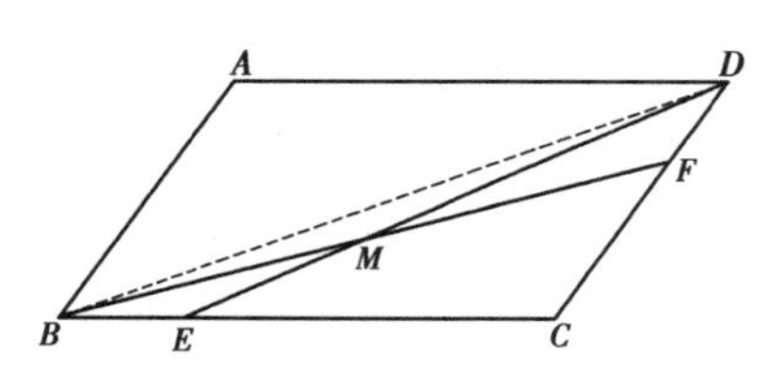

图 3.17

证明:如图 3.17,设$\overrightarrow{BA}=\vec{a}$,$\overrightarrow{BC}=\vec{b}$,则$\overrightarrow{BD}=\overrightarrow{BA}+\overrightarrow{BC}=\vec{a}+\vec{b}$,

$\because BE:EC=1:3$

$\therefore BE:BC=1:4\Rightarrow\overrightarrow{BE}=\dfrac{1}{4}\overrightarrow{BC}=\dfrac{1}{4}\vec{b}$

又$\because CF:FD=2:1$

$\therefore CF:CD=2:3\Rightarrow\overrightarrow{CF}=\dfrac{2}{3}\overrightarrow{BA}=\dfrac{2}{3}\vec{a}$

$\therefore \overrightarrow{BF}=\overrightarrow{BC}+\overrightarrow{CF}=\dfrac{2}{3}\vec{a}+\vec{b}$

$\because M$ 是 BF 的中点

$\therefore \overrightarrow{BM}=\dfrac{1}{2}\overrightarrow{BF}=\dfrac{1}{2}\left(\dfrac{2}{3}\vec{a}+\vec{b}\right)=\dfrac{1}{3}\vec{a}+\dfrac{1}{2}\vec{b}$

又$\because \overrightarrow{DM}=\overrightarrow{BM}-\overrightarrow{BD}=\left(\dfrac{1}{3}\vec{a}+\dfrac{1}{2}\vec{b}\right)-(\vec{a}+\vec{b})=-\dfrac{2}{3}\vec{a}-\dfrac{1}{2}\vec{b}=-\dfrac{2}{3}\left(\vec{a}+\dfrac{3}{4}\vec{b}\right)$

$\therefore \overrightarrow{DE}=\overrightarrow{BE}-\overrightarrow{BD}=\dfrac{1}{4}\vec{b}-(\vec{a}+\vec{b})=-\vec{a}-\dfrac{3}{4}\vec{b}=-\left(\vec{a}+\dfrac{3}{4}\vec{b}\right)$

$\therefore \overrightarrow{DM}=\dfrac{2}{3}\overrightarrow{DE}$

$\therefore D,M,E$ 三点在一条直线上

$\because DM:DE=2:3$

$\therefore DM:ME=2:1$

例 11 如图 3.18,设经过平行四边形 $ABCD$ 内的一点 P,作边 BC 的平行线和 AB,DC 的交点分别为 E,F,过 P 又作 AB 的平行线和 AD,BC 的交点分别为 G,H,AH 和 CE 的交点为 Q.

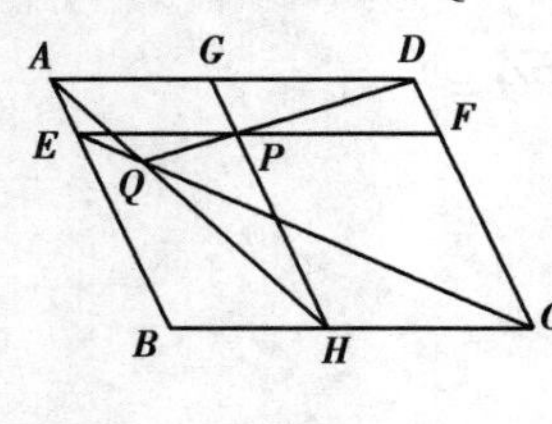

图 3.18

求证:D,P,Q 三点在一条直线上.

证明:如图 3.18,设$\overrightarrow{BA}=\vec{a}$,$\overrightarrow{BC}=\vec{b}$,则令$\overrightarrow{BE}=m\vec{a}$,$\overrightarrow{BH}=n\vec{b}$.

$\because ABCD$ 是平行四边形

$\therefore \overrightarrow{BD}=\overrightarrow{BA}+\overrightarrow{BC}=\vec{a}+\vec{b}$

$\because EBHP$ 也是平行四边形

$\therefore \overrightarrow{BP}=\overrightarrow{BE}+\overrightarrow{BH}=m\vec{a}+n\vec{b}$,而 Q 是直线 AH 上的点

$\therefore$ 令$\overrightarrow{HQ}=t_1\overrightarrow{HA}$,则由有向线段的定比分点的性质得:

$\overrightarrow{BQ}=(1-t_1)\overrightarrow{BH}+t_1\overrightarrow{BA}=(1-t_1)n\vec{b}+t_1\vec{a}$……①

同理 Q 是直线 CE 上的点,∴ 令$\overrightarrow{CQ}=t_2\overrightarrow{CE}$,则

$\overrightarrow{BQ}=(1-t_2)\overrightarrow{BC}+t_2\overrightarrow{BE}=(1-t_2)\vec{b}+t_2m\vec{a}$……②

由①,②得:$(1-t_1)n\vec{b}+t_1\vec{a}=(1-t_2)\vec{b}+t_2m\vec{a}$,∵ $\vec{a}$与$\vec{b}$不共线,

$$\therefore \begin{cases}t_1-t_2m=0\\1-t_2-n(1-t_1)=0\end{cases}\Rightarrow\begin{cases}t_1=t_2m\\t_2=\dfrac{1-n}{1-mn}\end{cases}\Rightarrow\overrightarrow{BQ}=\frac{1-n}{1-mn}(m\vec{a})+\left(1-\frac{1-n}{1-mn}\right)\vec{b}=$$

$$\frac{m-mn}{1-mn}\vec{a}+\frac{n-mn}{1-mn}\vec{b}=\frac{1}{1-mn}[(m-mn)\vec{a}+(n-mn)\vec{b}]=\frac{1}{1-mn}[m\vec{a}+n\vec{b}-$$

$$mn(\vec{a}+\vec{b})]=\frac{1}{1-mn}(\overrightarrow{BP}-mn\overrightarrow{BD}).$$

$\therefore (1-mn)\overrightarrow{BQ}=\overrightarrow{BP}-mn\overrightarrow{BD}\Rightarrow\overrightarrow{BP}=mn\overrightarrow{BD}+(1-mn)\overrightarrow{BQ}$

令 $mn=t$,则有$\overrightarrow{BP}=(1-t)\overrightarrow{BQ}+t\overrightarrow{BD}$

∴ D,P,Q 三点在一条直线上.

3.2.4　利用向量研究“三线共点”问题

例 12　证明三角形的三条高线相交于一点.

如图 3.19,已知 AD,BE,CF 分别是$\triangle ABC$ 的三条高.

求证:AD,BE,CF 相交于一点.

证明:如图 3.19,设 BE 与 CF 相交于点 H,$\overrightarrow{AB}=\vec{a}$,$\overrightarrow{AC}=\vec{b}$,$\overrightarrow{AF}=\lambda_1\vec{a}$,$\overrightarrow{AE}=\lambda_2\vec{b}$,$\overrightarrow{BH}=\lambda_3\overrightarrow{BE}$(其中 $\lambda_1,\lambda_2,\lambda_3\in R$),则有$\overrightarrow{BC}=\vec{b}-\vec{a}$,$\overrightarrow{BE}=\overrightarrow{AE}-\overrightarrow{AB}=\lambda_2\vec{b}-\vec{a}$,$\overrightarrow{CF}=\overrightarrow{AF}-\overrightarrow{AC}=\lambda_1\vec{a}-\vec{b}$,$\overrightarrow{AH}=\overrightarrow{AB}+\overrightarrow{BH}=\overrightarrow{AB}+\lambda_3\overrightarrow{BE}=\vec{a}+\lambda_3(\lambda_2\vec{b}-\vec{a})=(1-\lambda_3)\vec{a}+\lambda_2\lambda_3\vec{b}$.

$$由\left.\begin{matrix}BE\perp AC\\CF\perp AB\end{matrix}\right\}\Rightarrow\left.\begin{matrix}\overrightarrow{BE}\cdot\overrightarrow{AC}=0\\\overrightarrow{CF}\cdot\overrightarrow{AB}=0\end{matrix}\right\}\Rightarrow\left.\begin{matrix}(\lambda_2\vec{b}-\vec{a})\cdot\vec{b}=0\\(\lambda_1\vec{a}-\vec{b})\cdot\vec{a}=0\end{matrix}\right\}\Rightarrow$$

$\lambda_1|\vec{a}|^2=\lambda_2|\vec{b}|^2=\vec{a}\cdot\vec{b}$

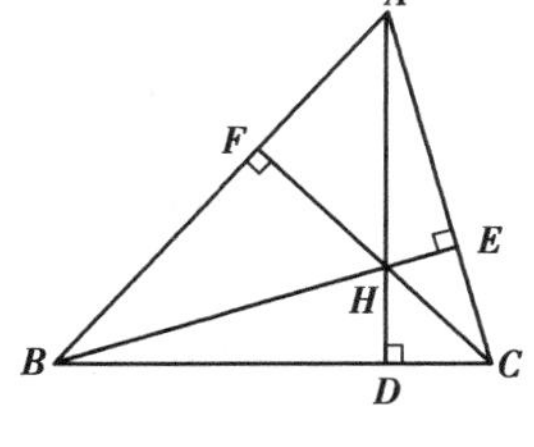

图 3.19

$\therefore \overrightarrow{AH}\cdot\overrightarrow{BC}=[(1-\lambda_3)\vec{a}+\lambda_2\lambda_3\vec{b}]\cdot(\vec{b}-\vec{a})=[(\lambda_3-1)+\lambda_1(1-\lambda_2\lambda_3)]|\vec{a}|^2$

∵ $\overrightarrow{CH}=\overrightarrow{BH}-\overrightarrow{BC}=\lambda_3\overrightarrow{BE}-\overrightarrow{BC}=(1-\lambda_3)\vec{a}+(\lambda_2\lambda_3-1)\vec{b}$,由 $CH\perp AB\Rightarrow$

$\overrightarrow{CH}\cdot\overrightarrow{AB}=0\Rightarrow[(1-\lambda_3)\vec{a}+(\lambda_2\lambda_3-1)\vec{b}]\cdot\vec{a}=0\Rightarrow(\lambda_2\lambda_3-1)\vec{a}\cdot\vec{b}+(1-\lambda_3)+|\vec{a}|^2=0\Rightarrow[(\lambda_3-1)+\lambda_1(1-\lambda_2\lambda_3)]|\vec{a}|^2=0$

$\therefore \overrightarrow{AH}\cdot\overrightarrow{BC}=0$,即 $AH\perp BC$

又$\because AD\perp BC$

$\therefore$ 直线 AD 与直线 AH 重合

$\therefore AD,BE,CF$ 相交于 H 点.

3.2.5 利用向量解决有关线段的长度问题

例 13 求证:平行四边形四边的平方和等于两条对角线的平方和.

如图 3.20,已知 $ABCD$ 是平行四边形.

求证:$2(AB^2+AD^2)=AC^2+BD^2$.

证明:如图 3.20,设$\overrightarrow{AB}=\vec{a},\overrightarrow{AD}=\vec{b}$,则:

$AB^2=|\vec{a}|^2,AD^2=|\vec{b}|^2,\overrightarrow{AC}=\vec{a}+\vec{b},\overrightarrow{DB}=\vec{a}-\vec{b}$

$AC^2=|\vec{a}+\vec{b}|^2=|\vec{a}|^2+2\vec{a}\cdot\vec{b}+|\vec{b}|^2,DB^2=|\vec{a}-\vec{b}|^2=|\vec{a}|^2-2\vec{a}\cdot\vec{b}+|\vec{b}|^2$

$\therefore AC^2+DB^2=2(|\vec{a}|^2+|\vec{b}|^2)=2(AB^2+AD^2)$

即平行四边形四边的平方和等于两条对角线的平方和.

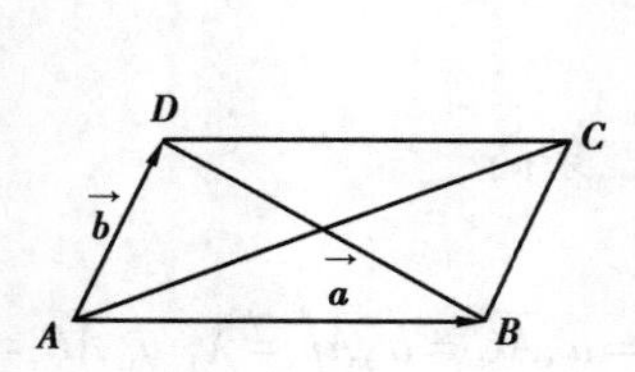

图 3.20

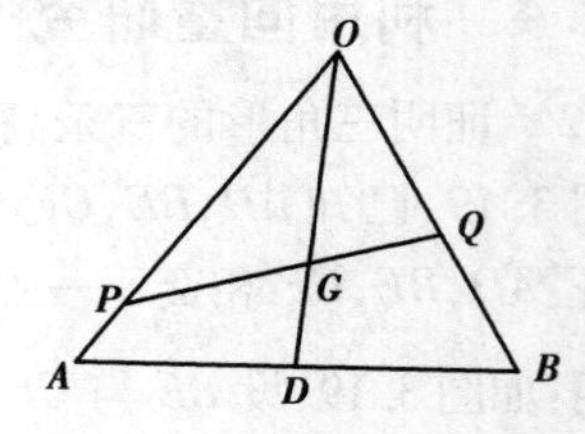

图 3.21

例 14 如图3.21,已知线段 PQ 过$\triangle AOB$ 的重心 G,且 P,Q 分别在 OA,OB 上,设 $OP=m\cdot OA,OQ=n\cdot OB$. 求$\dfrac{1}{m}+\dfrac{1}{n}$的值.

解:设$\overrightarrow{OA}=\vec{a},\overrightarrow{OB}=\vec{b}$,则$\overrightarrow{OP}=m\vec{a},\overrightarrow{OQ}=n\vec{b}$

$\because \overrightarrow{OD}=\dfrac{1}{2}(\overrightarrow{OA}+\overrightarrow{OB})$

$\therefore \overrightarrow{OD}=\dfrac{1}{2}(\vec{a}+\vec{b}),\overrightarrow{OG}=\dfrac{2}{3}\overrightarrow{OD}=\dfrac{1}{3}(\vec{a}+\vec{b}),\overrightarrow{PG}=\overrightarrow{OG}-\overrightarrow{OP}=\dfrac{1}{3}(\vec{a}+\vec{b})-m\vec{a}=\left(\dfrac{1}{3}-m\right)\vec{a}+\dfrac{1}{3}\vec{b},\overrightarrow{PQ}=\overrightarrow{OQ}-\overrightarrow{OP}=n\vec{b}-m\vec{a}$

$\because P,G,Q$ 三点共线

$\therefore$ 存在一个实数 λ,使$\overrightarrow{PG}=\lambda\overrightarrow{PQ}$

$\therefore \left(\dfrac{1}{3}-m\right)\vec{a}+\dfrac{1}{3}\vec{b}=\lambda(n\vec{b}-m\vec{a})$,又$\because \vec{a}$与$\vec{b}$不共线.

$\therefore \begin{cases} \dfrac{1}{3}-m=-\lambda m\cdots\cdots① \\ \dfrac{1}{3}=\lambda n\cdots\cdots② \end{cases}$，由①，②消去 λ 得：$\dfrac{1}{m}+\dfrac{1}{n}=3$.

例 15 如图 3.22，在△ABC 中，$\angle A=90°$，BC 的中点为 M，若在 AB，AC 上分别取点 P，Q，使 $\angle PMQ=90°$.

求证：$PQ^2=BP^2+CQ^2$.

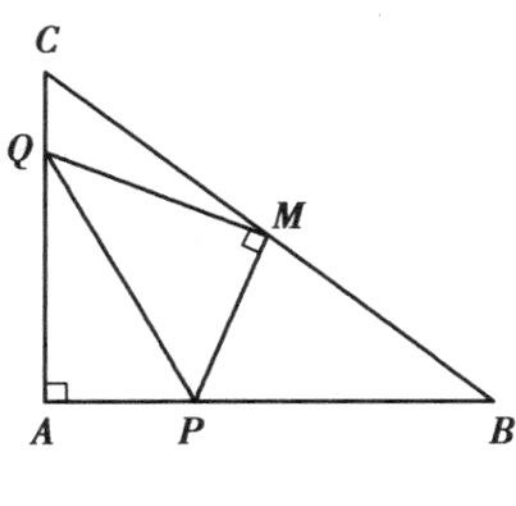

图 3.22

证明：设 $\overrightarrow{MP}=\vec{a}$，$\overrightarrow{MB}=\vec{b}$，$\overrightarrow{MQ}=\vec{c}$. 则

$\overrightarrow{BP}=\overrightarrow{MP}-\overrightarrow{MB}=\vec{a}-\vec{b}$

$\overrightarrow{CQ}=\overrightarrow{MQ}-\overrightarrow{MC}=\overrightarrow{MQ}+\overrightarrow{MB}=\vec{c}+\vec{b}$

$\overrightarrow{PQ}=\overrightarrow{MQ}-\overrightarrow{MP}=\vec{c}-\vec{a}$

$\therefore PQ^2=\overrightarrow{PQ}^2=(\vec{c}-\vec{a})^2=|\vec{c}|^2-2\vec{c}\cdot\vec{a}+|\vec{a}|^2$

$\because \angle PMQ=90°$

$\therefore \vec{c}\cdot\vec{a}=0$

$\therefore PQ^2=|\vec{c}|^2+|\vec{a}|^2$

又$\because BP^2+CQ^2=\overrightarrow{BP}^2+\overrightarrow{CQ}^2=(\vec{a}-\vec{b})^2+(\vec{c}+\vec{b})^2=|\vec{a}|^2+|\vec{c}|^2+2\vec{b}\cdot(\vec{b}+\vec{c}-\vec{a})$

$\because AB\perp AC$

$\therefore BP\perp CQ\Rightarrow\overrightarrow{BP}\cdot\overrightarrow{CQ}=0$，即$(\vec{a}-\vec{b})\cdot(\vec{c}+\vec{b})=0\Rightarrow\vec{a}\cdot\vec{c}+\vec{a}\cdot\vec{b}-\vec{b}\cdot\vec{c}-\vec{b}^2=0$

$\because \vec{c}\cdot\vec{a}=0\Rightarrow\vec{b}\cdot(\vec{b}+\vec{c}-\vec{a})=0$

$\therefore \overrightarrow{BP}^2+\overrightarrow{CQ}^2=(\vec{a}-\vec{b})^2+(\vec{c}+\vec{b})^2=|\vec{a}|^2+|\vec{c}|^2=PQ^2$

$\therefore PQ^2=BP^2+CQ^2$

3.2.6 利用向量解决有关夹角的问题（运用相关公式 $\cos\theta=\dfrac{\vec{a}\cdot\vec{b}}{|\vec{a}|\cdot|\vec{b}|}$ 求夹角）

例 16 等腰三角形 ABC 中，$AB=AC$.

求证：$\angle B=\angle C$.

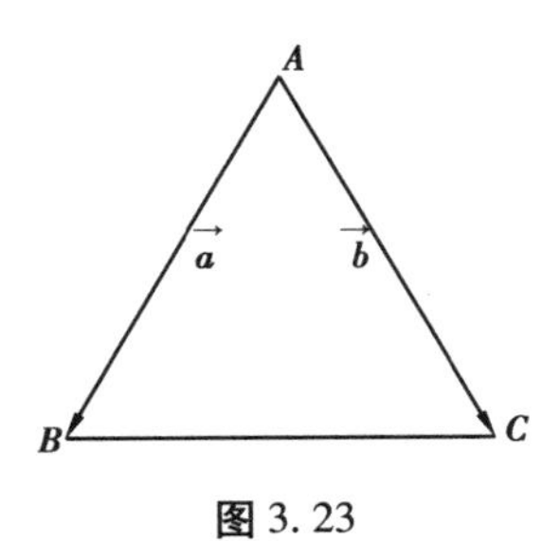

图 3.23

证明：如图 3.23，设 $\overrightarrow{AB}=\vec{a}$，$\overrightarrow{AC}=\vec{b}$，

$\because AB=AC$

$\therefore |\vec{a}|=|\vec{b}|$，$\overrightarrow{BC}=\overrightarrow{AC}-\overrightarrow{AB}=\vec{b}-\vec{a}$

$\overrightarrow{BA} \cdot \overrightarrow{BC} = -\vec{a} \cdot (\vec{b} - \vec{a}) = |\vec{a}|^2 - \vec{a} \cdot \vec{b}$

$\overrightarrow{CA} \cdot \overrightarrow{CB} = -\vec{b} \cdot (\vec{b} - \vec{a}) = |\vec{b}|^2 - \vec{a} \cdot \vec{b} = |\vec{a}|^2 - \vec{a} \cdot \vec{b}$，$\overrightarrow{BA} \cdot \overrightarrow{BC} = \overrightarrow{CA} \cdot \overrightarrow{CB}$，$|\overrightarrow{BA}| \cdot |\overrightarrow{BC}| = |\overrightarrow{CA}| \cdot |\overrightarrow{CB}|$

又∵ $\cos B = \dfrac{\overrightarrow{BA} \cdot \overrightarrow{BC}}{|\overrightarrow{BA}| \cdot |\overrightarrow{BC}|}$，$\cos C = \dfrac{\overrightarrow{CA} \cdot \overrightarrow{CB}}{|\overrightarrow{CA}| \cdot |\overrightarrow{CB}|}$

$\therefore \cos B = \cos C$

$\because 0 < A < \pi, 0 < C < \pi$

$\therefore \angle B = \angle C$

3.3 平面向量在解决三角形问题中的应用

由于向量的运算既涉及线段的长度，又涉及夹角，结合数量积公式能有效地解决一些三角形中的问题，因此向量法也是解决三角形问题的一种有效方法.

定理：一个封闭图形的封闭折线在 y 轴上（或 x 轴上）的投影和等于零.

3.3.1 利用平面向量证明正弦定理

例 1 如图 3.24，已知△ABC 中，$\angle A$，$\angle B$，$\angle C$ 的对边分别为 a,b,c.

求证：$\dfrac{a}{\sin A} = \dfrac{b}{\sin B} = \dfrac{c}{\sin C}$.

证明：如图 3.24，以 AB 为 x 轴，A 为坐标原点建立平面直角坐标系，则封闭折线 $\overrightarrow{ABCA}$ 在 y 轴上的投影和等于零.

$\because \overrightarrow{AB}, \overrightarrow{BC}, \overrightarrow{CA}$ 在 y 轴上的投影分别为 $0, a\sin B, -b\sin A$

$\therefore a\sin B - b\sin A = 0$

$\therefore \dfrac{a}{\sin A} = \dfrac{b}{\sin B}$

若以 BC 为 x 轴，B 为坐标原点，同理可得 $\dfrac{b}{\sin B} = \dfrac{c}{\sin C}$

$\therefore \dfrac{a}{\sin A} = \dfrac{b}{\sin B} = \dfrac{c}{\sin C}$

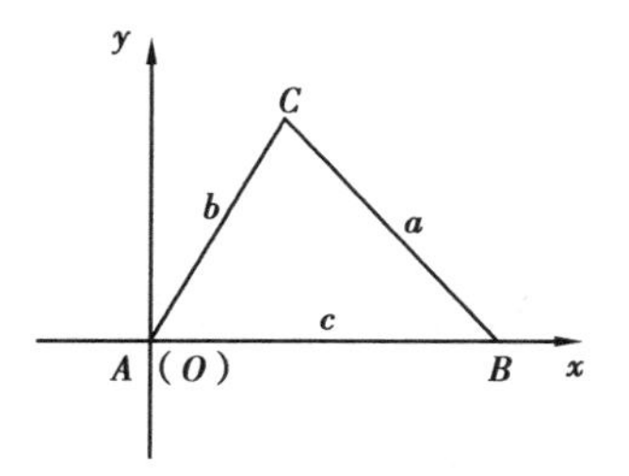

图 3. 24

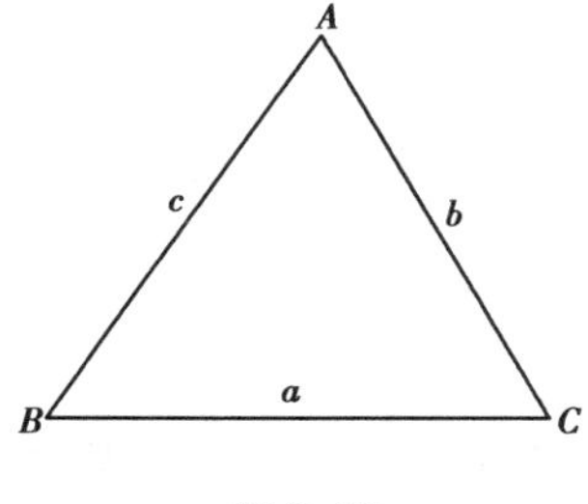

图 3. 25

3. 3. 2 利用平面向量证明余弦定理

例 2 如图 3. 25,已知$\triangle ABC$中,$\angle A$,$\angle B$,$\angle C$的对边分别为a,b,c.

求证:$a^2=b^2+c^2-2bc\cos A$

$b^2=a^2+c^2-2ac\cos B$

$c^2=a^2+b^2-2ab\cos C.$

证明:$\because \overrightarrow{BC}=\overrightarrow{AC}-\overrightarrow{AB}$

$$\begin{aligned}\therefore |\overrightarrow{BC}|^2&=(\overrightarrow{AC}-\overrightarrow{AB})^2\\&=|\overrightarrow{AC}|^2-2\overrightarrow{AC}\cdot\overrightarrow{AB}+|\overrightarrow{AB}|^2\\&=|\overrightarrow{AC}|^2-2|\overrightarrow{AC}|\cdot|\overrightarrow{AB}|\cos A+|\overrightarrow{AB}|^2\end{aligned}$$

即 $a^2=b^2+c^2-2bc\cos A$

同理可证:$b^2=a^2+c^2-2ac\cos B$,$c^2=a^2+b^2-2ab\cos C$

3. 3. 3 利用平面向量推导一个三角形的面积公式

例 3 在$\triangle ABC$中,已知$\overrightarrow{AB}=(m,n)$,$\overrightarrow{AC}=(p,q)$.

求证:$S_{\triangle ABC}=\dfrac{1}{2}|mq-np|$.

证明:
$$\begin{aligned}\because S_{\triangle ABC}&=\frac{1}{2}AB\cdot AC\cdot\sin A\\&=\frac{1}{2}\sqrt{AB^2\cdot AC^2(1-\cos^2 A)}\\&=\frac{1}{2}\sqrt{AB^2\cdot AC^2\left[1-\left(\frac{\overrightarrow{AB}\cdot\overrightarrow{AC}}{|\overrightarrow{AB}|\cdot|\overrightarrow{AC}|}\right)\right]^2}\\&=\frac{1}{2}\sqrt{AB^2\cdot AC^2-(\overrightarrow{AB}\cdot\overrightarrow{AC})^2}\\&=\frac{1}{2}\sqrt{(m^2+n^2)(p^2+q^2)-(mp+nq)^2}\end{aligned}$$

$$=\frac{1}{2}\sqrt{(mq-np)^2}$$

$$\therefore S_{\triangle ABC}=\frac{1}{2}|mq-np|$$

例4 已知$\triangle ABC$的三个顶点坐标分别为$A(1,1)$，$B(5,3)$，$C(4,5)$．求$\triangle ABC$的面积.

解： 由已知条件得$\overrightarrow{AB}=(4,2)$，$\overrightarrow{AC}=(3,4)$，由三角形面积公式$S_{\triangle ABC}=\frac{1}{2}|mq-np|$得：

$$S_{\triangle ABC}=\frac{1}{2}|4\times 4-3\times 2|=5$$

3.3.4 利用平面向量判定三角形的形状

在$\triangle ABC$中，若$\angle A$是最大角，则只需判断$\overrightarrow{AB}\cdot\overrightarrow{AC}$的符号即可确定$\triangle ABC$的形状，因为$\cos A=\dfrac{\overrightarrow{AB}\cdot\overrightarrow{AC}}{|\overrightarrow{AB}|\cdot|\overrightarrow{AC}|}$，所以：

①当$\overrightarrow{AB}\cdot\overrightarrow{AC}=0$时，$\triangle ABC$是直角三角形.

②当$\overrightarrow{AB}\cdot\overrightarrow{AC}>0$时，$\triangle ABC$是锐角三角形.

③当$\overrightarrow{AB}\cdot\overrightarrow{AC}<0$时，$\triangle ABC$是钝角三角形.

例5 已知$\triangle ABC$的三个顶点坐标分别为$A(2,2)$，$B(1,1)$，$C(5,0)$，试判断$\triangle ABC$的形状.

解： 由已知条件$\Rightarrow\overrightarrow{AB}=(-1,-1)$，$\overrightarrow{AC}=(3,2)$，$\overrightarrow{BC}=(4,-1)$，$|\overrightarrow{AB}|=\sqrt{2}$，$|\overrightarrow{AC}|=\sqrt{13}$，$|\overrightarrow{BC}|=\sqrt{17}$，所以$\angle A$是$\triangle ABC$中三个角中的最大角. 因为$\overrightarrow{AB}\cdot\overrightarrow{AC}=-1\times 3+(-1)\times(-2)=-1<0$，所以$\triangle ABC$为非等腰的钝角三角形.

3.3.5 利用平面向量求三角形中的夹角问题

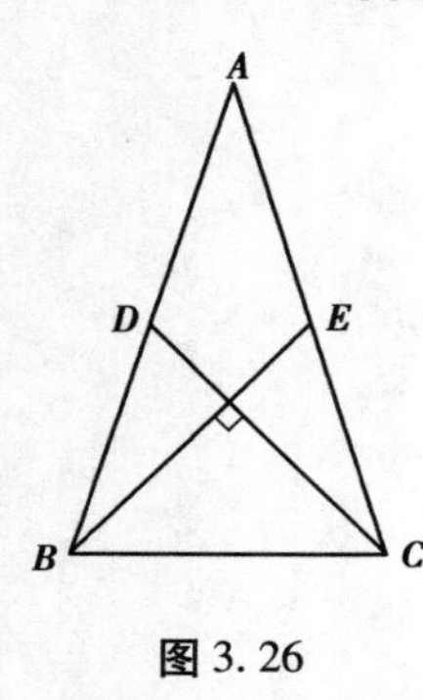

图3.26

例6 如图3.26，等腰三角形ABC中，两腰中线BE与CD相互垂直，求$\angle A$的大小.

解： 设$\overrightarrow{AB}=\vec{a}$，$\overrightarrow{AC}=\vec{b}$

$\because AB=AC$

$\therefore |\vec{a}|=|\vec{b}|$

又$\because E$，D分别为AC，AB的中点

$\therefore \overrightarrow{BE}=\overrightarrow{BA}+\frac{1}{2}\overrightarrow{AC}=-\vec{a}+\frac{1}{2}\vec{b}$，$\overrightarrow{CD}=\overrightarrow{CA}+\frac{1}{2}\overrightarrow{AB}=-\vec{b}+\frac{1}{2}\vec{a}$

$\because BE \perp CD$

$\therefore \overrightarrow{BE} \cdot \overrightarrow{CD} = 0$

$\therefore \left(-\vec{a}+\frac{1}{2}\vec{b}\right) \cdot \left(-\vec{b}+\frac{1}{2}\vec{a}\right) = 0 \Rightarrow \frac{5}{4}\vec{a} \cdot \vec{b} = \frac{1}{2}(|\vec{a}|^2 + |\vec{b}|^2) = |\vec{a}|^2$

$\therefore \vec{a} \cdot \vec{b} = \frac{4}{5}|\vec{a}|^2$

$\because \cos A = \dfrac{\vec{a} \cdot \vec{b}}{|\vec{a}| \cdot |\vec{b}|}, 0 < A < \pi, \cos A = \dfrac{\frac{4}{5}|\vec{a}|^2}{|\vec{a}|^2} = \frac{4}{5}$

$\therefore A = \arccos \frac{4}{5}$

例 7 已知在$\triangle ABC$中,$\overrightarrow{AB} \cdot \overrightarrow{AC} < 0, S_{\triangle ABC} = \frac{15}{4}, AB = 3, AC = 5$,求$\angle A$的大小.

解:由$\overrightarrow{AB} \cdot \overrightarrow{AC} < 0$,知$\angle A > 90°$

又$\because S_{\triangle ABC} = \frac{1}{2}AB \cdot AC \cdot \sin\angle A = \frac{15}{4}$

$\therefore \sin\angle A = \frac{1}{2}$, $\angle A = 30°$或$150°$,而$\angle A > 90°$

$\therefore \angle A = 150°$

例 8 (2011 年上海市高中数学竞赛题)如图 3.27,在三角形 ABC 中,点 O 为 BC 的中点,点 M,N 分别在边 AB,AC 上,且 $AM = 6, MB = 4, NC = 3, \angle MON = 90°$,求$\angle A$的大小.

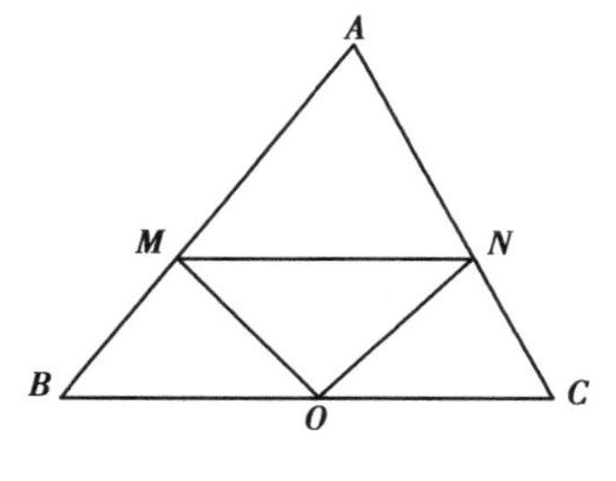

图 3.27

解:$\overrightarrow{MO} = \overrightarrow{MB} + \overrightarrow{BO} = \frac{2}{5}\overrightarrow{AB} + \frac{1}{2}(\overrightarrow{AC} - \overrightarrow{AB}) = \frac{1}{2}\overrightarrow{AC} - \frac{1}{10}\overrightarrow{AB}$,同理可得$\overrightarrow{NO} = \frac{1}{2}\overrightarrow{AB} - \frac{1}{14}\overrightarrow{AC}$. 由$\angle MON = 90°$得$\overrightarrow{MO} \cdot \overrightarrow{NO} = 0$,所以$\left(\frac{1}{2}\overrightarrow{AC} - \frac{1}{10}\overrightarrow{AB}\right) \cdot \left(\frac{1}{2}\overrightarrow{AB} - \frac{1}{14}\overrightarrow{AC}\right) = 0$,即$\frac{9}{35}\overrightarrow{AB} \cdot \overrightarrow{AC} - \frac{1}{20}\overrightarrow{AB}^2 - \frac{1}{28}\overrightarrow{AC}^2 = 0$,由此得

$\frac{9}{35} \times 10 \times 7 \times \cos A - \frac{1}{20} \times 10^2 - \frac{1}{28} \times 7^2 = 0$

所以$\cos A = \frac{3}{8}$, $\angle A = \arccos \frac{3}{8}$

3.4 向量的向量积在平面几何中的应用

利用向量的向量积来研究平面几何中的“面积、距离、等边三角形、等腰三角形、等腰直角三角形”等问题是极其方便，十分有效的. 下面通过具体的例子来说明.

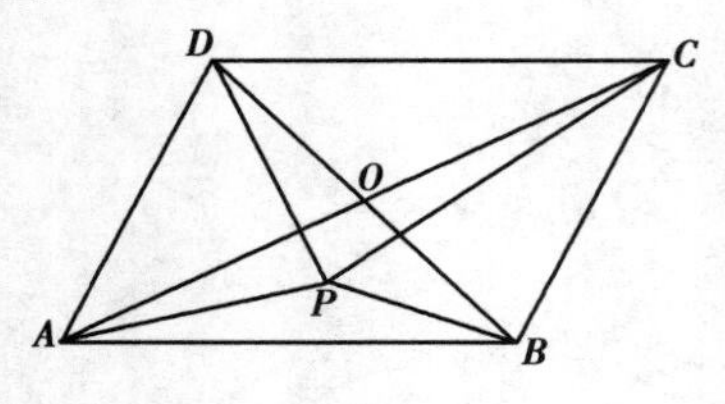

图 3.28

例 1 如图 3.28，已知平行 $ABCD$ 的对角线交点为 O，P 为三角形 AOB 内的任意一点.

求证：$S_{\triangle PCD}-S_{\triangle PAB}=S_{\triangle PAC}+S_{\triangle PBD}$.

证明：设 $\overrightarrow{AB}=\vec{a}$，$\overrightarrow{AD}=\vec{b}$，$\overrightarrow{AP}=\vec{c}$，则

$\overrightarrow{DP}=\vec{c}-\vec{b}$，$\overrightarrow{DB}=\vec{a}-\vec{b}$，$\overrightarrow{AC}=\vec{a}+\vec{b}$

$$S_{\triangle PAB}=\frac{1}{2}|\overrightarrow{AB}\times\overrightarrow{AP}|=\frac{1}{2}|\vec{a}\times\vec{c}|$$

$$S_{\triangle PCD}=\frac{1}{2}|\overrightarrow{DP}\times\overrightarrow{DC}|=\frac{1}{2}|(\vec{c}-\vec{b})\times\vec{a}|=\frac{1}{2}|\vec{c}\times\vec{a}-\vec{b}\times\vec{a}|$$

$\because$ 向量$\overrightarrow{AB}\times\overrightarrow{AP}$与$\overrightarrow{DP}\times\overrightarrow{DC}$共线且同向，即向量$\vec{c}\times\vec{a}-\vec{b}\times\vec{a}$与$\vec{a}\times\vec{c}$共线且同向

$$\therefore S_{\triangle PCD}-S_{\triangle PAB}=\frac{1}{2}|\vec{c}\times\vec{a}-\vec{b}\times\vec{a}-\vec{a}\times\vec{c}|=\frac{1}{2}|2\,\vec{c}\times\vec{a}-\vec{b}\times\vec{a}|$$

同理 $S_{\triangle PAC}=\frac{1}{2}|\overrightarrow{AP}\times\overrightarrow{AC}|=\frac{1}{2}|\vec{c}\times(\vec{a}+\vec{b})|=\frac{1}{2}|\vec{c}\times\vec{a}+\vec{c}\times\vec{b}|$

$$S_{\triangle PBD}=\frac{1}{2}|\overrightarrow{DP}\times\overrightarrow{DB}|=\frac{1}{2}|(\vec{c}-\vec{b})\times(\vec{a}-\vec{b})|=\frac{1}{2}|\vec{c}\times\vec{a}-\vec{c}\times\vec{b}-\vec{b}\times\vec{a}|$$

$\because$ $\overrightarrow{AP}\times\overrightarrow{AC}$与$\overrightarrow{DP}\times\overrightarrow{DB}$共线且同向，即$\vec{c}\times\vec{a}+\vec{c}\times\vec{b}$与$\vec{c}\times\vec{a}-\vec{c}\times\vec{b}-\vec{b}\times\vec{a}$共线且同向

$$\therefore S_{\triangle PAC}+S_{\triangle PBD}=\frac{1}{2}|(\vec{c}\times\vec{a}+\vec{c}\times\vec{b})+(\vec{c}\times\vec{a}-\vec{c}\times\vec{b}-\vec{b}\times\vec{a})|=\frac{1}{2}|2\,\vec{c}\times\vec{a}-\vec{b}\times\vec{a}|$$

$$\therefore S_{\triangle PCD}-S_{\triangle PAB}=S_{\triangle PAC}+S_{\triangle PBD}$$

例 2 如图 3.29，已知 D,E,F 分别为 $\triangle ABC$ 的各边 AB,BC,CA 的延长线上的点，且满足 $AB=BD$，$BC=CE$，$CA=AF$.

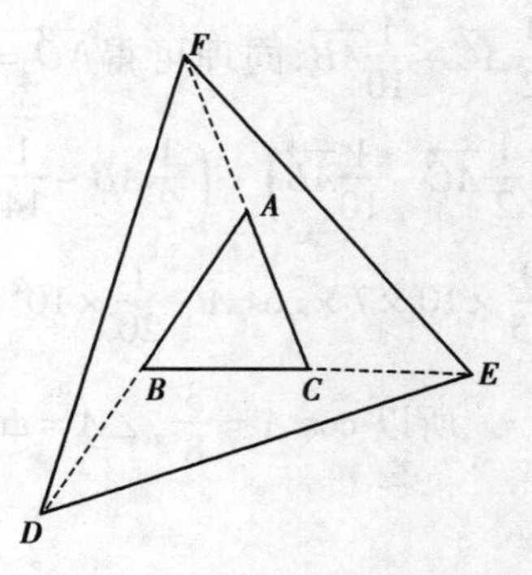

图 3.29

求证：$S_{\triangle DEF}=7S_{\triangle ABC}$.

证明：设 $\overrightarrow{AB}=\vec{a}$，$\overrightarrow{AC}=\vec{b}$，则

$$\overrightarrow{DE}=\overrightarrow{DB}+\overrightarrow{BE}=-\overrightarrow{AB}+2\overrightarrow{BC}=-\overrightarrow{AB}+2(\overrightarrow{AC}-\overrightarrow{AB})=2\overrightarrow{AC}-3\overrightarrow{AB}=2\vec{b}-3\vec{a}$$

$$\overrightarrow{DF}=\overrightarrow{DA}+\overrightarrow{AF}=-2\overrightarrow{AB}-\overrightarrow{AC}=-2\vec{a}-\vec{b}$$

$\therefore S_{\triangle DEF}=\frac{1}{2}|\overrightarrow{DE}\times\overrightarrow{DF}|=\frac{1}{2}|(-2\vec{a}-\vec{b})\times(2\vec{b}-3\vec{a})|=\frac{7}{2}|\vec{a}\times\vec{b}|$，$S_{\triangle ABC}=\frac{1}{2}|\overrightarrow{AB}\times\overrightarrow{AC}|=\frac{1}{2}|\vec{a}\times\vec{b}|$

$\therefore S_{\triangle DEF}=7S_{\triangle ABC}$

评述:平面几何中有很多关于面积的问题,而有关面积常常可以用有关向量的向量积的模来表示,所以利用向量的向量积来解决有关面积的问题是一种很有效的方法.

例3 如图3.30,O为等边三角形ABC内任意一点,点到O三边AB,CA,BC的距离分别为OD,OE,OF.

求证:$OD+OE+OF$为定值.

证明:设$\overrightarrow{AB}=\vec{a},\overrightarrow{AC}=\vec{b},\overrightarrow{AO}=\vec{c}$,则$|\vec{a}|=|\vec{b}|=|\overrightarrow{BC}|$,$\overrightarrow{BO}=\overrightarrow{AO}-\overrightarrow{AB}=\vec{c}-\vec{a}$,$\overrightarrow{BC}=\overrightarrow{AC}-\overrightarrow{AB}=\vec{b}-\vec{a}$.

$\because OD=\frac{2S_{\triangle AOB}}{AB},OE=\frac{2S_{\triangle AOC}}{AC},OF=\frac{2S_{\triangle BOC}}{BC}$

$\therefore OD=\frac{|\overrightarrow{AB}\times\overrightarrow{AO}|}{AB}=\frac{|\vec{a}\times\vec{c}|}{|\vec{a}|},OE=\frac{|\overrightarrow{AO}\times\overrightarrow{AC}|}{AC}=\frac{|\vec{c}\times\vec{b}|}{|\vec{b}|}=\frac{|\vec{c}\times\vec{b}|}{|\vec{a}|}$

$$OF=\frac{|\overrightarrow{BC}\times\overrightarrow{BO}|}{BC}=\frac{|(\vec{b}-\vec{a})\times(\vec{c}-\vec{a})|}{|\vec{a}|}=\frac{|\vec{b}\times\vec{c}-\vec{b}\times\vec{a}-\vec{a}\times\vec{c}|}{|\vec{a}|}$$

$\because$ 向量$\overrightarrow{AB}\times\overrightarrow{AO},\overrightarrow{AO}\times\overrightarrow{AC},\overrightarrow{BC}\times\overrightarrow{BO}$共线且同向,即向量$\vec{a}\times\vec{c},\vec{c}\times\vec{b},\vec{b}\times\vec{c}-\vec{b}\times\vec{a}-\vec{a}\times\vec{c}$共线且同向

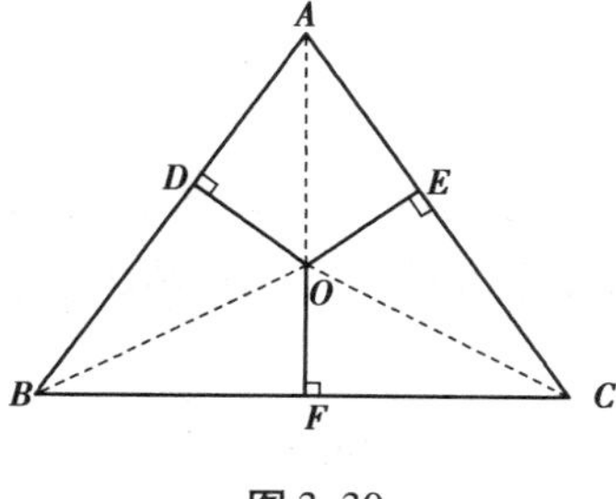

图3.30

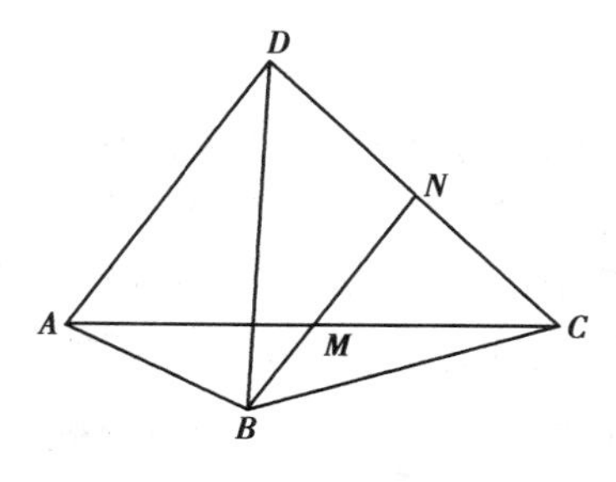

图3.31

$$\therefore OD+OE+OF=\frac{|(\vec{a}\times\vec{c})+(\vec{c}\times\vec{b})+(\vec{b}\times\vec{c}-\vec{b}\times\vec{a}-\vec{a}\times\vec{c})|}{|\vec{a}|}$$

$$=\frac{|\vec{a}\times\vec{b}|}{|\vec{a}|}=\frac{|\vec{a}|\cdot|\vec{b}|\sin 60^\circ}{|\vec{a}|}=\frac{\sqrt{3}}{2}|\vec{a}|$$

$\therefore OD+OE+OF$ 为定值.

例 4　如图 3.31,四边形 $ABCD$ 满足 $S_{\triangle ABD}:S_{\triangle BCD}:S_{\triangle ABC}=3:4:1$,点 M,N 分别为 AC,CD 上的点,且满足条件 $AM:AC=CN:CD$,且 B,M,N 三点共线.

求证:M,N 分别为 AC,CD 的中点.

证明:设 $\overrightarrow{BA}=\vec{a},\overrightarrow{BC}=\vec{b},\overrightarrow{BD}=\vec{c}$,则由已知条件 $S_{\triangle ABD}:S_{\triangle BCD}:S_{\triangle ABC}=3:4:1\Rightarrow$ $|\vec{c}\times\vec{a}|:|\vec{b}\times\vec{c}|:|\vec{b}\times\vec{a}|=3:4:1$.

令 $\vec{b}\times\vec{a}=\vec{e}$

$\because$ 向量 $\vec{c}\times\vec{a},\vec{b}\times\vec{c},\vec{b}\times\vec{a}$ 共线且同向

$\therefore \vec{c}\times\vec{a}=3\vec{e},\vec{b}\times\vec{c}=4\vec{e}$

又设 $AM:AC=CN:CD=\lambda$(λ 为实数),则 $\overrightarrow{AM}=\lambda\overrightarrow{AC}=\lambda(\vec{b}-\vec{a})$,$\overrightarrow{BM}=\overrightarrow{BA}+\overrightarrow{AM}=\vec{a}+\lambda(\vec{b}-\vec{a})=\lambda\vec{b}+(1-\lambda)\vec{a}$,$\overrightarrow{CN}=\lambda\overrightarrow{CD}=\lambda(\vec{c}-\vec{b})$,$\overrightarrow{BN}=\overrightarrow{BC}+\overrightarrow{CN}=\vec{b}+\lambda(\vec{c}-\vec{b})=\lambda\vec{c}+(1-\lambda)\vec{b}$

$\because B,M,N$ 三点共线

$\therefore \overrightarrow{BM}\times\overrightarrow{BN}=\vec{0}$,即 $[\lambda\vec{b}+(1-\lambda)\vec{a}]\times[\lambda\vec{c}+(1-\lambda)\vec{b}]=\vec{0}\Rightarrow\lambda^2\vec{b}\times\vec{c}+\lambda(1-\lambda)\vec{a}\times\vec{c}+(1-\lambda)^2\vec{a}\times\vec{b}=\vec{0}\Rightarrow 4\lambda^2\vec{e}-3\lambda(1-\lambda)\vec{e}-(1-\lambda)^2\vec{e}=\vec{0}$

$\therefore [4\lambda^2-3\lambda(1-\lambda)-(1-\lambda)^2]\vec{e}=\vec{0}$

$\because \vec{e}\neq\vec{0}$,$4\lambda^2-3\lambda(1-\lambda)-(1-\lambda)^2=0\Rightarrow 6\lambda^2-\lambda-1=0\Rightarrow\lambda=\frac{1}{2}$ 或 $\Rightarrow\lambda=-\frac{1}{3}$(舍去)

$\therefore M,N$ 分别为 AC,CD 的中点.

例 5　如图 3.32,四边形 $ABCD$ 是任意四边形,分别以 BC,AD 为边向四边形外部作正方形 $BEFC,ADSM$,再分别以 AC,BD 为边作正方形 $ACGP,BDRQ$.

求证:四边形 $MEQP$ 是平行四边形.

证明:设 $|\vec{e}|=1$,$\vec{e}\perp$ 平面 $ABCD$ 且方向向上,$\overrightarrow{AB}=\vec{a},\overrightarrow{BC}=\vec{b},\overrightarrow{CD}=\vec{c}$,则 $\overrightarrow{AD}=\vec{a}+\vec{b}+\vec{c}$,$\overrightarrow{AC}=\vec{a}+\vec{b}$,$\overrightarrow{BD}=\vec{b}+\vec{c}$

$\overrightarrow{BC}\xrightarrow{R(B,\,-90^\circ)}\overrightarrow{BE}=-\vec{e}\times\overrightarrow{BC}=-\vec{e}\times\vec{b}$

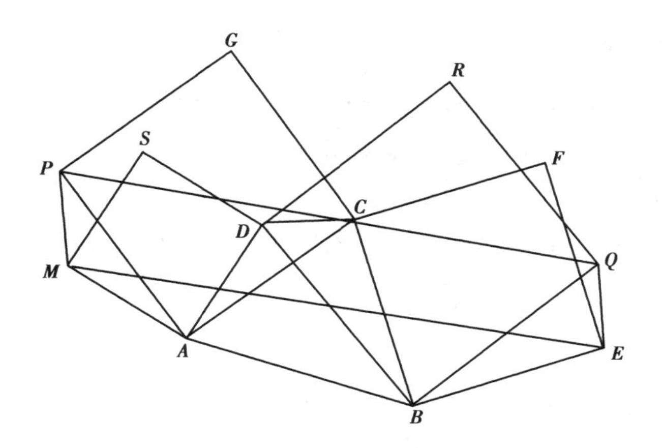

图 3.32

$\overrightarrow{AD} \xrightarrow{R(B,90°)} \overrightarrow{AM} = \vec{e} \times \overrightarrow{AD} = \vec{e} \times (\vec{a} + \vec{b} + \vec{c})$

$\overrightarrow{AC} \xrightarrow{R(B,90°)} \overrightarrow{AP} = \vec{e} \times \overrightarrow{AC} = \vec{e} \times (\vec{a} + \vec{b})$

$\overrightarrow{BD} \xrightarrow{R(B,-90°)} \overrightarrow{BQ} = -\vec{e} \times \overrightarrow{BD} = -\vec{e} \times (\vec{b} + \vec{c})$

$\therefore \overrightarrow{EM} = \overrightarrow{EB} + \overrightarrow{BA} + \overrightarrow{AM} = \vec{e} \times \vec{b} - \vec{a} + \vec{e} \times (\vec{a} + \vec{b} + \vec{c}) = \vec{e} \times (\vec{a} + 2\vec{b} + \vec{c}) - \vec{a}$

$\overrightarrow{QP} = \overrightarrow{QB} + \overrightarrow{BA} + \overrightarrow{AP} = \vec{e} \times (\vec{b} + \vec{c}) - \vec{a} + \vec{e} \times (\vec{a} + \vec{b}) = \vec{e} \times (\vec{a} + 2\vec{b} + \vec{c}) - \vec{a}$

$\therefore \overrightarrow{EM} = \overrightarrow{QP}$

$\therefore$ 四边形 $MEQP$ 是平行四边形.

例 6 如图 3.33，$\triangle ABC$ 和 $\triangle ADE$ 是两个等腰直角三角形，$\angle ABC = \angle ADE = 90°$，现在固定 $\triangle ABC$，而将 $\triangle ADE$ 绕 A 点在平面上旋转.

求证：不论 $\triangle ADE$ 旋转到什么位置，线段 EC 上必然存在点 M，使 $\triangle BMD$ 为等腰直角三角形.

证明： 设 $|\vec{e}| = 1$，$\vec{e} \perp$ 平面 ABC，$\vec{e}$ 的方向上，又设 $\overrightarrow{BA} = \vec{a}$，$\overrightarrow{DE} = \vec{b}$，则：

$\overrightarrow{BA} \xrightarrow{R(B,90°)} \overrightarrow{BC} = \vec{e} \times \overrightarrow{BA} = \vec{e} \times \vec{a}$

$\overrightarrow{DE} \xrightarrow{R(D,90°)} \overrightarrow{DA} = \vec{e} \times \overrightarrow{DE} = \vec{e} \times \vec{b}$

$\overrightarrow{AC} = \overrightarrow{BC} - \overrightarrow{BA} = \vec{e} \times \vec{a} - \vec{a}$

$\overrightarrow{AE} = \overrightarrow{DE} - \overrightarrow{DA} = \vec{b} - \vec{e} \times \vec{b}$

$\overrightarrow{CE} = \overrightarrow{AE} - \overrightarrow{AC} = \vec{b} - \vec{e} \times \vec{b} - \vec{e} \times \vec{a} + \vec{a} = (\vec{a} + \vec{b}) - \vec{e} \times (\vec{a} + \vec{b})$，令 $\overrightarrow{CM} = \lambda \overrightarrow{CE}$ $(0 \leqslant \lambda \leqslant 1)$

$\therefore \overrightarrow{CM} = \lambda \left[(\vec{a} + \vec{b}) - \vec{e} \times (\vec{a} + \vec{b}) \right]$

$\because \overrightarrow{MB}=\overrightarrow{CB}-\overrightarrow{CM}$

$\therefore \overrightarrow{MB}=-\vec{e}\times\vec{a}-\lambda[(\vec{a}+\vec{b})-\vec{e}\times(\vec{a}+\vec{b})]=(\lambda-1)\vec{e}\times\vec{a}+\lambda\,\vec{e}\times\vec{b}-\lambda(\vec{a}+\vec{b})$

$\therefore \vec{e}\times\overrightarrow{MB}=(1-\lambda)\vec{a}-\lambda\,\vec{b}-\lambda\,\vec{e}\times(\vec{a}+\vec{b})$

$\because \overrightarrow{MD}=\overrightarrow{ME}+\overrightarrow{ED}$

$\therefore \overrightarrow{MD}=(1-\lambda)\overrightarrow{CE}-\vec{b}=(1-\lambda)[(\vec{a}+\vec{b})-\vec{e}\times(\vec{a}+\vec{b})]-\vec{b}=(1-\lambda)\vec{a}-\lambda\,\vec{b}-\vec{e}\times(\vec{a}+\vec{b})+\lambda\,\vec{e}\times(\vec{a}+\vec{b})$

令$\vec{e}\times\overrightarrow{MB}=\overrightarrow{MD}$,则:

$(1-\lambda)\vec{a}-\lambda\,\vec{b}-\lambda\,\vec{e}\times(\vec{a}+\vec{b})=(1-\lambda)\vec{a}-\lambda\,\vec{b}-\vec{e}\times(\vec{a}+\vec{b})+\lambda\,\vec{e}\times(\vec{a}+\vec{b})$

$\therefore 2\lambda\,\vec{e}\times(\vec{a}+\vec{b})=\vec{e}\times(\vec{a}+\vec{b})$

$\therefore 2\lambda=1$,即 $\lambda=\dfrac{1}{2}$

$\therefore$ 无论$\triangle ADE$旋转到什么位置,当M点为EC的中点时,$\triangle BMD$总为等腰直角三角形.

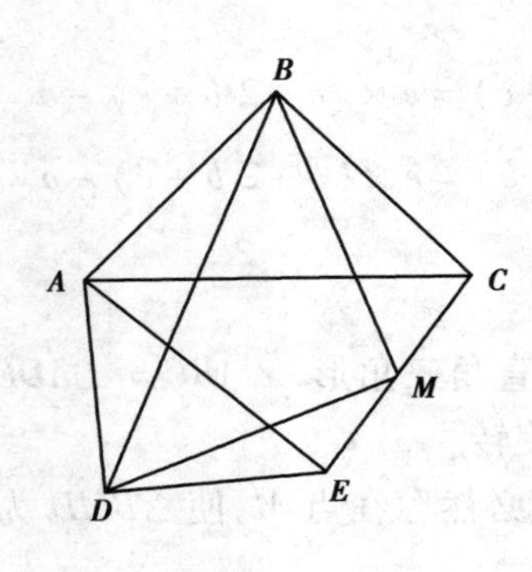

图 3.33

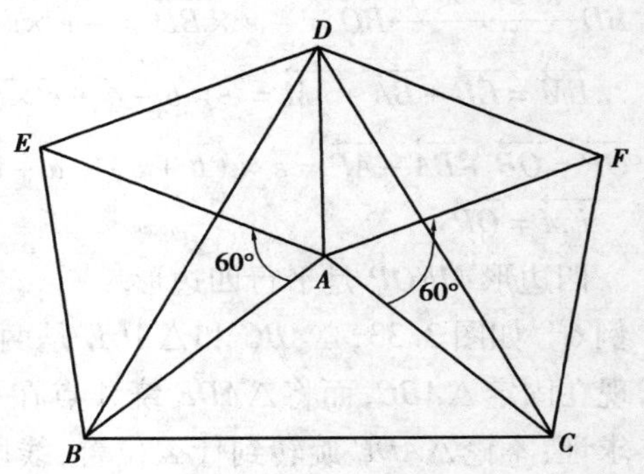

图 3.34

例 7 如图 3.34,$\triangle ABE$和$\triangle ACF$都是等边三角形,四边形$AEDF$是平行四边形.

求证:$\triangle DBC$也是等边三角形.

证明: 设$\overrightarrow{AB}=\vec{a}$,$\overrightarrow{AC}=\vec{b}$,则:

$\overrightarrow{AB}\xrightarrow{R(B,-60^\circ)}\overrightarrow{AE}=\overrightarrow{AB}\cos 60^\circ-\vec{e}\times\overrightarrow{AB}\sin 60^\circ=\dfrac{1}{2}\vec{a}-\dfrac{\sqrt{3}}{2}\vec{e}\times\vec{a}$

$\overrightarrow{AC}\xrightarrow{R(B,60^\circ)}\overrightarrow{AF}=\overrightarrow{AC}\cos 60^\circ+\vec{e}\times\overrightarrow{AC}\sin 60^\circ=\dfrac{1}{2}\vec{b}+\dfrac{\sqrt{3}}{2}\vec{e}\times\vec{b}$

$\because$ 四边形$AEDF$是平行四边形

$\therefore \overrightarrow{FD}=\overrightarrow{AE}\Rightarrow\overrightarrow{BD}=\overrightarrow{AD}-\overrightarrow{AB}=(\overrightarrow{FD}+\overrightarrow{AF})-\vec{a}$

$=\left(\frac{1}{2}\vec{a}-\frac{\sqrt{3}}{2}\vec{e}\times\vec{a}\right)+\left(\frac{1}{2}\vec{b}+\frac{\sqrt{3}}{2}\vec{e}\times\vec{b}\right)-\vec{a}$

$=\frac{1}{2}(\vec{b}-\vec{a})+\frac{\sqrt{3}}{2}\vec{e}\times(\vec{b}-\vec{a})$

$\because \overrightarrow{BC}=\overrightarrow{AC}-\overrightarrow{AB}=\vec{b}-\vec{a}$,不妨将$\overrightarrow{BC}$绕 B 点按逆时针方向旋转 60°所得向量记为$\overrightarrow{BC'}$,则:

$\overrightarrow{BC'}=\overrightarrow{BC}\cos 60°+\vec{e}\times\overrightarrow{BC}\sin 60°=\frac{1}{2}(\vec{b}-\vec{a})+\frac{\sqrt{3}}{2}\vec{e}\times(\vec{b}-\vec{a})$

$\therefore \overrightarrow{BC'}=\overrightarrow{BD}$

$\therefore \overrightarrow{BD}$是将$\overrightarrow{BC}$绕 B 点按逆时针方向旋转 60°所得向量.

$\therefore \triangle DBC$ 也是等边三角形.

评述:平面几何中有很多关于等腰直角三角形、等边三角形、等腰三角形的问题,而有关这些问题利用向量的旋转来解决是十分有效的.

习题 3

1. 利用向量法证明:平行四边形两条对角线的平方和等于四边的平方和.

2. 已知 M 为 $\triangle ABC$ 的边 BC 的中点,用向量法证明:$AB^2+AC^2=2(AM^2+BM^2)$.

3. 在 $\triangle ABC$ 中,$\angle B=\angle C$,用向量法证明:$AB=AC$.

4. 在 $\mathrm{Rt}\triangle ABC$ 中,若从直角顶点 A 向斜边 BC 作垂线 AD,用向量法证明:

(1) $AB^2=BD\cdot BC$

(2) $AC^2=CD\cdot BC$

(3) $AD^2=BD\cdot DC$

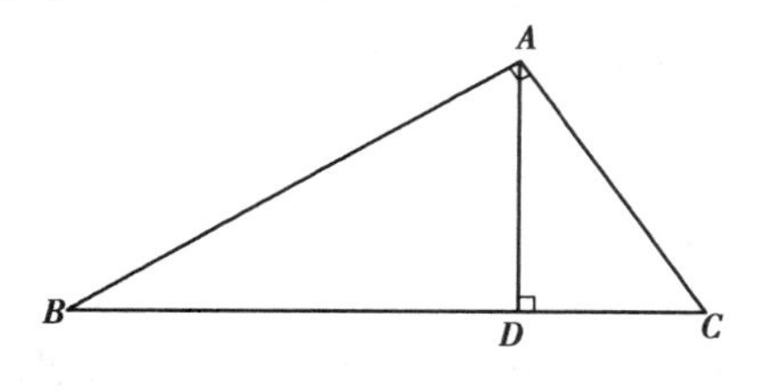

题 3.4

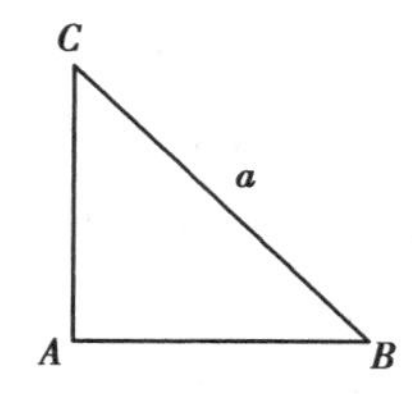

题 3.5

5. 如图,在 $\mathrm{Rt}\triangle ABC$ 中,已知 $BC=a$,若长为 $2a$ 的线段 PQ 以点 A 为中点,问$\overrightarrow{PQ}$与$\overrightarrow{BC}$的夹角 θ 取何值时$\overrightarrow{BP}\cdot\overrightarrow{CQ}$的值最大?并求出这个最大值.

6. (2010 年高考天津理科卷)如图,在 $\triangle ABC$ 中,$AD\perp AB$,$\overrightarrow{BC}=\sqrt{3}\,\overrightarrow{BD}$,$AD=1$,

则$\overrightarrow{AC}\cdot\overrightarrow{AD}=$____________.

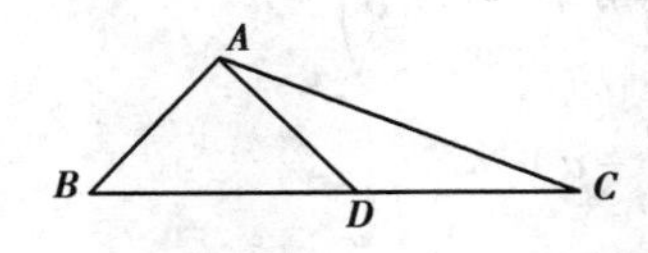

题 3.6

7.(2011 年高考上海理科卷)在正三角形 ABC 中,D 是边 BC 上的点,且 $AB=3$,$BD=1$,则$\overrightarrow{AB}\cdot\overrightarrow{AD}$的值为____________.

8. 在$\triangle ABC$ 中,$AB=3$,$AC=5$,若 O 为$\triangle ABC$ 的外心,则$\overrightarrow{AO}\cdot\overrightarrow{BC}$的数量积为____________.

9. 如图,在平行四边形 $ABCD$ 中,已知 $AB=2$,$AD=1$,$\angle DAB=60°$,点 M 为 AB 的中点,点 P 在 BC 与 CD 上运动(包括端点),则$\overrightarrow{AP}\cdot\overrightarrow{DM}$的取值范围为____________.

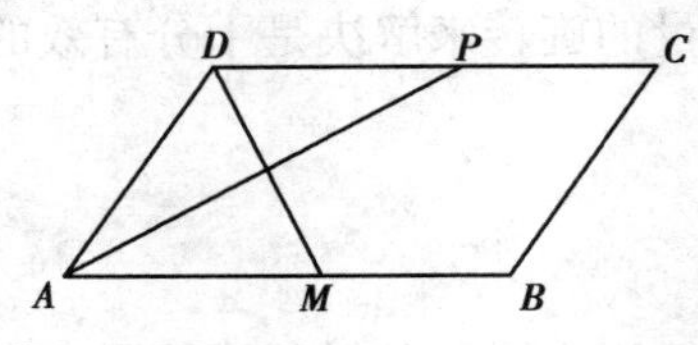

题 3.9

10. 在$\triangle ABC$ 中,O 为其内部一点,且满足$\overrightarrow{OA}+\overrightarrow{OC}+3\overrightarrow{OB}=\vec{0}$,则$\dfrac{S_{\triangle AOC}}{S_{\triangle AOB}}=$____________.

11. 如图,在$\triangle ABC$ 中,点 O 是 BC 的中点,过点 O 的直线分别交 AB,AC 于不同的两点 M,N,若 $AB=mAM$,$AC=nAN$. 求 $m+n$ 的值.

12. 如图,已知 E 为平行四边形 $ABCD$ 的边 CD 上的一点,且使 $CE:ED=1:2$,F 为对角线 AC 上的点,使 $CF:FA=1:3$. 求证:E,F,B 三点共线.

13. 已知$\triangle ABC$ 中,$\angle A$,$\angle B$,$\angle C$ 的对边分别为 a,b,c 求证:

(1)$c=a\cos B+b\cos A$.

(2)$a=c\cos B+b\cos C$.

(3)$b=a\cos C+c\cos A$.

14. 如图,M 是$\triangle ABC$ 的 BC 边的中点,D 是 AM 的中点,E 是 BD 的中点,F 是 CE 的中点. 求证:$S_{\triangle ABC}=8S_{\triangle DEF}$.

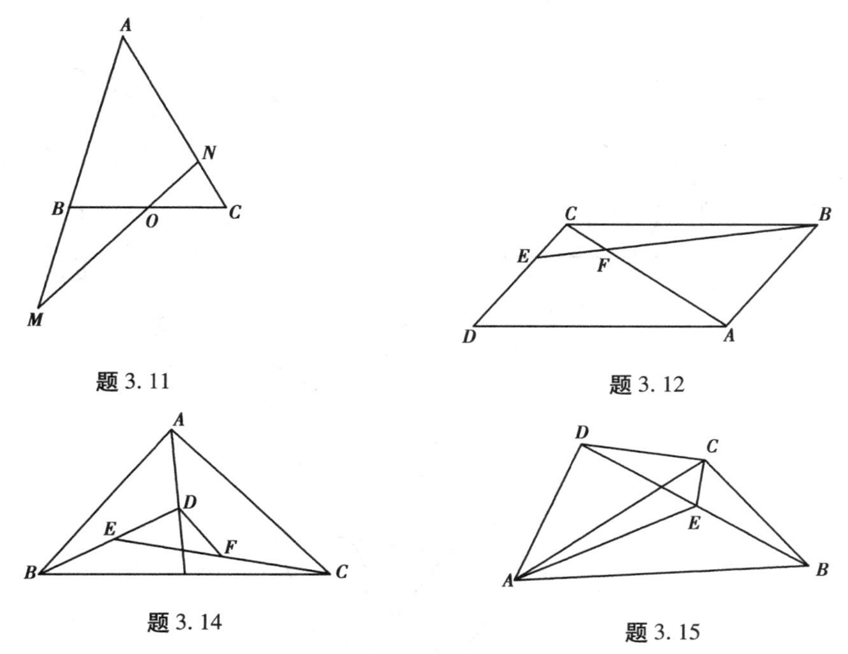

题 3.11　　题 3.12

题 3.14　　题 3.15

15. 如图,E 是四边形 $ABCD$ 的对角线 BD 的中点.

求证:$S_{\triangle ACE}=\left|S_{\triangle ABC}-S_{\triangle ACD}\right|$.

16. 求证:连接任意四边形各边中点所成的四边形的面积等于原四边形的面积的一半.

17. 如图,A,B 是直线 l 同侧的动点,四边形 $ACEM$ 和 $BNFC$ 都是正方形,线段 MN 的中点为 P. 求证:P 是定点.

18. 如图,在$\triangle ABC$ 中,分别以$\triangle ABC$ 的各边为一边向外作正方形 $ABMH$,正方形 $ACNG$,正方形 $BCDE$,再分别以 BM,BE 及 CN,CD 为邻边作平行四边形 $BMPE$ 及平行四边形 $CNQD$. 求证:$\triangle PAQ$ 是等腰直角三角形.

19. 已知$\triangle ABC$ 为任意三角形,分别以 BC,CA,AB 为一边向外侧作正三角形 BA_1C,正三角形 CB_1A 及正三角形 AC_1B,它们的重心分别为 O_1,O_2 和 O_3. 求证:$\triangle O_1O_2O_3$ 为正三角形.

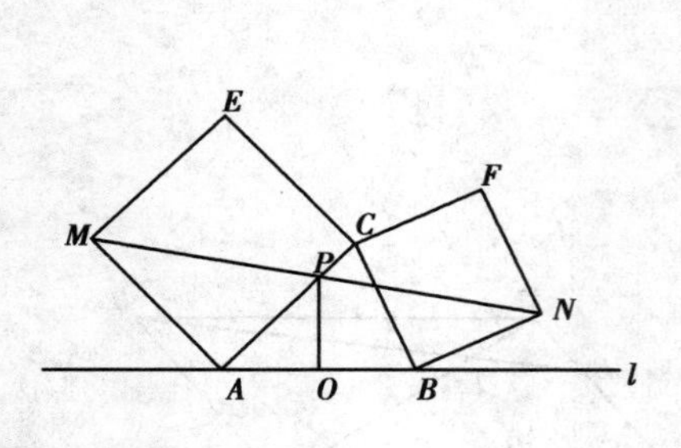

题 3.17

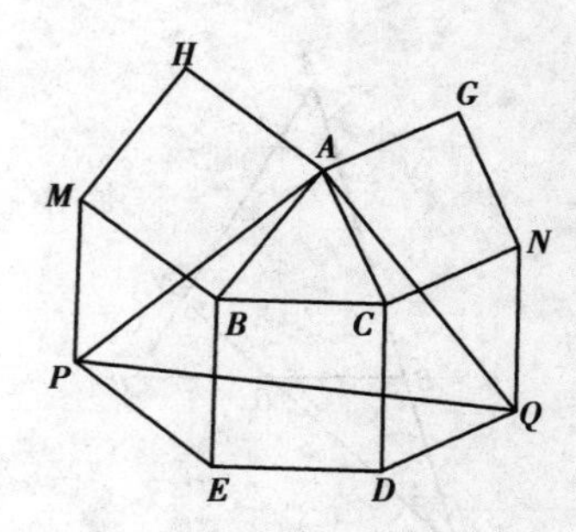

题 3.18

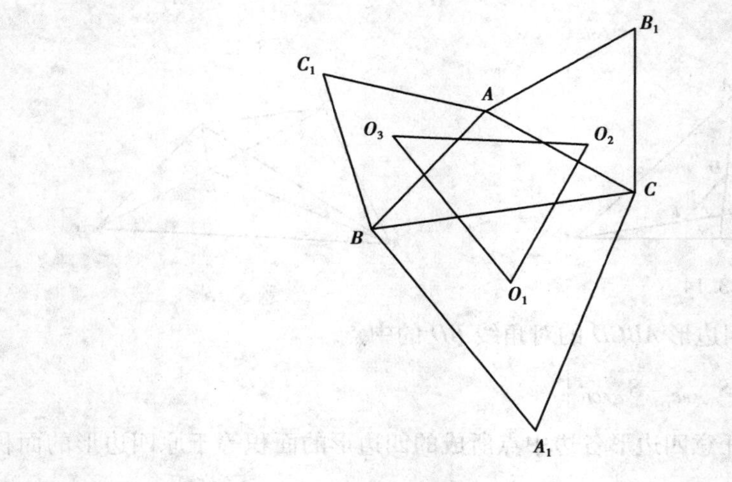

题 3.19

20. 如图,位于同一平面内的等边$\triangle ABC$,$\triangle CDE$,$\triangle EHK$(顶点均按逆时针方向标记),A,D,K 在一条直线上,且 $AD=DK$. 求证:$\triangle BDH$ 是等边三角形.

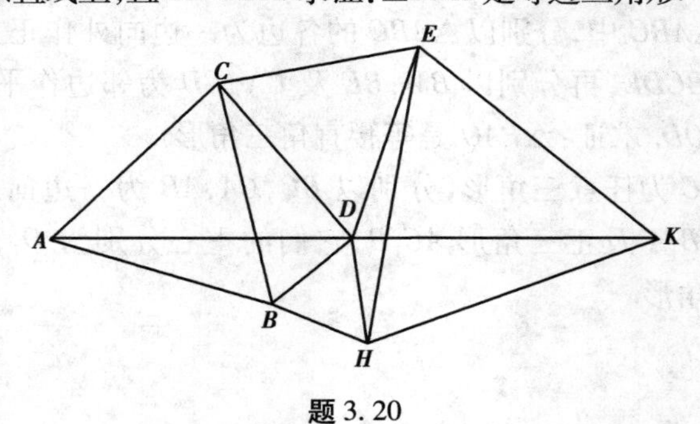

题 3.20

第4章 立体几何

立体几何是研究空间图形大小、形状和相互位置关系等几何性质的科学. 立体几何是三维欧氏空间的几何的传统名称，又称空间几何学，即初等几何的空间部分. 立体几何是建立在欧几里得公理体系基础上的三维欧氏空间几何学，故又称为三维欧几里得几何，简称三维欧氏几何.

高中学生学习立体几何的主要目的是培养学生的想象能力，掌握一些空间的图形的知识，而高等师范院校数学教育专业的学生学习立体几何则是为了适应今后教学的需要.

本章主要研究空间几何体的三视图，空间中的角和距离等问题，重点是把“空间向量”引入立体几何.

4.1 立体几何基础知识

4.1.1 平面和空间的两条直线

1)平面的基本性质

公理1:如果一条直线上的两个点在一个平面内，那么这条直线上的所有点都在这个平面内.

如图4.1，若$A\in l$，$B\in l$，且$A,B\in\alpha$，则$l\subset\alpha$.

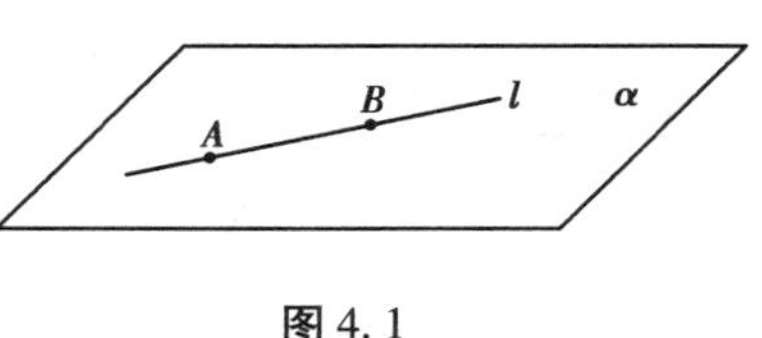

图4.1

公理2:如果两个平面有一个公共点，那么这两个平面就相交于经过这两个公共点的一条公共直线.

公理3:经过不在同一条直线上的三点，有且只有一个平面.

推论1:经过一条直线和这条直线外一点，有且只有一个平面.

推论2:经过两条相交直线，有且只有一个平面.

推论3:经过两条平行直线，有且只有一个平面.

2)空间两条直线的位置关系

①相交直线——有且只有一个公共点.

②平行直线——在同一个平面内,没有公共点.

③异面直线——不同在任何一个平面内,没有公共点.

3)平行直线

(1)三线平行公理

平行于同一条直线的两条直线互相平行.

即,由 $\left.\begin{array}{l}a /\!/ c \\ b /\!/ c\end{array}\right\} \Rightarrow a /\!/ b$.

(2)等角定理

①定理:如果一个角的两边和另一个角的两边分别平行,且方向相同,那么这两个角相等.

②推论:如果两条相交直线和另外两条相交直线分别平行,那么这两组相交直线所成的锐角(或直角)相等.

4)异面直线

(1)异面直线的概念

把不同在任何一个平面内的两条直线叫作异面直线(或空间中既不相交又不平行的两条直线叫作异面直线).

(2)异面直线的判定

①证明两条直线是异面直线,常采用反证法.

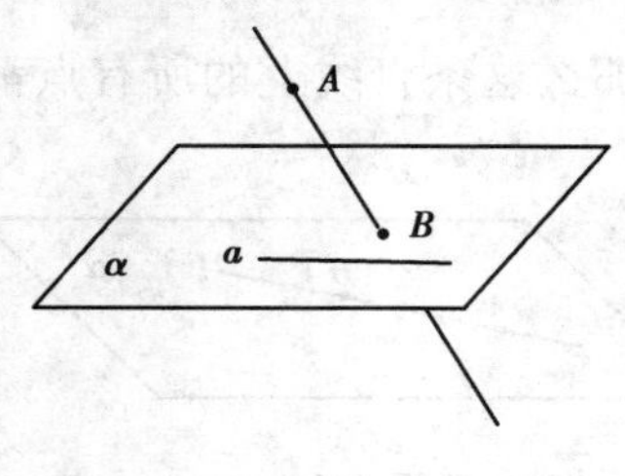

图4.2

②判定两条直线是异面直线,常利用这一结论:过平面外一点与平面内一点的直线,和平面内不经过该点的直线是异面直线. 即:如图4.2,若 $a\subset\alpha$, $A\notin\alpha, B\in\alpha, B\notin a$,则直线 AB 和 a 是异面直线.

(3)异面直线所成的角

直线 a,b 是异面直线,经过空间任意一点 O,作直线 a' 和 b',并且 $a' /\!/ a, b' /\!/ b$,我们把直线 a' 和 b' 所成的锐角(或直角)称为异面直线 a 和 b 所成的角. 由定义可知,异面直线所成角的范围是 $\left(0,\frac{\pi}{2}\right]$.

如果两条异面直线所成的角是直角,我们就称这两条异面直线互相垂直.

(4)异面直线的公垂线

和两条异面直线都垂直相交的直线,叫作两条异面直线的公垂线. 异面直线的公垂线有且只有一条.

(5)异面直线的距离

两条异面直线的公垂线在这两条异面直线间的线段(公垂线段)的长度,叫作异面直线的距离.

4.1.2 直线与平面平行,直线与平面垂直

1)直线和平面的位置关系

①直线在平面内——有无数个公共点.

如图4.3(1),记作 $a\subset\alpha$.

②直线和平面相交——有且只有一个公共点.

如图4.3(2),记作 $a\cap\alpha=A$.

③直线和平面平行——没有公共点.

如图4.3(3),记作 $a/\!/\alpha$.

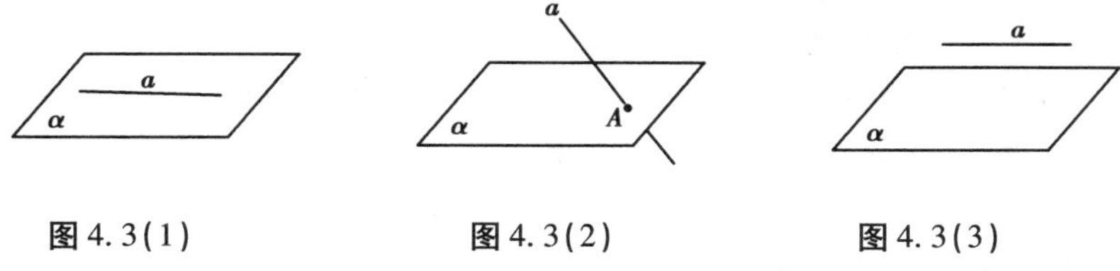

图4.3(1)　　图4.3(2)　　图4.3(3)

2)直线和平面平行的判定与性质

(1)直线与平面平行的判定方法

①定义:如果一条直线和一个平面没有公共点,那么这条直线和这个平面平行.

②判定定理:如果平面外一条直线和这个平面内的一条直线平行,那么这条直线和这个平面平行.

即,如图4.4(1),由$\left.\begin{matrix}a\not\subset\alpha\\ b\subset\alpha\\ a/\!/b\end{matrix}\right\}\Rightarrow a/\!/\alpha$

③面面平行的性质:如果两个平面平行,那么一个平面内的任何一条直线都平行于另一个平面.

即,如图4.4(2),由$\left.\begin{matrix}a\subset\alpha\\ \alpha/\!/\beta\end{matrix}\right\}\Rightarrow a/\!/\beta$

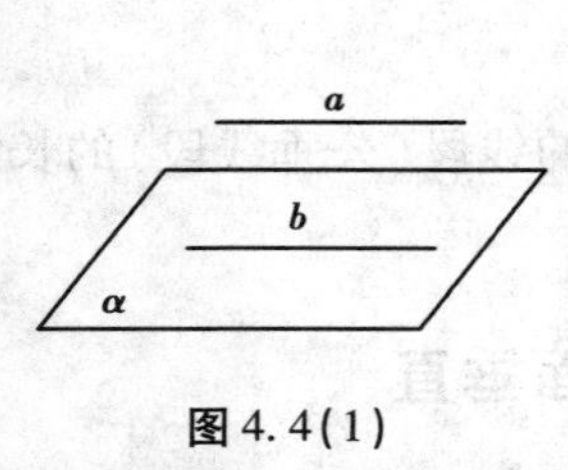

图 4.4(1)

图 4.4(2)

(2)直线和平面平行的性质定理

如果一条直线和一个平面平行,经过这条直线的平面和这个平面相交,那么这条直线和交线平行.

即,如图 4.4(3),由$\left.\begin{aligned}a/\!/\alpha\\a\subset\beta\\\alpha\cap\beta=b\end{aligned}\right\}\Rightarrow a/\!/b$

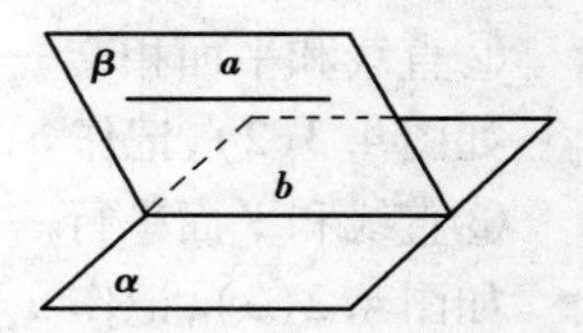

图 4.4(3)

3)直线和平面垂直

(1)直线和平面垂直的定义

如果一条直线 l 和平面 α 内的任意一条直线都垂直,就称直线 l 和平面 α 垂直,记作 $l\perp\alpha$. 且称这条直线为平面的垂线,这个平面为直线的垂面,它们的交点为垂足.

(2)直线与平面垂直的判定定理

①如果一条直线和一个平面内的两条相交直线都垂直,那么这条直线垂直于这个平面.

即,如图 4.5(1),由$\left.\begin{aligned}m\subset\alpha,n\subset\alpha\\m\cap n=A\\l\perp m,l\perp n\end{aligned}\right\}\Rightarrow l\perp\alpha$

②如果两条平行直线中的一条垂直于一个平面,那么另一条也垂直于这个平面.

即,如图 4.5(2),由$\left.\begin{aligned}a/\!/b\\a\perp\alpha\end{aligned}\right\}\Rightarrow b\perp\alpha$

图 4.5(1)

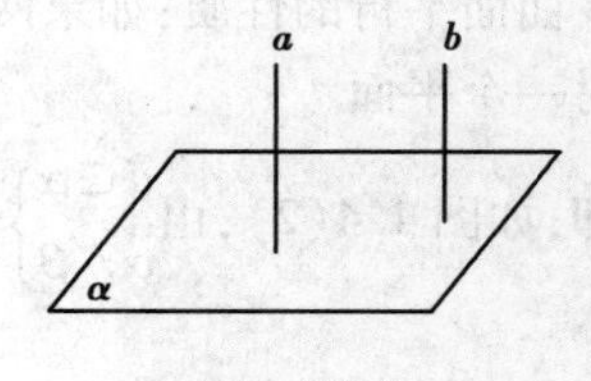

图 4.5(2)

(3)直线和平面垂直的性质定理

如果两条直线同垂直于一个平面,那么这两条直线平行.

即,如图4.5(2),由$\left.\begin{matrix}a\perp\alpha\\b\perp\alpha\end{matrix}\right\}\Rightarrow a/\!/b$

(4)点到平面的距离的定义

从平面外一点作这个平面的垂线,这个点和垂足间的距离称为这个点到这个平面的距离.

(5)直线和平面的距离的定义

一条直线和一个平面平行,这条直线上任意一点到这个平面的距离,称为这条直线和这个平面的距离.

4)直线和平面所成的角

(1)点在平面内的射影,点到平面的垂线段

过一点向平面引垂线,垂足叫作这个点在这个平面内的射影,这个点与垂足间的线段称为这点到这个平面的垂线段.

(2)斜线、斜足、斜线段

一条直线和一个平面相交,但不和这个平面垂直时,这条直线就称为这个平面的斜线,斜线和平面的交点叫作斜足;从平面外一点向平面引斜线,该点与斜足间的线段称为该点到该平面的斜线段.

(3)斜线在平面内的射影,斜线段在平面内的射影

从斜线上斜足以外的一点向平面引垂线,过斜足和垂足的直线称为斜线在这个平面内的射影;垂足与斜足间的线段称为该点到平面的斜线段在这个平面内的射影.

(4)关于垂线段和斜线段的定理

从平面外一点向这个平面所引的垂线段和斜线段中:

①射影相等的两条斜线段相等,射影较长的斜线段也较长.

②相等的斜线段的射影也相等,较长的斜线段的射影也较长.

③垂线段比任何一条斜线段都短.

(5)直线和平面所成的角

①平面的斜线和平面所成的角:平面的一条斜线和它在这个平面内的射影所成的锐角,叫作这条直线和这个平面所成的角.

②平面的垂线和平面所成的角:一条直线垂直于平面,则它们所成的角是直角.

③直线平行于平面或在平面内,则称它们所成的角是0°的角.

(6)最小角定理

①斜线和平面所成的角,是这条斜线和这个平面内经过斜足的直线所成的一切角中最小的角.

②斜线和平面所成的角,是这条斜线和这个平面内的所有直线所成的一切角中最小的角.

5)三垂线定理及其逆定理

(1)三垂线定理

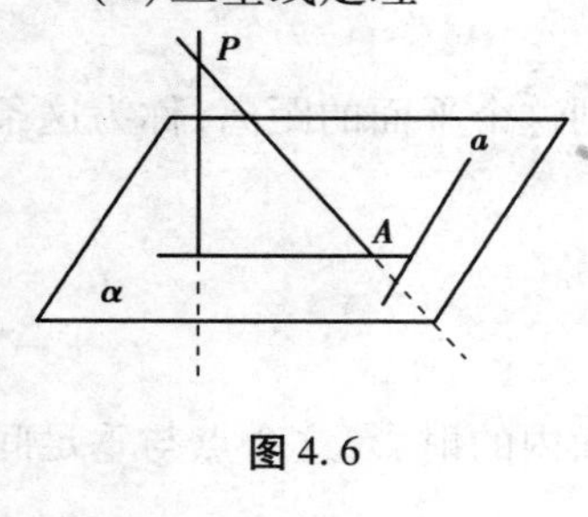

图4.6

在平面内的一条直线,如果和这个平面内的一条斜线在这个平面内的射影垂直,那么它也和这条直线垂直.

即,如图4.6

$$\text{由}\left.\begin{array}{l}PO\perp\alpha,O\text{ 为垂足}\\OA\text{ 是 }PA\text{ 在 }\alpha\text{ 内的射影}\\a\subset\alpha\\a\perp OA\end{array}\right\}\Rightarrow a\perp PA$$

(2)三垂线定理的逆定理

在平面内的一条直线,如果和这个平面内的一条斜线垂直,那么它也和这条斜线在这个平面内的射影垂直.

$$\text{即,如图4.6,由}\left.\begin{array}{l}PO\perp\alpha,O\text{ 为垂足}\\OA\text{ 是 }PA\text{ 在 }\alpha\text{ 内的射影}\\a\subset\alpha\\a\perp PA\end{array}\right\}\Rightarrow a\perp OA$$

4.1.3 平面与平面平行，平面与平面垂直

1)两个平面的位置关系

空间两个平面的位置关系有且只有相交和平行两种位置关系:

①两个平面平行——没有公共点.

②两个平面相交——有一条公共直线(两个平面垂直是两个平面相交的一种特殊位置关系).

2)两个平面平行的判定与性质

(1)判定定理

①如果一个平面内有两条相交直线都平行于另一个平面,那么这两个平面平行.

即,如图 4.7(1)

$$\text{由}\left.\begin{aligned}&a\subset\alpha,b\subset\alpha\\&a\cap b=O\\&a/\!/\beta\\&b/\!/\beta\end{aligned}\right\}\Rightarrow\alpha/\!/\beta$$

②如果一个平面内的两条相交直线分别平行于另一个平面内的两条相交直线,那么这两个平面互相平行.

即,如图 4.7(2)

$$\text{由}\left.\begin{aligned}&a\subset\alpha,b\subset\alpha\\&a\cap b=O\\&a_1\subset\beta,b_1\subset\beta\\&a/\!/a_1\\&b/\!/b_1\end{aligned}\right\}\Rightarrow\alpha/\!/\beta$$

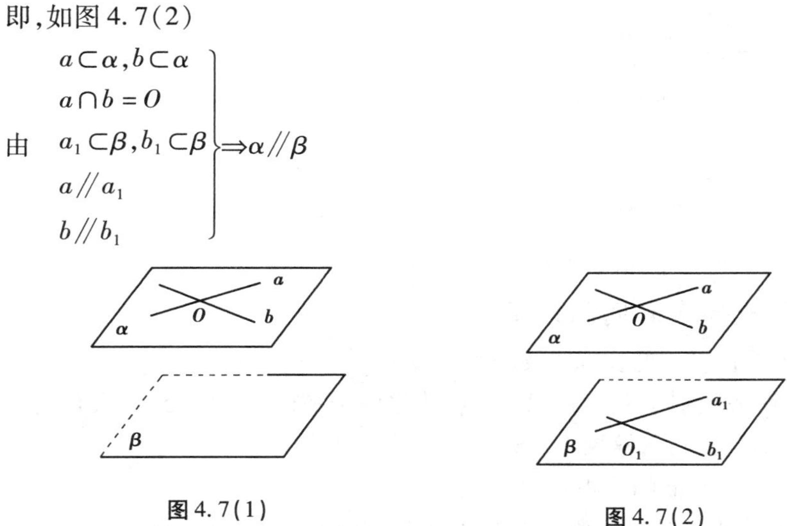

图 4.7(1)　　图 4.7(2)

③如果两个平面同时垂直于一条直线,那么这两个平面互相平行.

即,如图 4.7(3)

$$\text{由}\left.\begin{aligned}&\alpha\perp l\\&\beta\perp l\end{aligned}\right\}\Rightarrow\alpha/\!/\beta$$

④如果两个平面同时和第三个平面平行,那么这两个平面互相平行.

$$\text{即,由}\left.\begin{aligned}&\alpha/\!/\gamma\\&\beta/\!/\gamma\end{aligned}\right\}\Rightarrow\alpha/\!/\beta$$

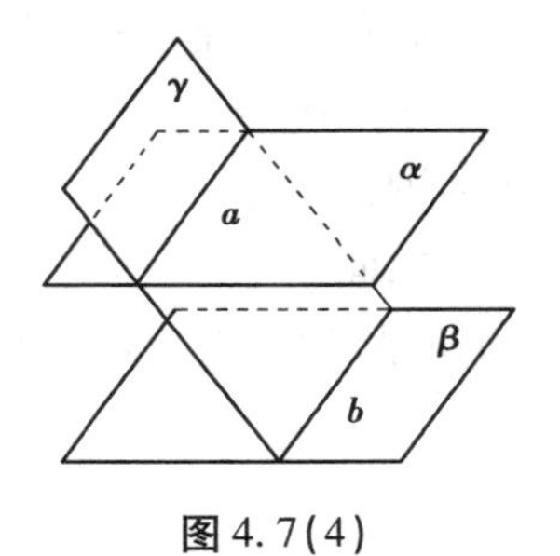

图 4.7(3)　　图 4.7(4)

(2)性质定理

①如果两个平行平面同时和第三个平面相交,那么它们的交线平行.

即,如图4.7(4)

由 $\left.\begin{array}{l}\alpha /\!/ \beta \\ \alpha \cap \gamma=a \\ \beta \cap \gamma=b\end{array}\right\} \Rightarrow a /\!/ b$

②如果两个平面平行,那么其中一个平面内的直线平行于另一个平面.

即,由 $\left.\begin{array}{l}\alpha /\!/ \beta \\ a \subset \alpha\end{array}\right\} \Rightarrow a /\!/ \beta$

③如果一条直线垂直于两个平行平面中的一个平面,那么它也垂直于另一个平面.

即,由 $\left.\begin{array}{l}\alpha /\!/ \beta \\ a \perp \alpha\end{array}\right\} \Rightarrow a \perp \beta$

④夹在两个平行平面间的平行线段相等.

3)两个平行平面间的距离

(1)两个平行平面的公垂线及公垂线段

和两个平行平面同时垂直的直线,称为这两个平行平面的公垂线,它夹在两个平行平面间的部分,称为这两个平行平面的公垂线段.

(2)两个平行平面间的距离

两个平行平面的公垂线段的长度称为两个平行平面间的距离.

4)二面角

(1)半平面

平面的一条直线把这个平面分成两部分,其中的每一部分称为半平面.

(2)二面角

从一条直线出发的两个半平面所组成的图形称为二面角. 这条直线称为二面角的棱,这两个半平面称为二面角的面.

(3)二面角的平面角

以二面角的棱上任意一点为端点,在两个面内分别作垂直于棱的两条射线,这两条射线所成的角称为二面角的平面角.

(4)直二面角

平面角是直角的二面角称为直二面角.

5)平面与平面垂直

(1)定义

两个平面相交,如果它们所成的二面角是直二面角,那么就称这两个平面垂直.

(2)判定定理

①如果一个平面经过另一个平面的一条垂线,那么这两个平面互相垂直.

即,由 $\left.\begin{matrix} l\subset\alpha \\ l\perp\beta \end{matrix}\right\}\Rightarrow\alpha\perp\beta$

②如果一个平面与另一个平面的平行线垂直,那么这两个平面互相垂直.

即,如图4.8(1),由$\left.\begin{matrix} l/\!/\alpha \\ \beta\perp l \end{matrix}\right\}\Rightarrow\alpha\perp\beta$

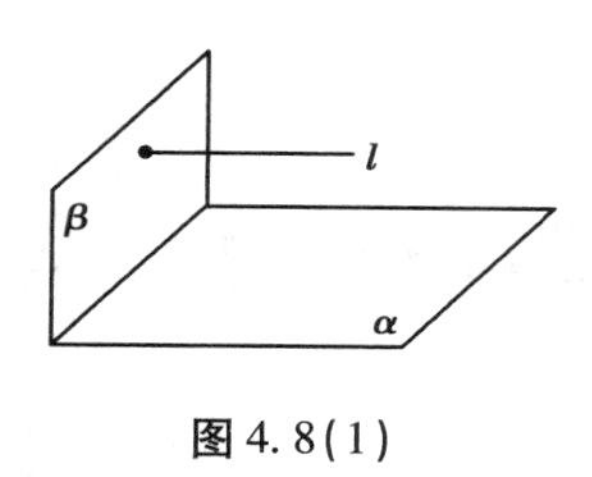

图4.8(1)

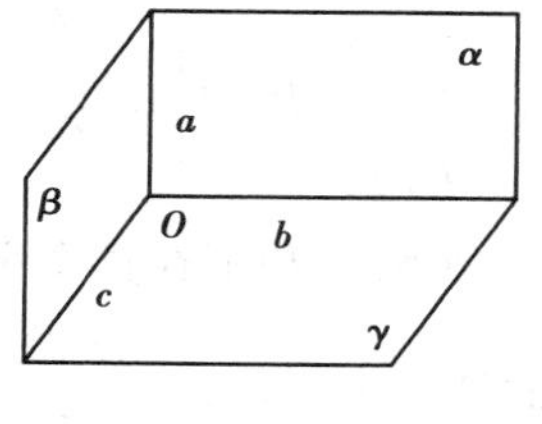

图4.8(2)

③如果三条共点直线两两互相垂直,那么它们中每两条确定的三个平面也两两互相垂直.

即,如图4.8(2),

由 $\left.\begin{matrix} a\cap b=O,a\cap C=O,C\cap b=O \\ a\text{ 与 }b\text{ 确定的平面记为 }\alpha \\ a\text{ 与 }c\text{ 确定的平面记为 }\beta \\ c\text{ 与 }b\text{ 确定的平面记为 }\gamma \\ a\perp b,a\perp c,b\perp c \end{matrix}\right\}\Rightarrow\begin{cases} \alpha\perp\beta \\ \alpha\perp\gamma \\ \beta\perp\gamma \end{cases}$

(3)性质定理

①如果两个平面互相垂直,那么在一个平面内垂直于它们的交线的直线垂直于另一个平面.

即,如图4.8(3),由 $\left.\begin{matrix} \alpha\perp\beta,\alpha\cap\beta=a \\ l\subset\alpha \\ l\perp a \end{matrix}\right\}\Rightarrow l\perp\beta$

②如果两个相交平面同时和第三个平面垂直,那么它们的交线也和第三个平面垂直.

即,如图 4.8(4),由 $\left.\begin{array}{l}\alpha\cap\beta=a\\ \alpha\perp\gamma\\ \beta\perp\gamma\end{array}\right\}\Rightarrow a\perp\gamma$

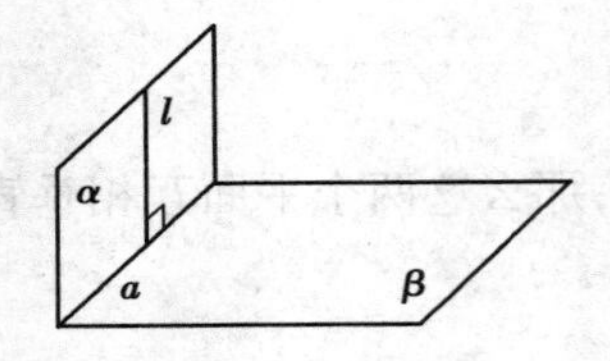

图 4.8(3)

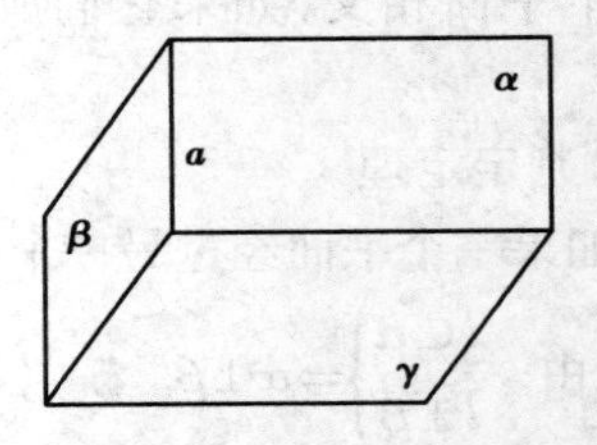

图 4.8(4)

③如果两个平面互相垂直,那么经过第一个平面内的一点垂直于第二个平面的直线,在第一个平面内.

即,由 $\left.\begin{array}{l}\alpha\perp\beta\\ P\in\alpha,P\in l\\ l\perp\beta\end{array}\right\}\Rightarrow l\subset\alpha$

④如果平面 α 和不在这个平面内的直线 l 都垂直于平面 β,那么 $l /\!/ \alpha$.

即,如图 4.8(5),由 $\left.\begin{array}{l}\alpha\perp\beta\\ l\not\subset\alpha,l\perp\beta\end{array}\right\}\Rightarrow l /\!/ \alpha$

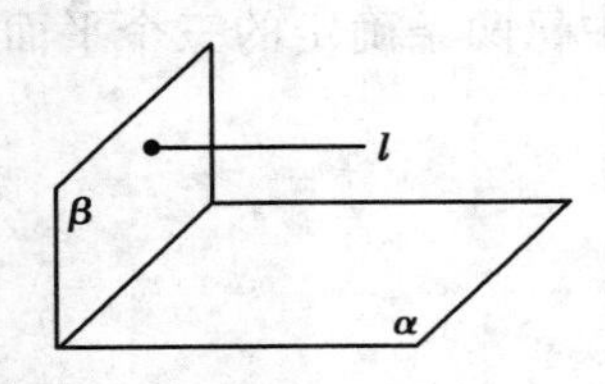

图 4.8(5)

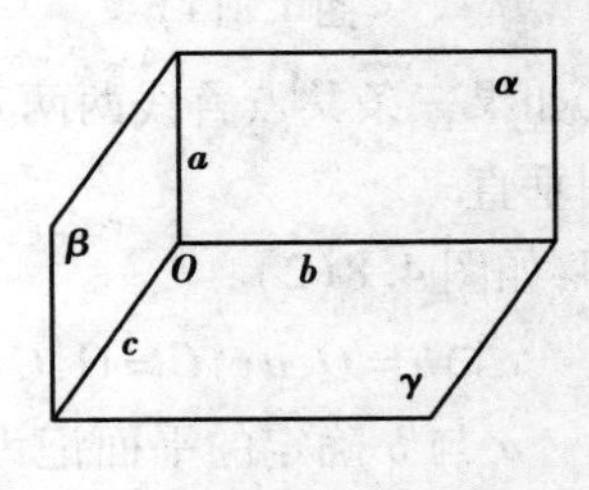

图 4.8(6)

⑤三个两两垂直的平面的交线两两垂直.

即,如图 4.8(6)

由 $\left.\begin{array}{l}\alpha\perp\beta,\alpha\cap\beta=a\\ \alpha\perp\gamma,\alpha\cap\gamma=b\\ \beta\perp\gamma,\beta\cap\gamma=c\end{array}\right\}\Rightarrow\begin{cases}a\perp b\\ a\perp c\\ b\perp c\end{cases}$

4.1.4 空间向量

1)基本概念

(1)向量

在空间,具有大小和方向的量.

(2)相等向量

大小相等,方向相同的向量.

(3)平行向量或共线向量

表示空间向量的有向线段所在的直线互相平行或重合. 规定$\vec{0}$向量与任何向量平行或共线.

(4)共面向量

平行于同一平面的向量.

2)空间向量的加法、减法及数乘运算

(1)运算法则

空间向量的运算法则与平面向量的运算法则一样.

(2)运算律

空间向量的运算律也与平面向量的运算律一样.

3)基本定理

(1)共线向量基本定理

对空间任意两个向量$\vec{a}$,$\vec{b}$($\vec{a}\neq\vec{0}$),$\vec{a}/\!/\vec{b}$的充要条件是存在实数λ,使$\vec{b}=\lambda\vec{a}$.

推论:如果l为经过已知点A且平行于已知非零向量$\vec{a}$的直线,那么对任一点O,点P在直线l上的充要条件是存在实数t,满足等式$\overrightarrow{OP}=\overrightarrow{OA}+t\vec{a}$,其中向量$a$叫作直线$l$的方向向量. 当$t=\dfrac{1}{2}$,$\overrightarrow{AB}=\vec{a}$时,$\overrightarrow{OP}=\dfrac{1}{2}(\overrightarrow{OA}+\overrightarrow{OB})$.

(2)共面向量基本定理

如果两个向量$\vec{a}$,$\vec{b}$不共线,则向量$\vec{p}$与$\vec{a}$,$\vec{b}$共面的充要条件是存在实数对(x,y),使$\vec{p}=x\vec{a}+y\vec{b}$.

推论:空间一点P位于平面MAB内的充要条件是存在有序实数对(x,y),使$\overrightarrow{MP}=x\overrightarrow{MA}+y\overrightarrow{MB}$或对空间任一点$O$,有:$\overrightarrow{OP}=\overrightarrow{OM}+x\overrightarrow{MA}+y\overrightarrow{MB}$.

(3)空间向量的基本定理

如果三个向量$\vec{a}$,$\vec{b}$,$\vec{c}$不共面,那么对空间任一向量$\vec{p}$,存在一个唯一的实数组(x,y,z),使$\vec{p}=x\vec{a}+y\vec{b}+z\vec{c}$.

如果三个向量$\vec{a}$,$\vec{b}$,$\vec{c}$不共面,那么所有空间向量所组成的集合就是$\{\vec{p}\mid\vec{p}=x\vec{a}+y\vec{b}+z\vec{c},x,y,z\in\mathbf{R}\}$,这个集合可看作由向量$\vec{a}$,$\vec{b}$,$\vec{c}$生成的,所以我们把$\{\vec{a},\vec{b},\vec{c}\}$称为空间的一个基底,$\vec{a}$,$\vec{b}$,$\vec{c}$称为基向量,$(x,y,z)$称为$\vec{p}$在基底$\{\vec{a},\vec{b},\vec{c}\}$下的坐标.

推论:设 O,A,B,C 是不共面的四点,则对空间的任一点 P,都存在唯一的三个有序实数 x,y,z,使$\overrightarrow{OP}=x\overrightarrow{OA}+y\overrightarrow{OB}+z\overrightarrow{OC}$.

4)两向量的数量积

(1)定义

已知空间两个向量$\vec{a},\vec{b}$,则$|\vec{a}|\cdot|\vec{b}|\cos<\vec{a},\vec{b}>$称为向量$\vec{a},\vec{b}$的数量积,记作$\vec{a}\cdot\vec{b}$. 即,$\vec{a}\cdot\vec{b}=|\vec{a}|\cdot|\vec{b}|\cos<\vec{a},\vec{b}>$.

(2)几何意义

若$\overrightarrow{AB}=\vec{a}$在轴 l 上的射影为$\overrightarrow{A'B'}$,$\vec{e}$为 l 上与 l 同方向的单位向量,则$\overrightarrow{A'B'}=|\overrightarrow{AB}|\cdot\cos<\vec{a},\vec{b}>\cdot\vec{e}$. 所以$\vec{a}\cdot\vec{b}$的几何意义就是$\vec{a}$在$\vec{b}$上的射影与$\vec{b}$的数量积.

(3)性质

①$\vec{a}\cdot\vec{e}=|\vec{a}|\cos<\vec{a},\vec{e}>$.

②$\vec{a}\perp\vec{b}\Leftrightarrow\vec{a}\cdot\vec{b}=0$.

③$|\vec{a}|^2=\vec{a}\cdot\vec{a}$.

④$(\lambda\vec{a})\cdot\vec{b}=\lambda(\vec{a}\cdot\vec{b})$.

⑤$\vec{a}\cdot\vec{b}=\vec{b}\cdot\vec{a}$(交换律).

⑥$\vec{a}\cdot(\vec{b}+\vec{c})=\vec{a}\cdot\vec{b}+\vec{a}\cdot\vec{c}$(分配律).

5)空间直角坐标系

①单位正交基底:如果空间的一个基底的三个基向量互相垂直,且长度都为 1,则称这个基底为单位正交基底,通常用$\{\vec{i},\vec{j},\vec{k}\}$表示.

②空间直角坐标系. 在空间选定一点 O 和一个单位正交基底$\{\vec{i},\vec{j},\vec{k}\}$,以 O 为原点,分别以$\vec{i},\vec{j},\vec{k}$的正方向建立三个数轴,即 x 轴、y 轴、z 轴,它们都叫作坐标轴,这时我们说建立了一个空间直角坐标系 $O\text{-}xyz$,点 O 叫作原点,向量$\{\vec{i},\vec{j},\vec{k}\}$叫作坐标向量,通过每两个坐标轴的平面叫作坐标平面.

③在空间直角坐标系 $O\text{-}xyz$ 中,对空间任一点 A,对应一个向量$\overrightarrow{OA}$,由空间向量基本定理,存在唯一的有序实数组(x,y,z),使$\overrightarrow{OA}=x\vec{i}+y\vec{j}+z\vec{k}$,则数组$(x,y,z)$被称为点 A 在此空间直角坐标系中的坐标.

6)空间向量的直角坐标运算

设$\vec{a}=(a_1,a_2,a_3)$,$\vec{b}=(b_1,b_2,b_3)$,则:

①$\vec{a}+\vec{b}=(a_1+b_1,a_2+b_2,a_3+b_3)$

②$\vec{a}-\vec{b}=(a_1-b_1,a_2-b_2,a_3-b_3)$

③$\lambda\vec{a}=(\lambda a_1,\lambda a_2,\lambda a_3)(\lambda\in\mathbf{R})$

④$\vec{a}\cdot\vec{b}=a_1b_1+a_2b_2+a_3b_3$

⑤$\vec{a}/\!/\vec{b}\Leftrightarrow\begin{cases}a_1=\lambda b_1\\a_2=\lambda b_2(\lambda\in\mathbf{R})\\a_3=\lambda b_3\end{cases}$

⑥$\vec{a}\perp\vec{b}\Leftrightarrow a_1b_1+a_2b_2+a_3b_3=0$

7)夹角和距离公式

设$\vec{a}=(a_1,a_2,a_3)$,$\vec{b}=(b_1,b_2,b_3)$,则:

(1)夹角公式

$$\cos<\vec{a},\vec{b}>=\frac{a_1b_1+a_2b_2+a_3b_3}{\sqrt{a_1^2+a_2^2+a_3^2}\cdot\sqrt{b_1^2+b_2^2+b_3^2}}$$

(2)距离公式

设$A(x_1,y_1,z_1)$,$B(x_2,y_2,z_2)$,则$|AB|=\sqrt{(x_2-x_1)^2+(y_2-y_1)^2+(z_2-z_1)^2}$

8)平面的法向量

如果表示向量$\vec{a}$的有向线段所在直线垂直于平面α,则称这个向量$\vec{a}$垂直于平面α,记作$\vec{a}\perp\alpha$. 如果$\vec{a}\perp\alpha$,那么称向量$\vec{a}$为平面α的法向量.

4.1.5 简单几何体的体积公式

①柱体(棱柱,圆柱)的体积=底面积×高,即$V_{柱体}=S_{底}\cdot h$.

②锥体(棱锥,圆锥)的体积$=\frac{1}{3}$×底面积×高,即$V_{锥体}=\frac{1}{3}S_{底}\cdot h$.

③球体的体积:$V=\frac{4}{3}\pi R^3$(R为球的半径).

4.2 空间几何体的三视图

随着新课程改革的不断推广和深化,利用三视图培养学生的空间想象能力,从而形成对几何体的整体认识,在立体几何的学习中起到了很大的作用.

4.2.1　中心投影和平行投影

1）投影的性质

①光是直线传播的.由于光的照射,在不透明物体后面的屏幕上可以留下这个物体的影子,这种现象叫作投影,如图4.9所示.

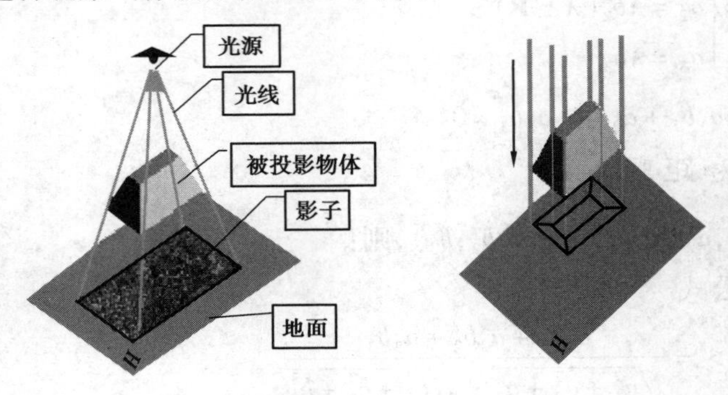

图4.9　投影

②把光由一点向外散射形成的投影称为中心投影,如图4.10(1)和4.10(2)所示.

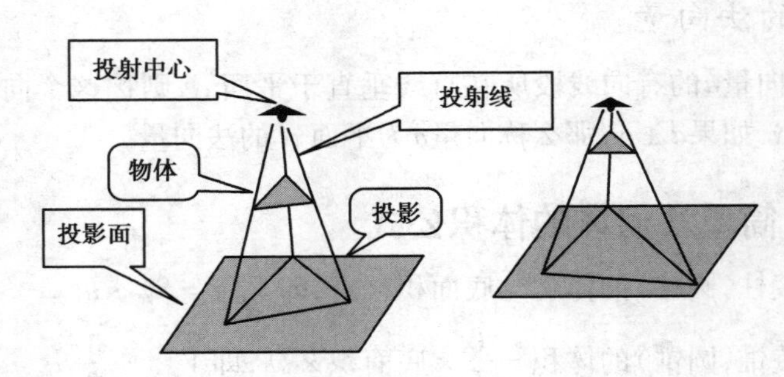

图4.10(1)

在中心投影下,空间的点的投影是点,直线的投影是直线.

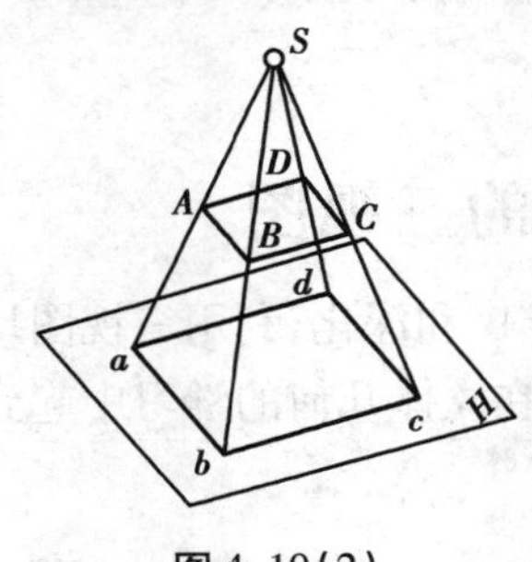

图4.10(2)

人的视觉、照片、美术作品等都是中心投影.

③把一束平行光线照射下形成的投影称为平行投影,投影线正对着投影面时称为正投影,否则称为斜投影.平行投影分正投影和斜投影两种.

A.投射线与投影面相互垂直的平行投影法——正投影,如图4.11所示.

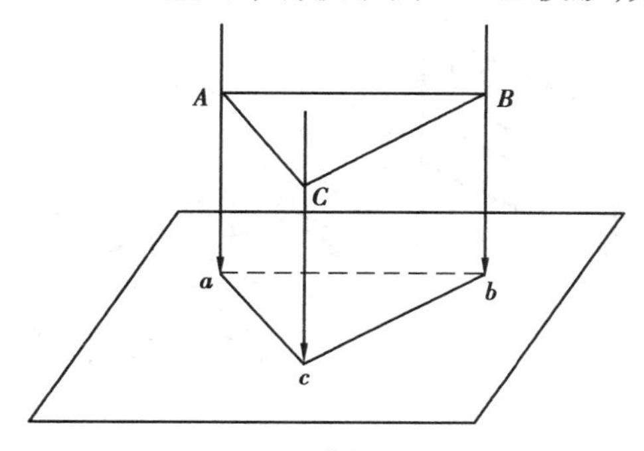

图4.11 正投影

B.投射线与投影面相倾斜的平行投影法——斜投影法,如图4.12所示.

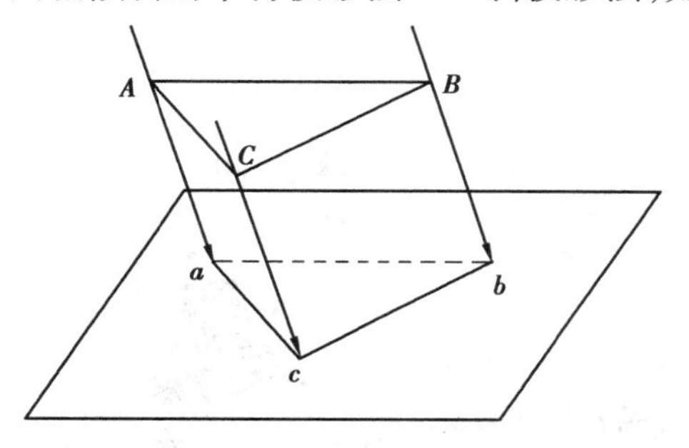

图4.12 斜投影

2)平行投影的性质

当图形中的直线或线段不平行于投射线时,平行投影具有下列性质:

①直线或线段的平行投影仍是直线或线段.

②平行直线的平行投影是平行或重合的直线.

③在同一直线或平行直线上,两条线段的平行投影线段的长度比等于这两条线段的长度比.

④与投射面平行的平面图形,它的投影与这个图形全等.

⑤平行于投射面的线段,它的平行投影与这条线段平行且等长.

4.2.2 空间几何体的三视图

"横看成岭侧看成峰",说明从不同的角度看同一物体,视觉的效果可能不同.

要比较真实地反映出物体,必须从多个角度观看物体.

把一个空间几何体投影到一个平面上,可以获得一个平面图形.

显然从图 4. 13 可以看到,只有一个平面图形难以把握几何体的全貌. 因此,需要从多角度进行投影,才能较好地把握几何体的形状和投影.

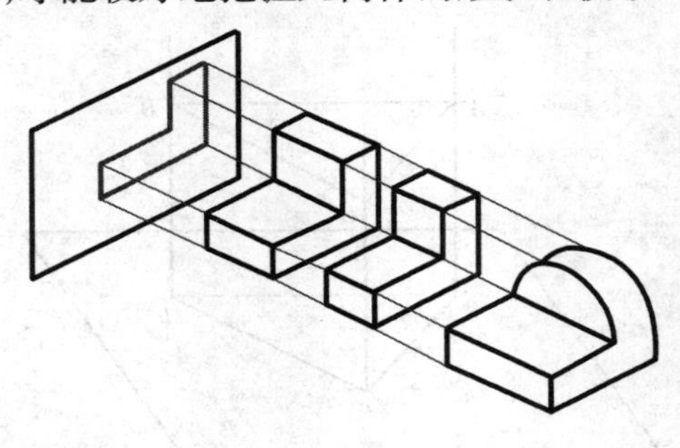

图 4. 13

1) 三种正投影

如图 4. 14 所示.

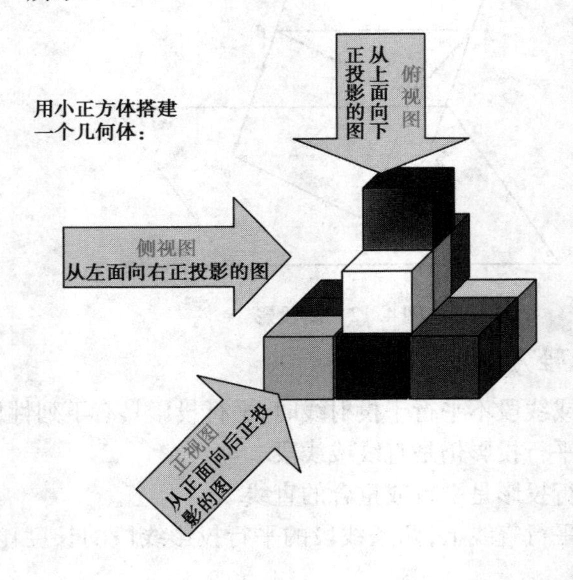

图 4. 14　三种正投影

2) 三视图

光线从几何体的前面向后面正投影,得到的投影图称为该几何体的正视图(又称主视图);光线从几何体的左面向右面正投影,得到的投影图称为该几何体的侧视图(又称左视图);光线从几何体的上面向下面正投影,得到的投影图称为该几何体的俯视图. 三视图如图 4.15 所示.

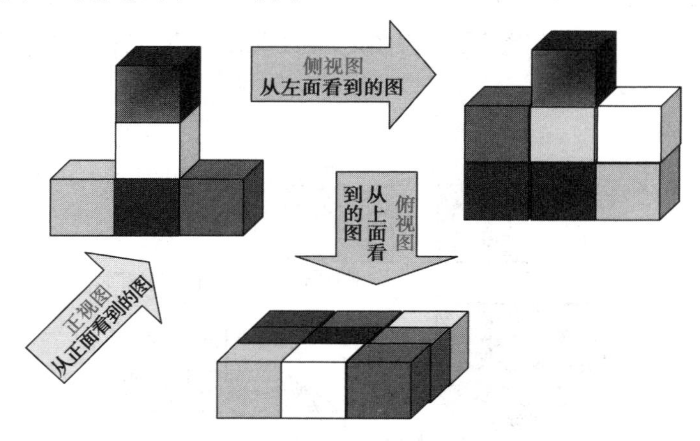

图 4.15 三视图

3) 三视图的形成

如图 4.16 和图 4.17 所示.

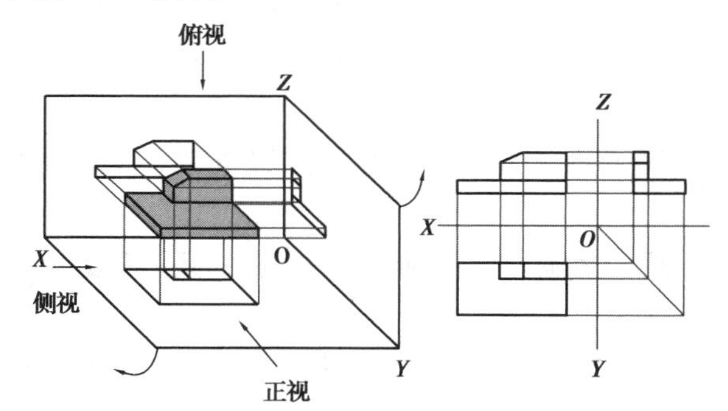

图 4.16 三视图的形成

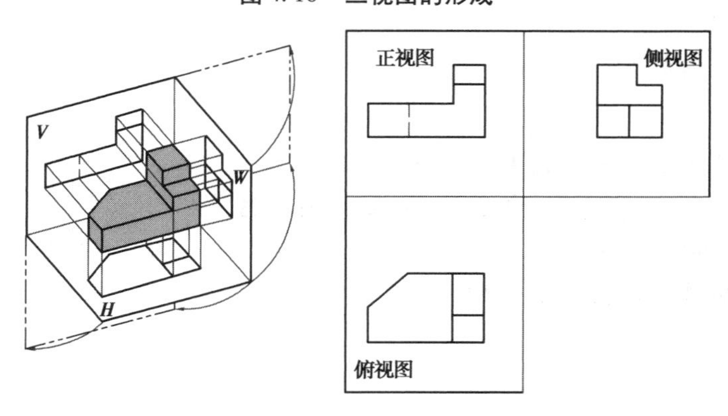

图 4.17 形成物体的三视图

4)三视图的投影规律

“长对正,高平齐,宽相等”是三视图之间的投影规律,是画图和读图的重要依据,如图4.18所示.

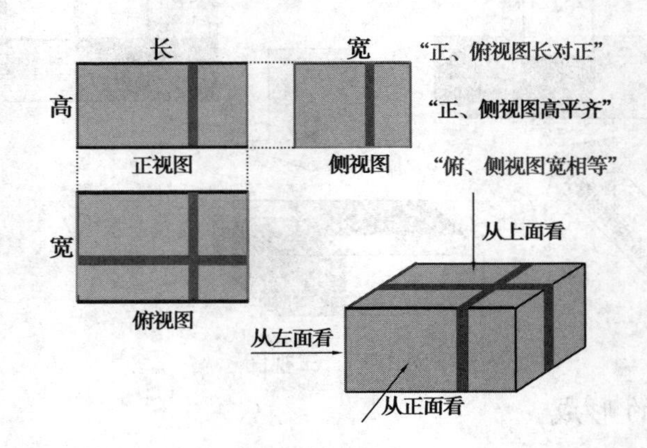

图4.18　三视图的投影规律

①正视图——反映了物体上下、左右的位置关系,即反映了物体的高度和长度.

②俯视图——反映了物体左右、前后的位置关系,即反映了物体的长度和宽度.

③侧视图——反映了物体上下、前后的位置关系,即反映了物体的高度和宽度.

④一个几何体的正视图和侧视图高度一样,正视图和俯视图长度一样,侧视图和俯视图宽度一样,即正、俯视图——长对正;主、侧视图——高平齐;俯、侧视图——宽相等.

5)三视图的作图步骤

①确定视图方向.

②先画出能反映物体真实形状的一个视图.

③运用长对正、高平齐、宽相等的原则画出其他视图.

④检查、加深、加粗.

三视图的作图步骤如图4.19所示.

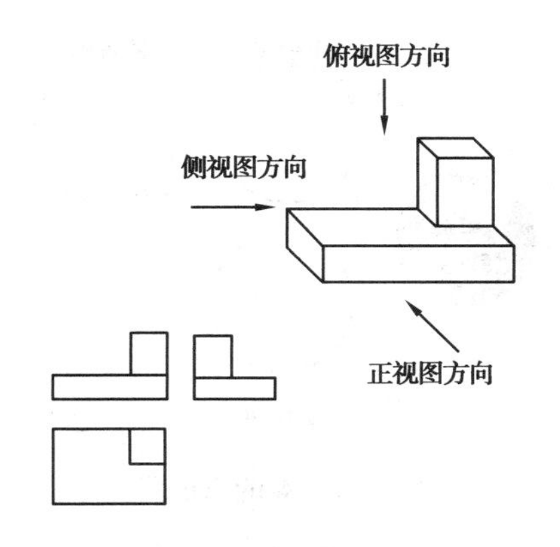

图4.19 三视图的作图步骤

4.2.3 画组合体的三视图时要注意的问题

①要确定好正视、侧视、俯视的方向,同一物体三视的方向不同,所画的三视图可能不同.

②判断简单组合体的三视图是由哪几个基本几何体生成的,注意它们的生成方式,特别是它们的交线位置.

③若相邻两物体的表面相交,表面的交线是它们的分界线,在三视图中,分界线和可见轮廓线都用实线画出,不可见轮廓线用虚线画出.

④要检验画出的三视图是否符合"长对正,高平齐,宽相等"的基本特征,即正、俯视图长对正;正、侧视图高平齐;俯、侧视图宽相等,前后对应.

4.2.4 简单几何体的三视图

1)圆柱、圆锥、球的三视图

如图4.20、图4.21和图4.22所示.

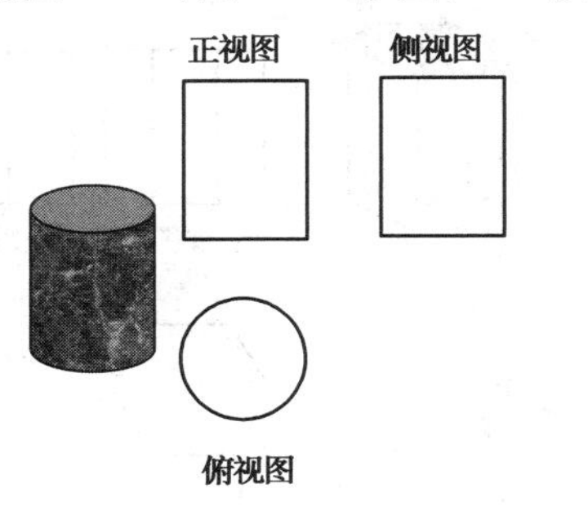

图4.20 圆柱三视图

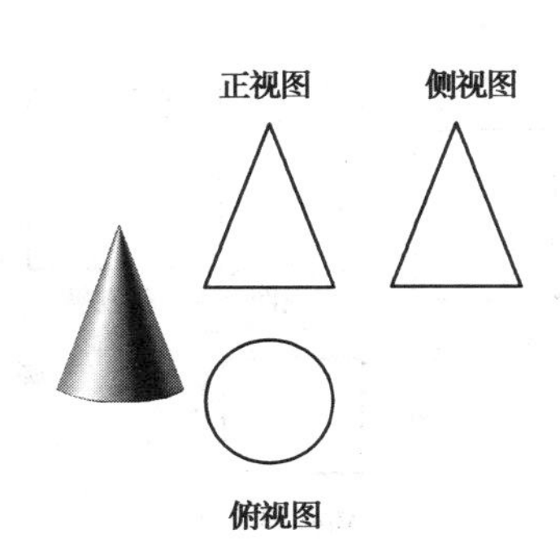

图4.21 圆锥三视图

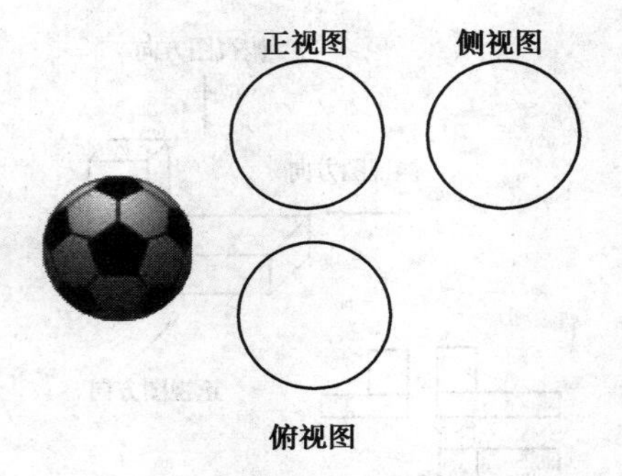

图 4.22　球的三视图

2)棱锥的三视图

如图 4.23 和图 4.24 所示.

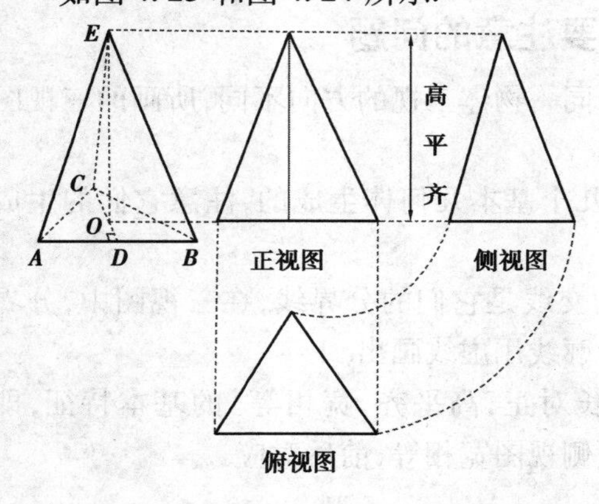

图 4.23　正三棱锥三视图

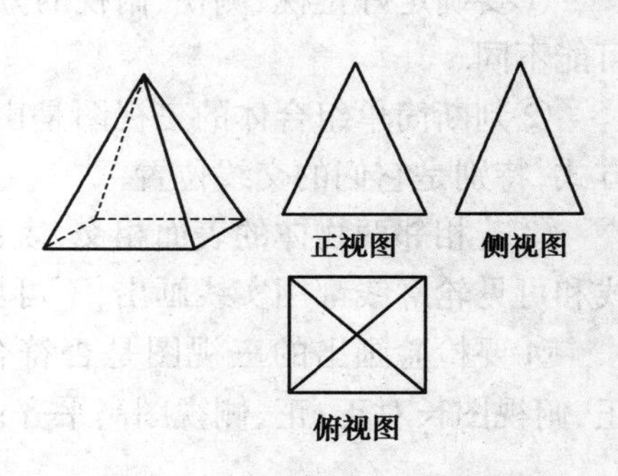

图 4.24　正四棱锥三视图

3)棱柱的三视图

如图 4.25 和图 4.26 所示.

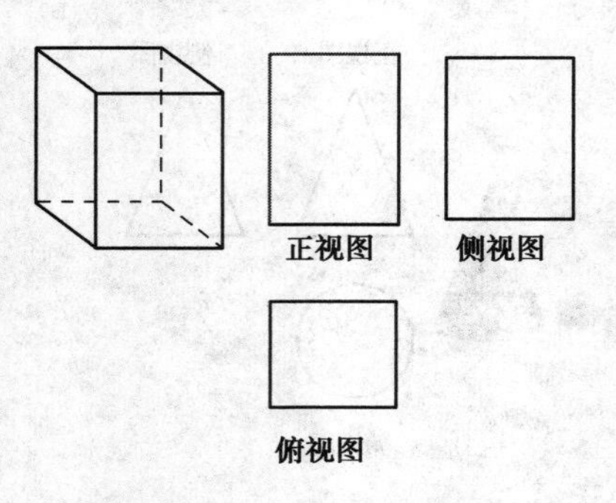

图 4.25　长方体三视图

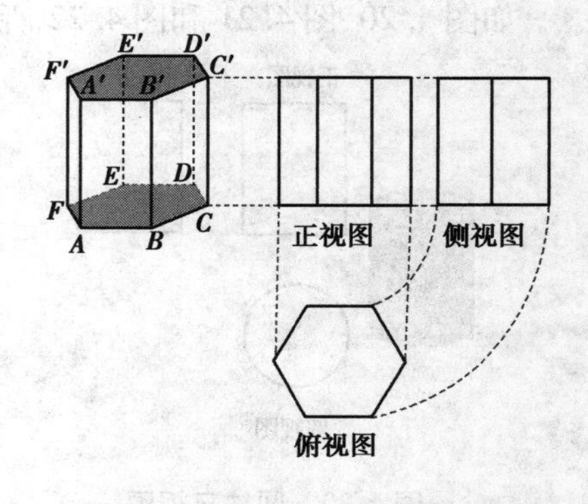

图 4.26　正六棱柱三视图

4)棱台的三视图

如图 4.27 所示.

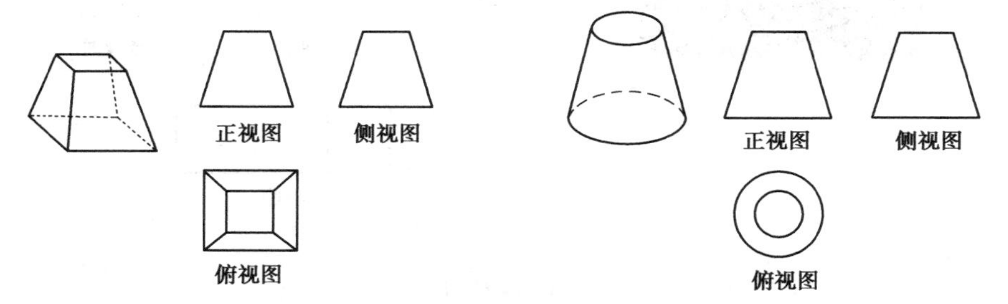

图 4.27 正四棱台三视图　　图 4.28 圆台三视图

5)圆台的三视图

如图 4.28 所示.

6)简单组合体的三视图

如图 4.29 所示.

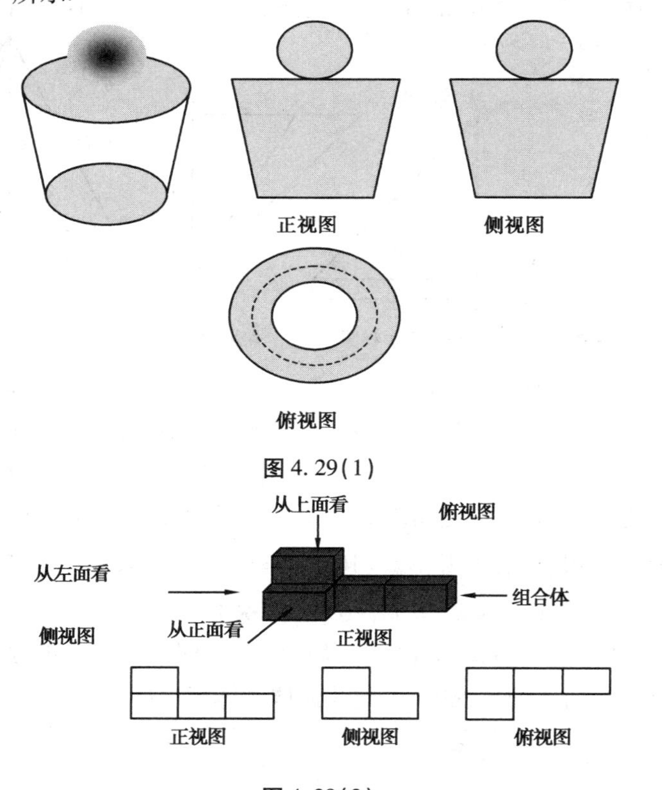

图 4.29(1)

图 4.29(2)

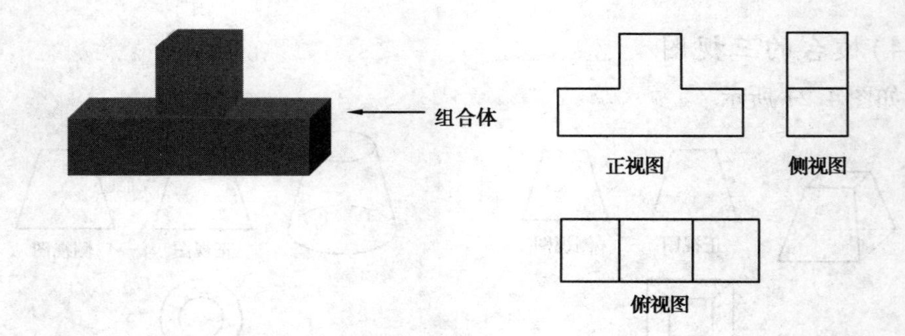

图 4.29(3)

注:高中教材中把左视图称为侧视图,而其他教材一般称之为左视图.

4.2.5　空间几何体的三视图的应用

例 1　(2012 年高考北京理科卷)某三棱锥的三视图如图 4.30(1)所示,该三棱锥的表面积是(　　).

A. $28+6\sqrt{5}$　　B. $30+6\sqrt{5}$　　C. $56+12\sqrt{5}$　　D. $60+12\sqrt{5}$

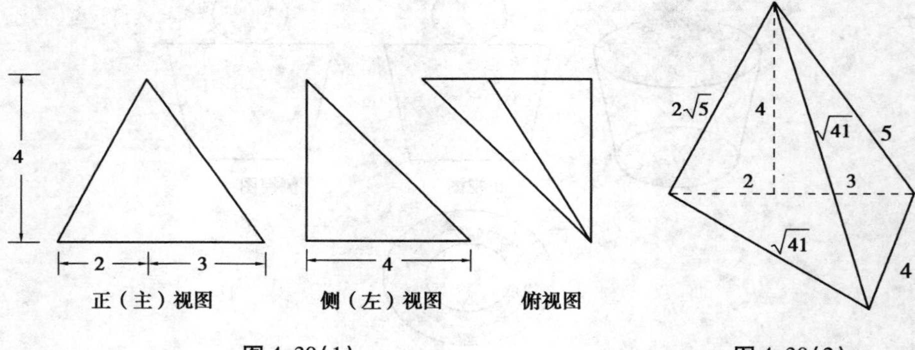

图 4.30(1)　　图 4.30(2)

分析:从所给的三视图可以得到该几何体为三棱锥,如图 4.30(2)所示,图中灰色数字所表示的为直接从题目所给三视图中读出的长度,黑色数字代表通过勾股定理的计算得到的边长. 本题所求表面积应为三棱锥 4 个面的面积之和,利用垂直关系和三角形面积公式,可得:$S_{底}=10$,$S_{后}=10$,$S_{右}=10$,$S_{左}=6\sqrt{5}$,因此,该几何体表面积 $S=S_{底}+S_{后}+S_{右}+S_{左}=30+6\sqrt{5}$,故选 B.

例 2　(2012 年高考新课标理科卷)如图 4.31,网格纸上小正方形的边长为 1,粗线画出的是某几何体的三视图,则此几何体的体积为(　　).

A. 6　　B. 9　　C. 12　　D. 18

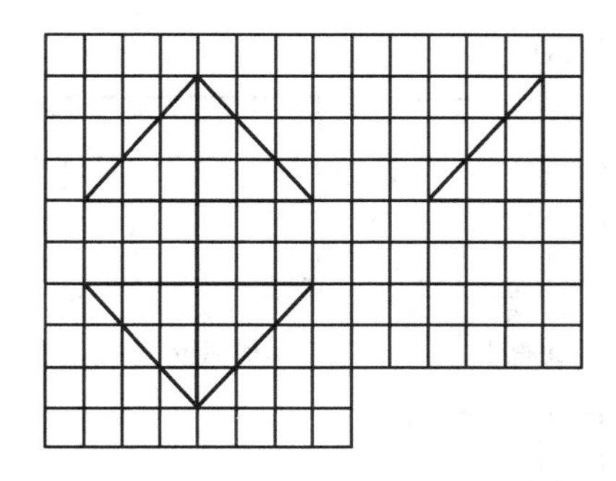

图 4.31

分析:该几何体是高为 3 的三棱锥,底面是俯视图,底面三角形的高也是 3,此几何体的体积为 $V=\frac{1}{3}S_{底}h=\frac{1}{3}\times\frac{1}{2}\times6\times3\times3=9$,所以选 B.

例 3 (2012 年高考江西文科卷)若一个几何体的三视图如图 4.32 所示,则此几何体的体积为(　　).

A. $\frac{11}{2}$　　B. 5　　C. 4　　D. $\frac{9}{2}$

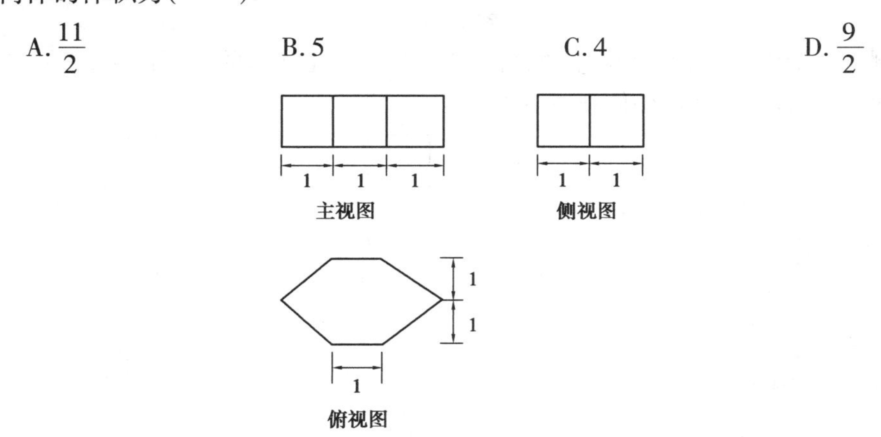

图 4.32

分析:本题的几何体是一个六棱柱,由三视图可得高为 1,底面是由上底为 1,下底为 3,高为 1 的两个等腰梯形组成的六边形,则直接带体积公式可求.

$V=S_{底}h=2\times\frac{1}{2}\times(1+3)\times1\times1=4$,故选 C.

例 4 (2012 年高考天津文科卷)一个几何体的三视图如图 4.33 所示(单位:m),则该几何体的体积________ m^3.

分析:由三视图可知,这是一个下面是个长方体,上面是个平躺着的四棱柱构成的组合体. 长方体的体积为 $3\times4\times2=24$,四棱柱的体积是 $V=\frac{(1+2)}{2}\times1\times4=$

6,所以几何体的总体积为30.

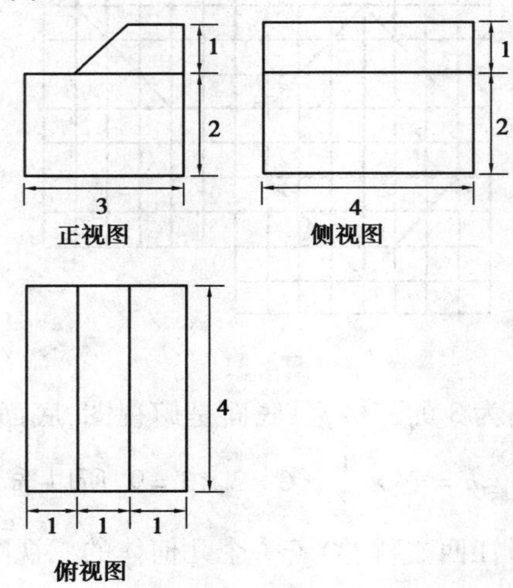

图4.33

例5 (2011年高考山西卷)如图4.34,在一个几何体的三视图中,正视图与俯视图如图所示,则相应的侧视图可以为(   ).

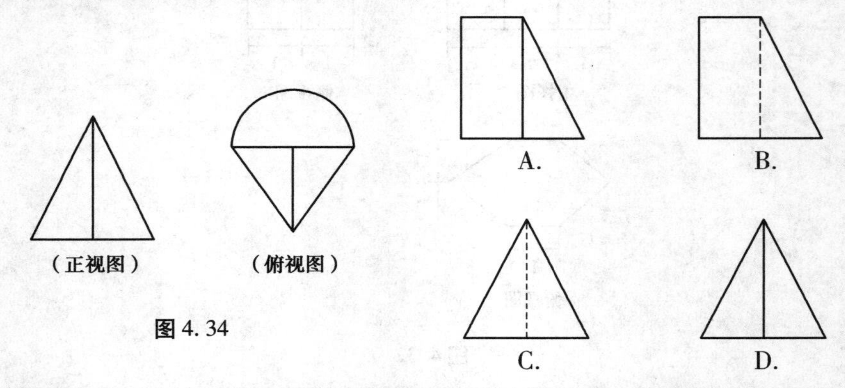

图4.34

分析:这是一个由正视图与俯视图推想侧视图的问题.它要求学生在所学的常见几何体中进行检索,从而找到符合已知条件的几何模型,再进一步找到俯视图.

首先从俯视图上大致可判断这个几何体是一个组合体,一部分为一个半旋转体,另一部分为三棱锥或三棱柱.再由正视图可判断,这个几何体应为锥体.于是可知它是由一个半圆锥与三棱锥组合而成的几何体,从而判断其侧视图为D.

但也要注意到这样的推理只是一种合情推理,而非严格的逻辑推理,因为由正视图和俯视图是确定不了侧视图的.只是在中学生的认知范围内,他们能够猜想到的就是半圆锥和三棱锥的组合.而实际上侧视图为A的几何体也是存在的,它的前面一半也是一个三棱锥,而后面一半可理解为半圆柱与一个横放的三棱柱的交集体,当然这样的几何体对高中生来说很难想到,也无法描述.

例 6 正视图为一个三角形的几何体可以是____________(写出 3 种).

分析:此题的解答相当简单,答案也多种多样. 有的同学答三棱锥、四棱锥、五棱锥. 有的同学答圆锥、三棱柱、三棱台. 显然后者的思维更开阔,前者的思维就比较狭窄,但都是正确的.

例 7 一个棱锥的三视图如图 4.35(1)所示,则该棱锥的全面积(单位:cm^2)为(   ).

A. $48+12\sqrt{2}$　　B. $48+24\sqrt{2}$　　C. $36+12\sqrt{2}$　　D. $36+24\sqrt{2}$

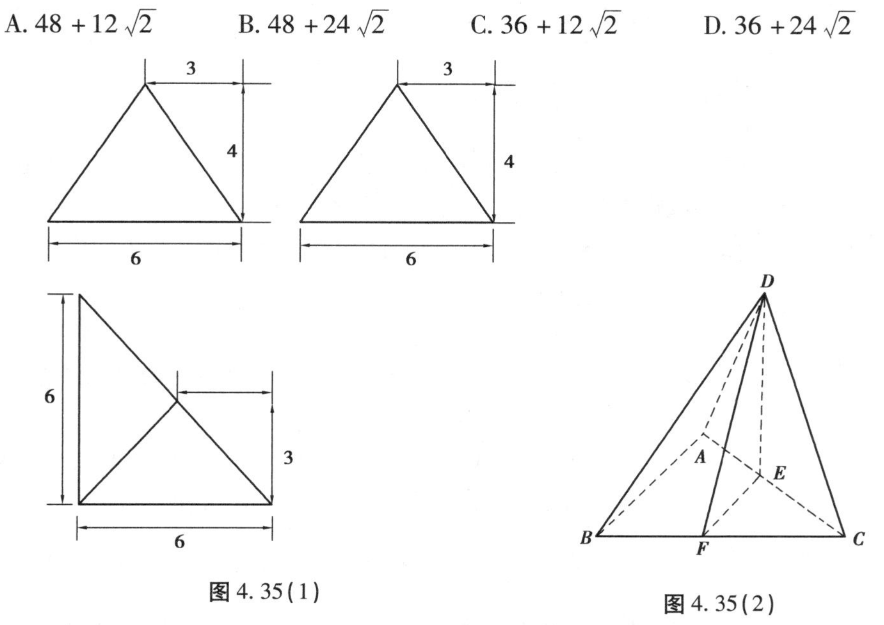

图 4.35(1)　　图 4.35(2)

解:由三视图画出直观图得该几何体是一个三棱锥,如图 4.35(2),底面 ABC 为等腰直角三角形,角 B 为直角,$DE\perp$平面 ABC,垂足为 E,且 E 为 AC 的中点,过 E 作 $EF/\!/AB$ 交 BC 于 F,则 $DE\perp DF$,且 $EF=\dfrac{1}{2}AB$.

另外,由俯视图知 $BC=AB=6$,由正视图知 $DE=4$,所以$\triangle DBC$ 的高 $DF=\sqrt{3^2+4^2}=5$,易得$\triangle DBC\cong\triangle DBA$,于是该棱锥的表面积为:

$$S=S_{\triangle DBC}+S_{\triangle DAB}+S_{\triangle ABC}+S_{\triangle DAC}=2\left(\frac{1}{2}\times6\times5\right)+\frac{1}{2}\times6\times6+\frac{1}{2}\times6\sqrt{2}\times4=$$

$48+12\sqrt{2}$,故选择 A.

4.3 利用平面向量求解异面直线所成角的问题

一般情况下,我们是用平移法求解异面直线所成角的问题,但在掌握了平面向量的知识后,可以用平面向量法来求解异面直线所成角的问题,即要求异面直线 l_1 与 l_2 的所成角,可在异面直线 l_1 与 l_2 上分别选定两个非零向量$\vec{a}$与$\vec{b}$,设向量$\vec{a}$与$\vec{b}$的夹角为 θ,然后先求出$\vec{a}$与$\vec{b}$的数量积$\vec{a}\cdot\vec{b}$,再根据公式 $\cos\theta=\dfrac{\vec{a}\cdot\vec{b}}{|\vec{a}|\cdot|\vec{b}|}$便可求出 θ,但要注意:因规定 $\theta\in[0,\pi]$,若求出的 θ 是一个钝角,则异面直线 l_1 与 l_2 所成角是 θ 的补角.

下面用平面向量法,即借助平面向量的有关知识来探索一下历年高考试题中异面直线所成角的问题的解题途径,以便寻求开辟一条新的解题道路.

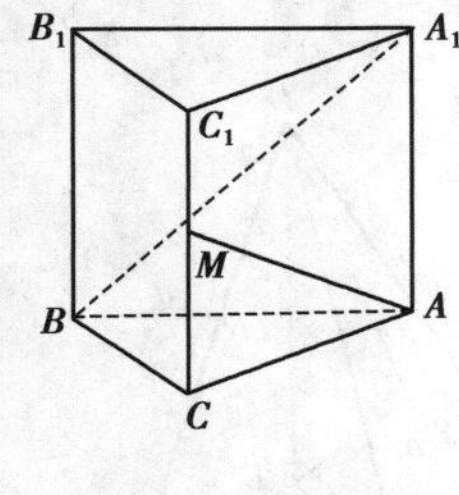

图 4.36

例 1 如图 4.36,已知直三棱柱 $ABC\text{-}A_1B_1C_1$ 中,$\angle ACB=90°$,$\angle BAC=30°$,$BC=1$,$AA_1=\sqrt{6}$,M 是 CC_1 的中点.

求证:$AB_1\perp A_1M$.

分析:如图 4.36,这是一道综合性较强的繁杂的几何题,我们不妨用向量法试一试,看会有什么效果.

证明: $\because\ \overrightarrow{AB_1}\cdot\overrightarrow{A_1M}=(\overrightarrow{AA_1}+\overrightarrow{A_1B_1})\cdot(\overrightarrow{A_1C_1}+\overrightarrow{C_1M})=\overrightarrow{AA_1}\cdot\overrightarrow{A_1C}+\overrightarrow{AA_1}\cdot\overrightarrow{C_1M}+\overrightarrow{A_1B_1}\cdot\overrightarrow{A_1C_1}+\overrightarrow{A_1B_1}\cdot\overrightarrow{C_1M}$

由向量$\overrightarrow{AA_1}\perp\overrightarrow{A_1C_1}$,$\overrightarrow{AA_1}\,/\!/\,\overrightarrow{C_1M}$且反向,$AA_1=\sqrt{6}$,$\overrightarrow{A_1B_1}\perp\overrightarrow{C_1M}$得,$\overrightarrow{AA_1}\cdot\overrightarrow{A_1C_1}=0$,

$\overrightarrow{AA_1}\cdot\overrightarrow{C_1M}=|\overrightarrow{AA_1}|\cdot|\overrightarrow{C_1M}|\cos 180°=\sqrt{6}\times\dfrac{\sqrt{6}}{2}\times(-1)=-\sqrt{3}$,$\overrightarrow{A_1B_1}\cdot\overrightarrow{C_1M}=0$

又由 $\angle BAC=30°$,$\angle ACB=90°$,$BC=1$,$\Rightarrow AB=2$,$A_1C_1=\sqrt{3}\Rightarrow\overrightarrow{A_1B_1}\cdot\overrightarrow{A_1C_1}=$

$|\overrightarrow{A_1B_1}|\cdot|\overrightarrow{A_1C_1}|\cos 30°=2\times\sqrt{3}\times\dfrac{\sqrt{3}}{2}=3$

$\therefore\ \overrightarrow{AB_1}\cdot\overrightarrow{A_1M}=0-3+3=0$

$\therefore\ \overrightarrow{AB_1}\perp\overrightarrow{A_1M}$,即 $AB_1\perp A_1M$

评述:用向量法求解的最大优点是:思路清晰、过程简捷,能起到意想不到的神奇效果,体现向量法的优越性.

例 2 如图 4.37,设$\triangle ABC$ 和$\triangle DBC$ 所在的两个平面互相垂直,且 $AB=BC=BD$,$\angle CBA=\angle DBC=120°$,求 A,D 连线和直线 BC 所成的角(略去了该题的 1,3 问).

分析：如图 4.37，设$|\overrightarrow{AB}|=|\overrightarrow{BC}|=|\overrightarrow{BD}|=a$

$\because \overrightarrow{AD}\cdot\overrightarrow{BC}=(\overrightarrow{AC}+\overrightarrow{CD}\cdot\overrightarrow{BC}=\overrightarrow{AC}\cdot\overrightarrow{BC}+\overrightarrow{CD}\cdot\overrightarrow{BC}$

$\therefore$ 由$\angle CBA=\angle DBC=120°$及余弦定理得：

$\overrightarrow{AC}=\overrightarrow{CD}=\sqrt{3}a\Rightarrow\overrightarrow{AC}\cdot\overrightarrow{BC}=|\overrightarrow{AC}|\cdot|\overrightarrow{BC}|\cdot\cos 30°=\frac{3}{2}a^2$，$\overrightarrow{CD}\cdot\overrightarrow{EC}=|\overrightarrow{CD}|\cdot|\overrightarrow{BC}|\cdot\cos 150°=-\frac{3}{2}a^2$

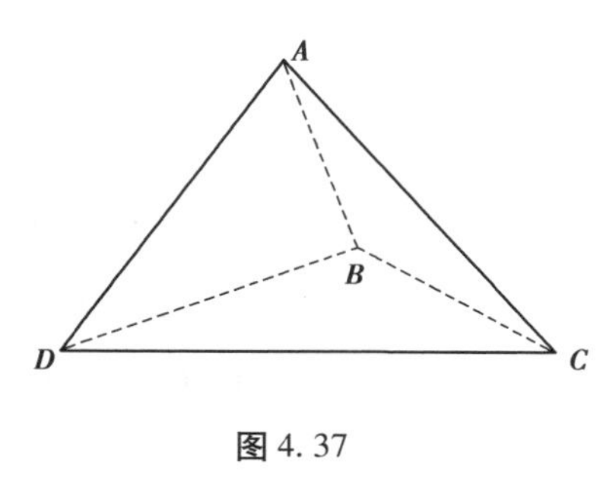

图 4.37

$\therefore \overrightarrow{AD}\cdot\overrightarrow{BC}=\frac{3}{2}a^2-\frac{3}{2}a^2=0$

$\therefore \overrightarrow{AD}\perp\overrightarrow{BC}$

$\therefore A,D$ 的连线和直线 BC 所成角为 90°

评述：通过平面向量的应用，省去了去寻找异面直线所成角的过程，这恰省去了求解异面直线所成角问题的难点.

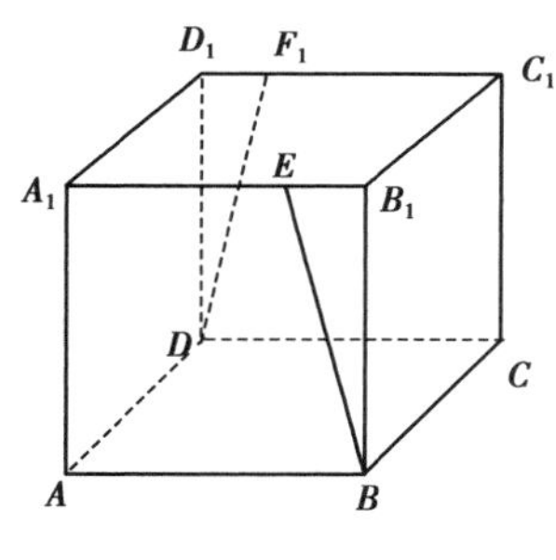

图 4.38

例 3　如图 4.38，$ABCD\text{-}A_1B_1C_1D_1$ 是正方体 $BE_1=D_1F_1=\frac{A_1B_1}{4}$，则 BE_1 与 DF_1 所成角的余弦值是（　　）.

A. $\frac{15}{17}$　　B. $\frac{1}{2}$　　C. $\frac{8}{17}$　　D. $\frac{\sqrt{3}}{2}$

分析：设正方体的棱长为$4a$，则：$|\overrightarrow{B_1E_1}|=|\overrightarrow{D_1F_1}|=\frac{1}{4}|\overrightarrow{A_1B_1}|=a$，$|\overrightarrow{BE_1}|=|\overrightarrow{DF_1}|=\sqrt{17}a$，设向量$\overrightarrow{BE_1}$与$\overrightarrow{DF_1}$的夹角为$\theta$.

$\because \overrightarrow{BE_1}\cdot\overrightarrow{DF_1}=(\overrightarrow{BB_1}+\overrightarrow{B_1E_1})\cdot(\overrightarrow{DD_1}+\overrightarrow{DF_1})=\overrightarrow{BB_1}\cdot\overrightarrow{DD_1}+\overrightarrow{BB_1}\cdot\overrightarrow{DF_1}+\overrightarrow{BE_1}\cdot\overrightarrow{DD_1}+\overrightarrow{B_1E_1}\cdot\overrightarrow{DF_1}$，而向量$\overrightarrow{BB_1}\,/\!/\,\overrightarrow{DD_1}$且同向

$\therefore \overrightarrow{BB_1}\cdot\overrightarrow{DD_1}=16a^2$，$\overrightarrow{BB_1}\cdot\overrightarrow{DF_1}+\overrightarrow{BE_1}\cdot\overrightarrow{DD_1}=\overrightarrow{BB_1}\cdot(\overrightarrow{D_1F_1}+\overrightarrow{B_1E_1})$即$\overrightarrow{BB_1}\cdot\overrightarrow{D_1F_1}+\overrightarrow{B_1E_1}\cdot\overrightarrow{DD_1}=0$，又$\overrightarrow{B_1E_1}\cdot\overrightarrow{D_1F_1}=-a^2$，$\therefore \overrightarrow{BE_1}\cdot\overrightarrow{DF_1}=16a^2+0-a^2=15a^2$

$\cos\theta=\frac{\overrightarrow{BE_1}\cdot\overrightarrow{DF_1}}{|\overrightarrow{BE_1}|\cdot|\overrightarrow{DF_1}|}=\frac{15a^2}{\sqrt{17}\times\sqrt{17}a^2}=\frac{15}{17}$，所以选 A.

例 4　如图 4.39，$A_1B_1C_1\text{-}ABC$ 是直三棱柱，$\angle BCA=90°$，点 D_1，F_1 分别是 A_1B_1，A_1C_1 的中点，若 $BC=CA=CC_1$，则 BD_1 与 AF_1 所成角的余弦值是（　　）.

A. $\frac{\sqrt{30}}{10}$　　B. $\frac{1}{2}$　　C. $\frac{\sqrt{30}}{15}$　　D. $\frac{\sqrt{10}}{10}$

分析:如图 4.39,设 $BC=CA=CC_1=a$,由 $\angle BCA=90°\Rightarrow B_1D_1=\frac{\sqrt{2}}{2}a$,$BD_1=\frac{\sqrt{6}}{2}a$,$AF_1=\frac{\sqrt{5}}{2}a$. 又设向量$\overrightarrow{BD_1}$与$\overrightarrow{AF_1}$的夹角为 θ,因为$\overrightarrow{BD_1}\cdot\overrightarrow{AF_1}=(\overrightarrow{BB_1}+\overrightarrow{B_1D_1})\cdot(\overrightarrow{AA_1}+\overrightarrow{A_1F_1})=\overrightarrow{BB_1}\cdot\overrightarrow{AA_1}+\overrightarrow{BB_1}\cdot\overrightarrow{A_1F_1}+\overrightarrow{B_1D_1}\cdot\overrightarrow{AA_1}+\overrightarrow{B_1D_1}\cdot\overrightarrow{A_1F_1}$,由向量$\overrightarrow{BB_1}\,/\!/\,\overrightarrow{AA_1}$且同向,$\overrightarrow{BB_1}\perp\overrightarrow{AA_1}$,$\overrightarrow{B_1D_1}\perp\overrightarrow{AA_1}\Rightarrow\overrightarrow{BB_1}\cdot\overrightarrow{AA_1}=a^2$,$\overrightarrow{BB_1}\cdot\overrightarrow{AA_1}=\overrightarrow{B_1D_1}\cdot\overrightarrow{AA_1}=0$. 而$\overrightarrow{B_1D_1}\cdot\overrightarrow{A_1F_1}=|\overrightarrow{B_1D_1}|\cdot|\overrightarrow{A_1F_1}|\cos 135°=\frac{\sqrt{2}}{2}\times\frac{1}{2}\times\left(-\frac{\sqrt{2}}{2}\right)a^2=-\frac{1}{4}a^2$.

所以$\overrightarrow{BD_1}\cdot\overrightarrow{AF_1}=a^2+0+0-\frac{1}{4}a^2=\frac{3}{4}a^2$,由此得:

$$\cos\theta=\frac{\overrightarrow{BD_1}\cdot\overrightarrow{AF_1}}{|\overrightarrow{BD_1}|\cdot|\overrightarrow{AF_1}|}=\frac{\frac{3}{4}a^2}{\frac{\sqrt{6}}{2}\times\frac{\sqrt{5}}{2}a^2}=\frac{\sqrt{30}}{10}\text{,所以选 A.}$$

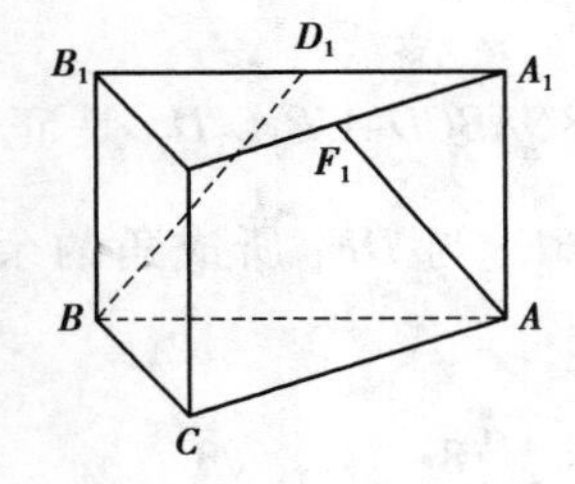

图 4.39

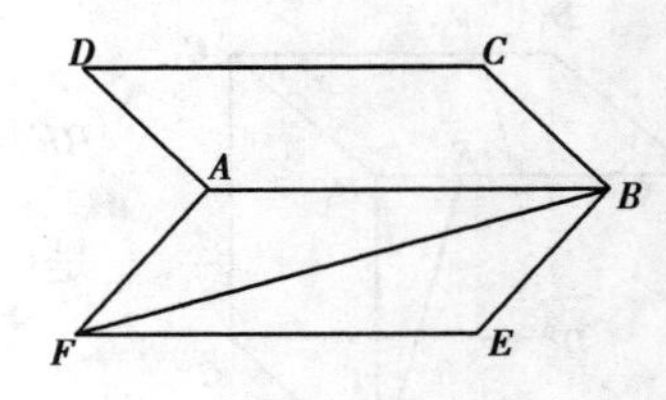

图 4.40

例 5 如图 4.40,正方形 $ABCD$ 所在平面与正方形 $ABEF$ 所在平面成 60°的二面角,则异面直线 AD 与 BF 所成角的余弦值是________.

分析:如图 4.40,由向量$\overrightarrow{FA}\perp\overrightarrow{AB}$,$\overrightarrow{DA}\perp\overrightarrow{AB}\Rightarrow\angle FAD$ 是正方形 $ABCD$ 所在的平面与正方形 $ABEF$ 所在平面的二面角的平面角. 所以$\angle DAF=60°$. 设正方形的边长为 a,则$|\overrightarrow{BF}|=\sqrt{2}a$.

$\because\overrightarrow{AD}\cdot\overrightarrow{BF}=\overrightarrow{AD}(\overrightarrow{BA}+\overrightarrow{AF})=\overrightarrow{AD}\cdot\overrightarrow{BA}+\overrightarrow{AD}\cdot\overrightarrow{AF}$,由$\overrightarrow{AD}\perp\overrightarrow{BA}\Rightarrow\overrightarrow{AD}\cdot\overrightarrow{BA}=0$,而$\overrightarrow{AD}\cdot\overrightarrow{AF}=|\overrightarrow{AD}|\cdot|\overrightarrow{AF}|\cos 60°=1\times1\times\frac{1}{2}a^2=\frac{1}{2}a^2$,又设向量$\overrightarrow{AD}$与$\overrightarrow{BF}$的夹角为 θ

$$\therefore\cos\theta=\frac{\overrightarrow{AD}\cdot\overrightarrow{BF}}{|\overrightarrow{AD}|\cdot|\overrightarrow{BF}|}=\frac{\frac{1}{2a^2}}{1\times\sqrt{2}a^2}=\frac{\sqrt{2}}{4}$$

$\therefore$ 异面直线 AD 与 BF 所成角的余弦值是$\frac{\sqrt{2}}{4}$.

例6 如图 4.41，在正方体 $ABCD\text{-}A_1B_1C_1D_1$ 中，E，F 分别是 BB_1，CD 的中点，求 AE 与 D_1F 所成的角.

分析：如图 4.41，设正方体的棱长为 $2a$，因为$\overrightarrow{AE}\cdot\overrightarrow{D_1F}=(\overrightarrow{AB}+\overrightarrow{BE})\cdot(\overrightarrow{D_1D}+\overrightarrow{DF})=\overrightarrow{AB}\cdot\overrightarrow{D_1D}+\overrightarrow{AB}\cdot\overrightarrow{DF}+\overrightarrow{BE}\cdot\overrightarrow{D_1D}+\overrightarrow{BE}\cdot\overrightarrow{DF}$，所以由向量$\overrightarrow{AB}\perp\overrightarrow{D_1D}$，$\overrightarrow{BE}\perp\overrightarrow{DF}\Rightarrow\overrightarrow{AB}\cdot\overrightarrow{D_1D}=\overrightarrow{BE}\cdot\overrightarrow{DF}=0$，由向量$\overrightarrow{AB}/\!/\overrightarrow{DF}$且同向，$\overrightarrow{BE}/\!/\overrightarrow{D_1D}$且反向$\Rightarrow\overrightarrow{AB}\cdot\overrightarrow{DF}=2a\times a=2a^2$，$\overrightarrow{BE}\cdot\overrightarrow{D_1D}=-2a^2$，所以$\overrightarrow{AE}\cdot\overrightarrow{D_1F}=0$，因此$\overrightarrow{AE}\perp\overrightarrow{D_1F}$，即 AE 与 D_1F 所成角为 $90°$.

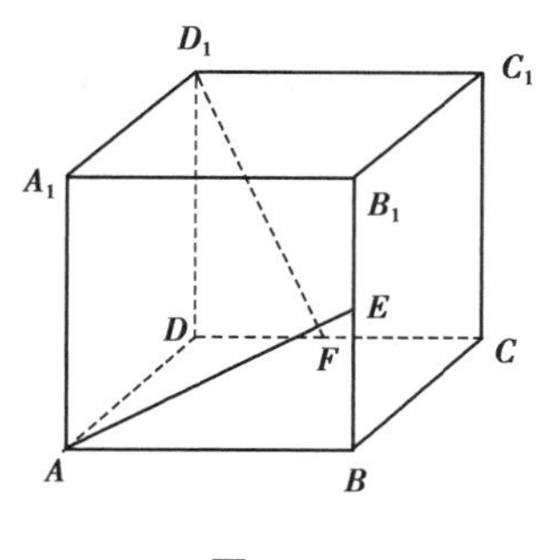

图 4.41

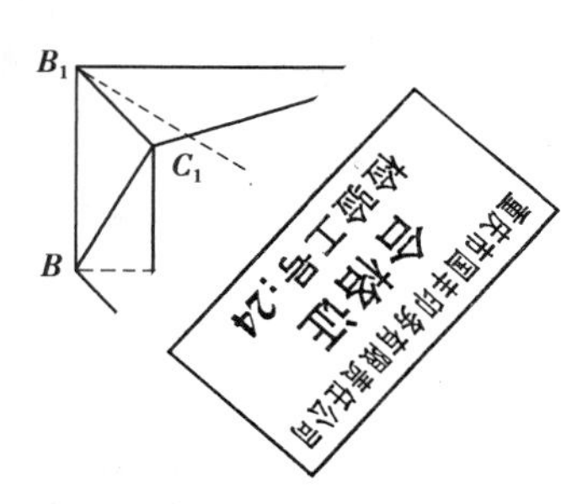

例7 如图 4.42 在正三棱柱 $ABC-A_1B_1C_1$ 中，若 $AB=\sqrt{2}BB_1$，则 AB_1 与 C_1B 所成角的大小为(　　).

A. 60°　　B. 90°　　C. 105°　　D. 75°

分析：如图 4.42，设 $AB=\sqrt{2}a$，$BB_1=a$

$\because\overrightarrow{AB_1}\cdot\overrightarrow{C_1B}=(\overrightarrow{AB}+\overrightarrow{BB_1})\cdot(\overrightarrow{C_1C}+\overrightarrow{CB})=\overrightarrow{AB}\cdot\overrightarrow{C_1C}+\overrightarrow{AB}\cdot\overrightarrow{CB}+\overrightarrow{BB_1}\cdot\overrightarrow{C_1C}+\overrightarrow{BB_1}\cdot\overrightarrow{CB}$

由$\overrightarrow{AB}\perp\overrightarrow{C_1C}$，$\overrightarrow{BB_1}\perp\overrightarrow{CB}$得：$\overrightarrow{AB}\cdot\overrightarrow{C_1C}=\overrightarrow{BB_1}\cdot\overrightarrow{CB}=0$

由$\overrightarrow{BB_1}/\!/\overrightarrow{C_1C}$且反向得$\overrightarrow{BB_1}\cdot\overrightarrow{C_1C}=-a^2$

而$\overrightarrow{AB}\cdot\overrightarrow{CB}=|\overrightarrow{AB}|\cdot|\overrightarrow{CB}|\cos 60°=\sqrt{2}a\times\sqrt{2}a\times\dfrac{1}{2}=a^2$

$\therefore\overrightarrow{AB_1}\cdot\overrightarrow{C_1B}=0+a^2-a^2+0=0$

$\therefore\overrightarrow{AB_1}\perp\overrightarrow{C_1B}$，故选 B.

综上所述，用向量法求解异面直线所成角的问题不仅简洁明了，而且具有一般性. 它不但可以解决异面直线所成角的问题，而且还可以解决很多数学问题，所以在学习中应自觉地应用向量法来探索新的解题途径，使向量成为具有一套优良运算通性的数学体系，成为研究数学的基本工具之一.

4.4 关于二面角计算问题的求解策略

立体几何中,二面角的计算问题是立体几何中的热点和重点问题,同时也是难点问题,它涉及面广,思维含量大,是生命力很旺盛的一种题型,要求学生能根据自己所学的知识对题目的条件或结论作出合理的推断.这里从不同的角度和方位向大家介绍关于二面角计算问题的求解策略,以便大家对二面角的计算方法有充分认识和准备,做到心中有底.

关于二面角的计算问题,常有3种处理策略:第一种是先通过构造二面角的平面角,尽量将其构置在一个特殊的图形之中,结合三角知识来求解;第二种策略是将一个二面角的大小转化为两个二面角的大小之和来计算;第三种策略是回避二面角的平面角——不作出平面角,根据二面角大小的相关公式来计算.

4.4.1 构造二面角的平面角常用的三种方法

①直接利用二面角的平面角的定义,作出平面角,如图4.43(1),

由 $\left.\begin{matrix}O\in l, OA\subset\alpha, OB\subset\beta\\ OA\perp l, OB\perp l\end{matrix}\right\}\Rightarrow\angle AOB$ 为二面角 α-l-β 的平面角.

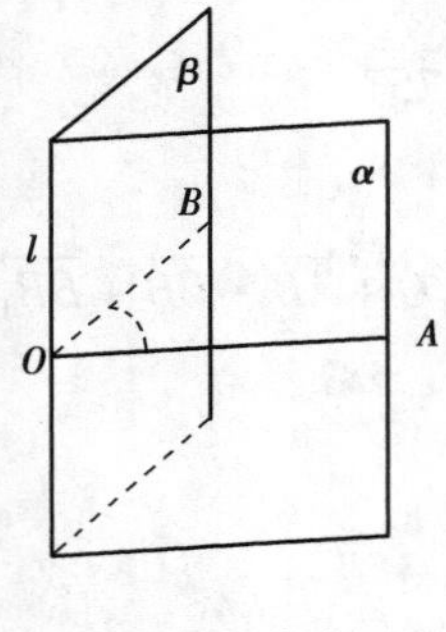

图4.43(1)

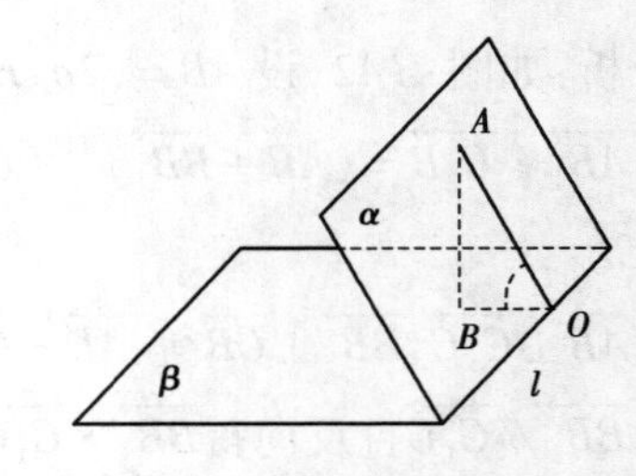

图4.43(2)

②利用三垂线定理或它的逆定理作出二面角的平面角,如图4.43(2),由

$\left.\begin{matrix}AB\perp\beta, A\in\alpha, B\in\beta\\ \text{过 } B \text{ 点作 } BO\perp l \text{ 于点 } O\text{,连接 } AO\end{matrix}\right\}\Rightarrow\angle AOB$ 为二面角 α-l-β 的平面角.

③作二面角的棱的垂面,找出平面角,如图 4.43(3).

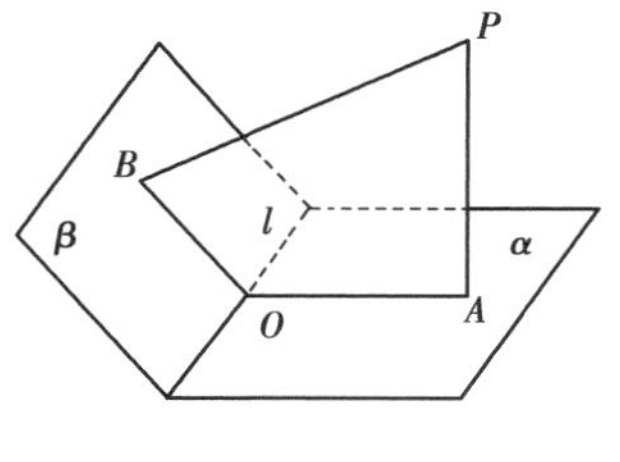

图 4.43(3)

$$\left.\begin{array}{r}\text{平面 } PAB\perp l, O\text{ 为垂足}\\ \text{由平面 } PAB\cap\alpha=OA\\ \text{平面 } PAB\cap\beta=OB\end{array}\right\}\Rightarrow$$

$\angle AOB$ 为二面角 α-l-β 的平面角.

注:构造二面角的平面角,确定二面角的棱是前提,找"一点"是关键,如图 4.43(1)中的 O 点,图 4.43(2)中的 A 点,图 4.43(3)中的 P 点. 这一点对计算的"繁"与"简"起着决定作用,必须认真选好.

4.4.2 将一个二面角的大小转化为两个二面角的大小之和来计算

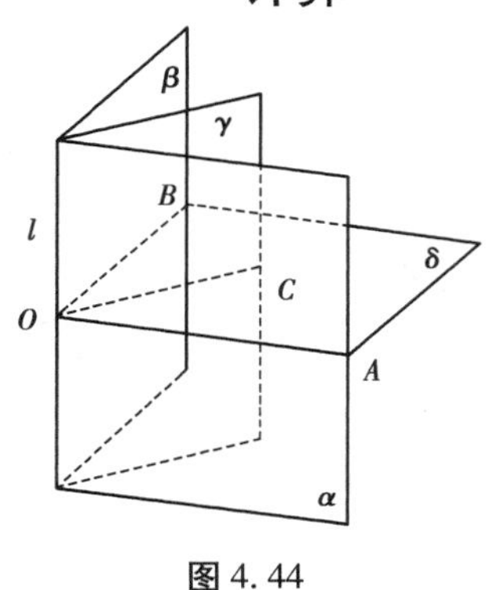

图 4.44

如图 4.44 所示.

$$\text{由}\left.\begin{array}{l}\delta\perp l, O\text{ 为垂足}\\ \delta\cap\alpha=OA,\delta\cap\beta=OB,\delta\cap\gamma=OC\\ \angle AOB\text{ 为二面角 }\alpha\text{-}l\text{-}\beta\text{ 的平面角}\\ \angle AOC\text{ 为二面角 }\alpha\text{-}l\text{-}\gamma\text{ 的平面角}\\ \angle BOC\text{ 为二面角 }\beta\text{-}l\text{-}\gamma\text{ 的平面角}\\ \angle AOB=\angle AOC+\angle BOC\end{array}\right\}\Rightarrow$$

二面角 α-l-β 的大小等于二面角 α-l-γ 的大小与二面角 β-l-γ 的大小之和.

注:当二面角为钝二面角时,计算大小时常将它转化为一个直二面角与一个锐二面角的大小之和来计算.

4.4.3 计算二面角大小常用的几个公式

①如图 4.45(1),若 $CE\perp AB$ 于点 E,$DF\perp AB$ 于点 F,则二面角 C-AB-D 的大小等于向量 $\overrightarrow{EC}$ 与 $\overrightarrow{FD}$ 的夹角(或 $\overrightarrow{CE}$ 与 $\overrightarrow{DF}$ 的夹角)$\arccos\dfrac{\overrightarrow{EC}\cdot\overrightarrow{FD}}{|\overrightarrow{EC}|\cdot|\overrightarrow{FD}|}$ $\left(\text{或} \arccos\dfrac{\overrightarrow{CE}\cdot\overrightarrow{DF}}{|\overrightarrow{CE}|\cdot|\overrightarrow{DF}|}\right)$的大小.

②三射线定理. 如图 4.45(2),从空间一点 O 引三条射线 OA,OB,OC,在 OC 上任取点 C,作 $CA\perp OC$ 于 C,交 OA 于 A;作 $CB\perp OC$ 于 C,交 OB 于 B. 设 $\overrightarrow{OA}=\vec{a}$,$\overrightarrow{OB}=\vec{b}$,$\overrightarrow{OC}=\vec{c}$,$<\vec{a},\vec{c}>=\theta_1$,$<\vec{b},\vec{c}>=\theta_2$,$<\vec{a},\vec{b}>=\theta$,二面角 A-OC-B 的大小为 α,则有

$\cos\theta=\cos\theta_1\cos\theta_2+\sin\theta_1\sin\theta_2\cos\alpha$，即 $\cos\alpha=\dfrac{\cos\theta-\cos\theta_1\cos\theta_2}{\sin\theta_1\sin\theta_2}$

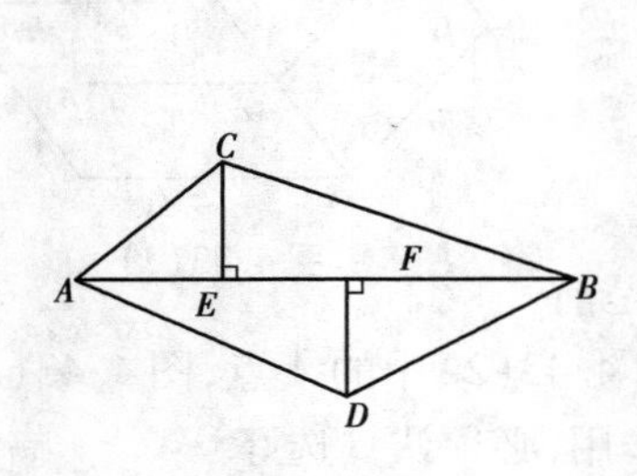

图 4.45(1)

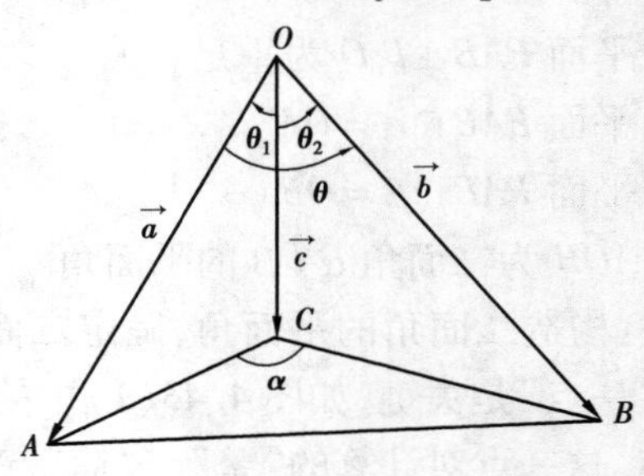

图 4.45(2)

证明：如图 4.45(2)，由 $CA\perp OC, CB\perp OC\Rightarrow\angle ACB$ 为二面角 $A\text{-}OC\text{-}B$ 的平面角.

$\therefore\ \angle ACB=\alpha=\langle\overrightarrow{CA},\overrightarrow{CB}\rangle$，由题设得：

$$\cos\theta_1=\frac{|\vec{c}|}{|\vec{a}|},\cos\theta_2=\frac{|\vec{c}|}{|\vec{b}|},\sin\theta_1=\frac{|\overrightarrow{CA}|}{|\vec{a}|},\sin\theta_2=\frac{|\overrightarrow{CB}|}{|\vec{b}|}$$

$$\cos\theta=\frac{\vec{a}\cdot\vec{b}}{|\vec{a}|\cdot|\vec{b}|},\cos\alpha=\frac{\overrightarrow{CA}\cdot\overrightarrow{CB}}{|\overrightarrow{CA}|\cdot|\overrightarrow{CB}|}=\frac{(\vec{a}-\vec{c})\cdot(\vec{b}-\vec{c})}{|\overrightarrow{CA}|\cdot|\overrightarrow{CB}|}$$

$$\begin{aligned}\therefore\cos\theta_1\cos\theta_2+\sin\theta_1\sin\theta_2\cos\alpha&=\frac{\vec{c}^2}{|\vec{a}|\cdot|\vec{b}|}+\frac{(\vec{a}-\vec{c})\cdot(\vec{b}-\vec{c})}{|\vec{a}|\cdot|\vec{b}|}\\&=\frac{2\vec{c}^2+\vec{a}\cdot\vec{b}-\vec{c}\cdot(\vec{a}+\vec{b})}{|\vec{a}|\cdot|\vec{b}|}\\&=\frac{\vec{a}\cdot\vec{b}}{|\vec{a}|\cdot|\vec{b}|}+\frac{\vec{c}[(\vec{c}-\vec{a})+(\vec{c}-\vec{b})]}{|\vec{a}|\cdot|\vec{b}|}\\&=\cos\theta+\frac{\vec{c}\cdot(\overrightarrow{AC}+\overrightarrow{BC})}{|\vec{a}|\cdot|\vec{b}|}\\&=\cos\theta+\frac{\vec{c}\cdot\overrightarrow{AC}+\vec{c}\cdot\overrightarrow{BC}}{|\vec{a}|\cdot|\vec{b}|}\end{aligned}$$

又由题设知，$\vec{c}\perp\overrightarrow{AC},\vec{c}\perp\overrightarrow{BC}$，$\therefore\ \vec{c}\cdot\overrightarrow{AC}=\vec{c}\cdot\overrightarrow{BC}=0$，因此：

$\cos\theta=\cos\theta_1\cos\theta_2+\sin\theta_1\sin\theta_2\cos\alpha$，即 $\cos\alpha=\dfrac{\cos\theta-\cos\theta_1\cos\theta_2}{\sin\theta_1\sin\theta_2}$，故定理成立.

注:定理中的 θ_1,θ_2 可以推广到钝角或直角的情况.

③二面角射影面积公式.

$\cos\alpha=\dfrac{S_{\text{射影图形}}}{S_{\text{原图形}}}$,其中 α 是二面角大小,$S_{\text{原图形}}$ 是指二面角中一个面内某个图形的面积,$S_{\text{射影图形}}$ 是指该图形在另一个面上的射影图形的面积(证明略).

说明:当二面角为钝二面角时,大小为 $\pi-\alpha$.

④如图 4.45(3),设 $PA\perp\alpha$ 于 A,$PB\perp\beta$ 于 B,$\overrightarrow{\eta_1},\overrightarrow{\eta_2}$ 分别为二面角 $\alpha\text{-}l\text{-}\beta$ 的两个面 α,β 的一个法向量,则 $\angle AOB+\angle APB=\pi$,$\angle AOB=\langle\overrightarrow{\eta_1},\overrightarrow{\eta_2}\rangle$ 或 $\pi-\langle\overrightarrow{\eta_1},\overrightarrow{\eta_2}\rangle$.

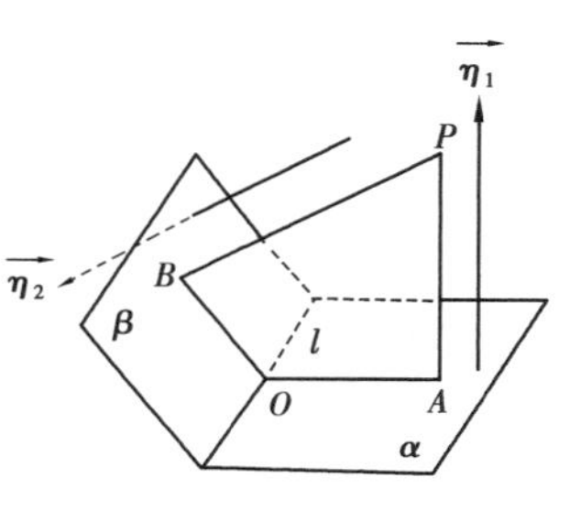

图 4.45(3)

说明:

①$\overrightarrow{\eta_1},\overrightarrow{\eta_2}$ 当分别指向二面角的内、外侧时,二面角 $\alpha\text{-}l\text{-}\beta$ 的大小等于 $\langle\overrightarrow{\eta_1},\overrightarrow{\eta_2}\rangle$ 的大小.

②当 $\overrightarrow{\eta_1},\overrightarrow{\eta_2}$ 同时指向二面角的内侧或外侧时,二面角 $\alpha\text{-}l\text{-}\beta$ 的大小等于 $\pi-\langle\overrightarrow{\eta_1},\overrightarrow{\eta_2}\rangle$ 的大小.

例 1 (2004 年全国高考理科试卷)如图 4.46(1),已知四棱锥 $P\text{-}ABCD$,$PB\perp AD$,侧面 PAD 为边长等于 2 的正三角形,底面 $ABCD$ 为菱形,侧面 PAD 与底面 $ABCD$ 所形成的二面角为 $120°$.

①求点 P 到平面 $ABCD$ 的距离.

②求面 APB 与面 CPB 所形成二面角的大小.

分析:由于侧面 PAD 与底面所形成二面角为 $120°$,因此无论是哪一种方法都必须构造出侧面 PAD 与底面所成的 $120°$ 二面角的平面角. 由题设和图形的特征可知,可利用三垂线定理或它的逆定理来寻求这个平面角.

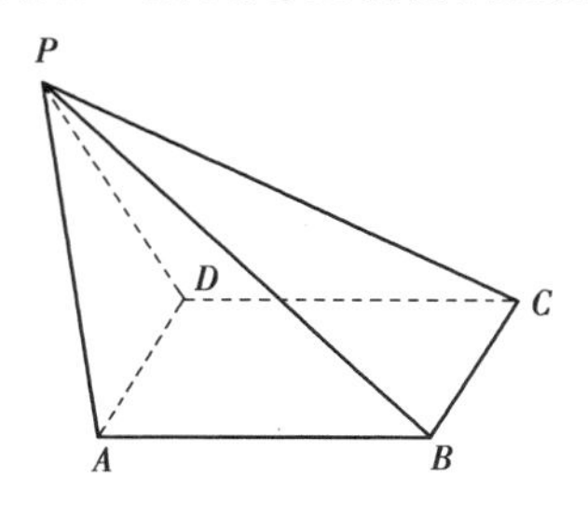

图 4.46(1)

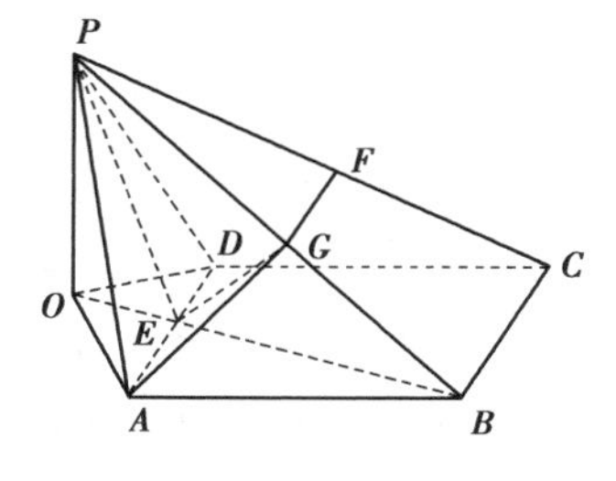

图 4.46(2)

解:如图 4.46(2),作 $PO\perp$ 平面 $ABCD$,O 为垂足,连接 OA,OB,OD. OB 与 AD 交于点 E,连接 PE. 因为 $AD\perp PB$,所以 $AD\perp OB$(三垂线定理的逆定理)$\Rightarrow AD\perp PE$(三垂线定理),因此 $\angle PEB$ 为面 PAD 与面 $ABCD$ 所成二面角的平面角,所以

$\angle PEB=120°$，$\angle PEO=60°$. 又因为 $PA=PD=AD=2$，故 $PO=PE\cdot\sin 60°=\sqrt{3}\times\frac{\sqrt{3}}{2}=\frac{3}{2}$，即点 P 到平面 $ABCD$ 的距离为 $\frac{3}{2}$.

方法1：根据二面角的平面角的定义寻求二面角 $A\text{-}PB\text{-}C$ 的平面角.

如图4.46(2)，取 PB 中点 G，由 $PA=AD=AB=2\Rightarrow AG\perp PB$，因为 $AD/\!/BC$，$AD\perp PB$，所以过点 G 作 $GF/\!/BC$ 交 PC 于点 F，则 $GF\perp PB$，且 $GF=\frac{1}{2}BC=1$，因此 $\angle AGF$ 是二面角 $A\text{-}PB\text{-}C$ 的平面角. 因为 $AD\perp$ 平面 POB，所以 $AD\perp EG$. 从而得出 $PE=BE=\sqrt{3}$，由 $\angle PEB=120°$，得到 $\angle EPB=\angle EBP=30°$，因为 $PB\perp$ 平面$AGFD$，所以 $PB\perp EG$，在 $\mathrm{Rt}\triangle GAE$ 中，$AE=\frac{1}{2}AD=1$，$\tan\angle GAE=\frac{EG}{AE}=\frac{\sqrt{3}}{2}$，而在梯形 $AGFD$ 中，$\angle AGF+\angle GAE=\pi$.

所以 $\angle AGF=\pi-\arctan\frac{\sqrt{3}}{2}$，即所求二面角的大小为 $\pi-\arctan\frac{\sqrt{3}}{2}$.

方法2：将二面角 $A\text{-}PB\text{-}C$ 的大小转化为一个直二面角与锐二面角的大小之和，求锐二面角的平面角.

如图4.46(2)，由于 $AD/\!/BC$，$AD\perp PB$，$PO\perp$ 平面 $ABCD$，故 $BC\perp OB$，$BC\perp$ 平面 POB. 所以平面 $PBC\perp$ 平面 POB，二面角 $A\text{-}PB\text{-}C$ 的大小 $=\frac{\pi}{2}+$ 二面角 $A\text{-}PB\text{-}O$ 的大小.

易得 E 为 AD 中点，$AE\perp$ 平面 POB，过点 E 作 $EG\perp PB$ 于 G，连接 AG，则由三垂线定理知，$\angle AGE$ 为二面角 $A\text{-}PB\text{-}O$ 的大小. $\because PA=AB=2$，所以 G 为 PB 的中点，同方法一得，$\angle EGB=30°$，$EG=\frac{1}{2}BE=\frac{\sqrt{3}}{2}$，在 $\mathrm{Rt}\triangle AEG$ 中，$\tan\angle AGE=\frac{AE}{EG}=\frac{1}{\frac{\sqrt{3}}{2}}=\frac{2}{3}\sqrt{3}$，所以 $\angle AGE=\arctan\frac{2\sqrt{3}}{3}$. 即二面角 $A\text{-}PB\text{-}O$ 的大小为 $\arctan\frac{2\sqrt{3}}{3}$，所以二面角 $A\text{-}PB\text{-}C$ 的大小为 $\frac{\pi}{2}+\arctan\frac{2\sqrt{3}}{3}$.

方法3：利用平面向量法求解.

如图4.46(2)，过 A 点作 $AG\perp PB$ 于 G，因为 $PA=AB=2$，所以 G 为 PB 的中点，同方法②得，$BC\perp PB$，$EG=\frac{\sqrt{3}}{2}$，$AE=1$，在 $\mathrm{Rt}\triangle AEG$ 中，$AG=\sqrt{AE^2+EG^2}=\frac{\sqrt{7}}{2}$，所以由 $AG\perp PB$，$BC\perp PB$ 知 $<\overrightarrow{GA},\overrightarrow{BC}>$ 的大小即为所求二面角 $A\text{-}PB\text{-}C$ 的大小.

因为$\overrightarrow{GA}=\overrightarrow{GB}+\overrightarrow{BA}$,所以$\overrightarrow{GA}\cdot\overrightarrow{BC}=(\overrightarrow{GB}+\overrightarrow{BA})\cdot\overrightarrow{BC}=\overrightarrow{GB}\cdot\overrightarrow{BC}+\overrightarrow{BA}\cdot\overrightarrow{BC}$,又因为$\overrightarrow{BC}\perp\overrightarrow{GB}$,易得$\angle ABE=30°$,$\angle ABC=30°+90°=120°$. 所以$\overrightarrow{GA}\cdot\overrightarrow{BC}=0+2\times 2\cos 120°=-2$,$|\overrightarrow{GA}|\cdot|\overrightarrow{BC}|=\frac{\sqrt{7}}{2}\times 2=\sqrt{7}$.

所以$\cos<\overrightarrow{GA},\overrightarrow{BC}>=\frac{\overrightarrow{GA}\cdot\overrightarrow{BC}}{|\overrightarrow{GA}|\cdot|\overrightarrow{BC}|}=-\frac{2\sqrt{7}}{7}$.

即所求二面角的大小为$\pi-\arccos\frac{2\sqrt{7}}{7}$.

方法4:利用三射线定理求解.

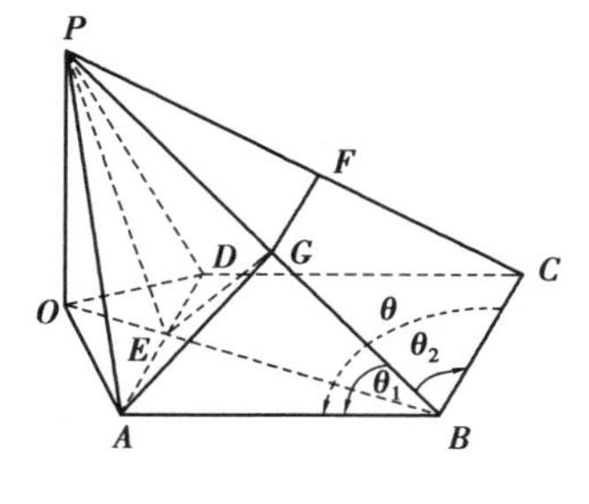

图4.46(3)

如图4.46(3),在二面角$A\text{-}PB\text{-}C$的棱上选一点B,令$<\overrightarrow{BA},\overrightarrow{BP}>=\theta_1$,$<\overrightarrow{BC},\overrightarrow{BP}>=\theta_2$,$<\overrightarrow{BA},\overrightarrow{BC}>=\theta$,二面角$A\text{-}PB\text{-}C$的大小为$\alpha$,即$\theta_1=\angle ABP$,$\theta_2=\angle CBP$,$\theta=\angle ABC$.

易得$\theta_2=90°$,$\theta=\angle ABE+\angle EBC=30°+90°=120°$. 过$A$作$AG\perp PB$于$G$,

$\because PA=AB=2$

$\therefore G$为PB中点,采用同方法一得$\angle PBO=30°$

$\therefore PB=2PO=3$

$\therefore BG=\frac{1}{2}PB=\frac{3}{2}$

$\therefore$在$Rt\triangle ABG$中,$AG=\sqrt{AB^2-BG^2}=\frac{\sqrt{7}}{2}$

$\therefore \sin\theta_1=\frac{AG}{AB}=\frac{\sqrt{7}}{4}$,$\cos\theta_1=\frac{BG}{AB}=\frac{3}{4}$

$\therefore$根据三射线定理:$\cos\alpha=\frac{\cos\theta-\cos\theta_1\cos\theta_2}{\sin\theta_1\sin\theta_2}$得:

$$\cos\alpha=\frac{\cos 120°-\frac{3}{4}\cos 90°}{\frac{\sqrt{7}}{4}\times\sin 90°}=-\frac{2\sqrt{7}}{7}$$

$\therefore\alpha=\pi-\arccos\frac{2\sqrt{7}}{7}$,即所求二面角大小为$\pi-\arccos\frac{2\sqrt{7}}{7}$.

方法5:利用空间向量法求解.

如图4.46(4)建立空间直角坐标系,O为坐标原点,x轴平行于DA,过A作$AG\perp PB$于G,则由$PA=AB=2$知,G为PB中点,易得$BC\perp PB$. 所以二面角$A\text{-}PB\text{-}C$

的大小等于 $<\overrightarrow{GA},\overrightarrow{BC}>$ 的大小. 由题设条件易得 $P\left(0,0,\frac{3}{2}\right)$, $B\left(0,\frac{3}{2}\sqrt{3},0\right)$, $G\left(0,\frac{3\sqrt{3}}{4},\frac{3}{4}\right)$, $A\left(1,\frac{\sqrt{3}}{2},0\right)$, $C\left(-2,\frac{3}{2}\sqrt{3},0\right)$.

$\therefore \overrightarrow{GA}=\left(1,-\frac{\sqrt{3}}{4},-\frac{3}{4}\right)$, $\overrightarrow{BC}=(-2,0,0)$, $\overrightarrow{GA}\cdot\overrightarrow{BC}=-2$, $|\overrightarrow{GA}|\cdot|\overrightarrow{BC}|=\sqrt{7}$.

$\therefore \cos\theta<\overrightarrow{GA},\overrightarrow{BC}>=\dfrac{\overrightarrow{GA}\cdot\overrightarrow{BC}}{|\overrightarrow{GA}|\cdot|\overrightarrow{BC}|}=-\dfrac{2\sqrt{7}}{7}$.

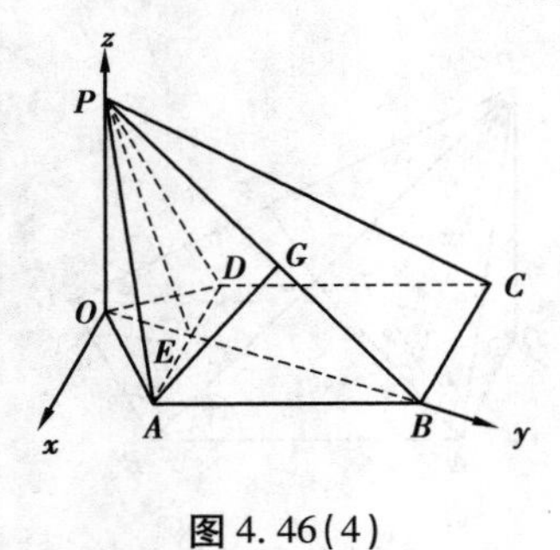

图 4.46(4)

$\therefore$ 所求二面角的大小为 $\pi-\arccos\dfrac{2\sqrt{7}}{7}$.

方法 6:利用法向量法求解.

如图 4.46(4),同方法 5 得,$P\left(0,0,\frac{3}{2}\right)$, $B\left(0,\frac{3}{2}\sqrt{3},0\right)$, $A\left(1,\frac{\sqrt{3}}{2},0\right)$, $C\left(-2,\frac{3\sqrt{3}}{2},0\right)$. $\overrightarrow{PA}=\left(1,\frac{\sqrt{3}}{2},-\frac{3}{2}\right)$, $\overrightarrow{PB}=\left(0,\frac{3\sqrt{3}}{2},-\frac{3}{2}\right)$, $\overrightarrow{PC}=\left(-2,\frac{3\sqrt{3}}{2},-\frac{3}{2}\right)$.

设 $\overrightarrow{\eta_1}=(x_1,y_1,z_1)$, $\overrightarrow{\eta_2}=(x_2,y_2,z_2)$ 分别为平面 PAB,平面 CPB 的一个法向量,

则由 $\begin{cases}\overrightarrow{\eta_1}\perp\overrightarrow{PA}\\ \overrightarrow{\eta_1}\perp\overrightarrow{PB}\end{cases}\Rightarrow\begin{cases}\overrightarrow{\eta_1}\cdot\overrightarrow{PA}=0\\ \overrightarrow{\eta_1}\cdot\overrightarrow{PB}=0\end{cases}\Rightarrow\begin{cases}x_1+\frac{\sqrt{3}}{2}y_1-\frac{3}{2}z_1=0\\ \frac{2\sqrt{3}}{2}y_1-\frac{3}{2}z_1=0\end{cases}\Rightarrow y_1=\frac{\sqrt{3}}{3}x_1, z_1=x_1$

$\therefore \overrightarrow{\eta_1}=\left(x_1,\frac{\sqrt{3}}{3}x_1,x_1\right)$

由 $\begin{cases}\overrightarrow{\eta_2}\perp\overrightarrow{PB}\\ \overrightarrow{\eta_2}\perp\overrightarrow{PC}\end{cases}\Rightarrow\begin{cases}\overrightarrow{\eta_2}\cdot\overrightarrow{PB}=0\\ \overrightarrow{\eta_2}\cdot\overrightarrow{PC}=0\end{cases}\Rightarrow\begin{cases}\frac{3\sqrt{3}}{2}y_2-\frac{3}{2}z_2=0\\ -2x_2+\frac{3\sqrt{3}}{2}y_2-\frac{3}{2}z_2=0\end{cases}\Rightarrow x_2=0, z_2=\sqrt{3}y_2$

$\therefore \overrightarrow{\eta_2}=(0,y_2,\sqrt{3}y_2)$,令 $x_1=3$, $y_2=1$,则:

$\overrightarrow{\eta_1}=(3,\sqrt{3},3)$, $\overrightarrow{\eta_2}=(0,1,\sqrt{3})$, $\overrightarrow{\eta_1}\cdot\overrightarrow{\eta_2}=4\sqrt{3}$, $|\overrightarrow{\eta_1}|\cdot|\overrightarrow{\eta_2}|=2\sqrt{21}$

$\therefore \cos<\overrightarrow{\eta_1},\overrightarrow{\eta_2}>=\dfrac{\overrightarrow{\eta_1}\cdot\overrightarrow{\eta_2}}{|\overrightarrow{\eta_1}|\cdot|\overrightarrow{\eta_2}|}=\dfrac{4\sqrt{3}}{2\sqrt{21}}=\dfrac{2\sqrt{7}}{7}$.

又$\because$ 二面角 A-PB-C 为钝二面角

$\therefore$ 所求二面角的大小为 $\pi - \arccos \dfrac{2\sqrt{7}}{7}$.

评述:本题唯一的一个难点是过点 P 作垂直于底面 $ABCD$ 的直线落在所给图形外部,需要自己补充图形,这需要学生有较强的空间想象能力,但本题的⑥可用传统立体几何法求解,也可以用空间向量知识求解.

例2 (2004 年全国高考试卷Ⅱ)如图 4.47(1),直三棱柱 $ABC\text{-}A_1B_1C_1$ 中,$\angle ACB = 90°$,$AC = 1$,$BC = \sqrt{2}$,侧棱 $AA_1 = 1$,测面 AA_1B_1B 的两条对角线交点为 D,B_1C_1 的中点为 M.

①求证 $CD \perp$ 平面 BDM;

②求面 B_1BD 与面 CBD 所成二面角的大小.

①略.

②方法 1:利用三射线定理求解.

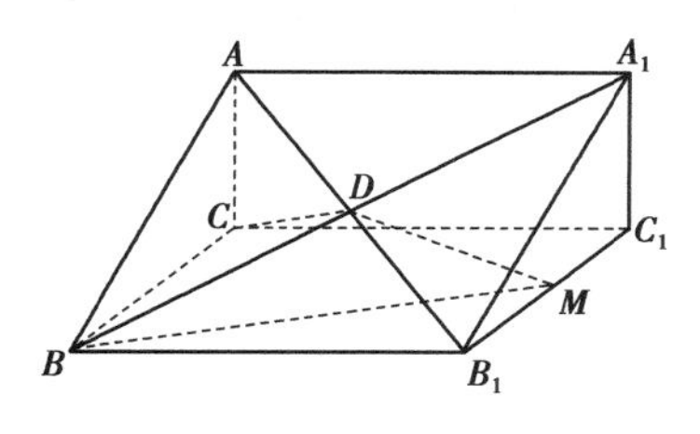

图 4.47(1)

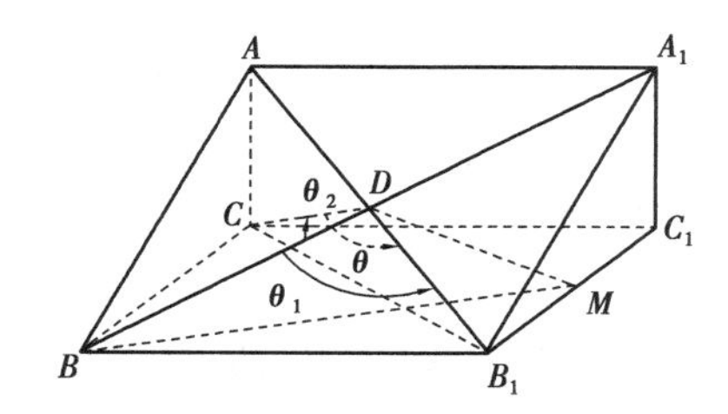

图 4.47(2)

如图 4.47(2),设 $\angle B_1DB = \theta_1$,$\angle CDB = \theta_2$,$\angle CDB_1 = \theta$,二面角 $B_1\text{-}BD\text{-}C$ 的大小为 α,连接 B_1C,由①知:$CD \perp BD$

$\therefore \angle CDB = \theta_2 = 90°$

由题意知:$\angle CBB_1 = 90°$,$B_1C = \sqrt{3}$,$AB_1 = A_1B = 2$,D 为 AB_1 与 A_1B 的中点,$CD = 1$,$BD = B_1D = BB_1 = 1$

$\therefore \theta_1 = 60°$,在 $\text{Rt}\triangle CDB_1$ 中,$CB_1 = \sqrt{CB^2 + BB_1^2} = \sqrt{3}$

在 $\triangle CDB_1$ 中,由余弦定理得:

$$\cos\angle CDB_1 = \frac{CD^2 + B_1D^2 - CB_1^2}{2CD \cdot B_1D} = \frac{1^2 + 1^2 - (\sqrt{3})^2}{2 \times 1 \times 1} = -\frac{1}{2}$$

$\therefore \angle CDB_1 = \theta = 120°$,根据三射线定理 $\cos\alpha = \dfrac{\cos\theta - \cos\theta_1\cos\theta_2}{\sin\theta_1\sin\theta_2}$得:

$$\cos\alpha = \frac{\cos 120° - \cos 90°\cos 60°}{\sin 90°\sin 60°} = -\frac{\sqrt{3}}{3}$$

$\therefore \alpha = \pi - \arccos\dfrac{\sqrt{3}}{3}$,即所求二面角的大小为 $\pi - \arccos\dfrac{\sqrt{3}}{3}$.

方法2:利用射影面积定理求解.

如图4.47(3),过点C作$CN\perp AB$于N,连接DN

$\because$ 平面$AA_1B_1B\perp$平面ABC交于AB

$\therefore CN\perp$平面AA_1B_1B,$\triangle BDN$是$\triangle BDC$在平面BDB_1上的射影三角形. 设平面CBD与平面BDB_1所成锐二面角为α,则由射影面积定理得:$\cos\alpha=\dfrac{S_{\triangle BDN}}{S_{\triangle BCD}}$. 由题意得:$CD\perp BD$,$CD=1$,$BD=B_1D=BB_1=1$,$AB=\sqrt{3}$,$AD=B_1D=1$,$\angle NBD=\angle ABA_1=30°$,$CN\cdot AB=AC\cdot BC$,$CN=\dfrac{AC\cdot BC}{AB}=\dfrac{\sqrt{6}}{3}$,$AN=\sqrt{AC^2-CN^2}=\dfrac{\sqrt{3}}{3}$,$BN=AB-AN=\dfrac{2\sqrt{3}}{3}$.

$$\therefore S_{\triangle BDN}=\frac{1}{2}BN\cdot BD\cdot\sin 30°=\frac{1}{2}\times\frac{2}{3}\sqrt{3}\times\frac{1}{2}=\frac{\sqrt{3}}{6},S_{\triangle BCD}=\frac{1}{2}CD\cdot BD=\frac{1}{2}$$

$$\therefore \cos\alpha=\frac{\frac{\sqrt{6}}{3}}{\frac{1}{2}}=\frac{\sqrt{3}}{3}$$

由图形知,二面角$B_1\text{-}BD\text{-}C$为钝二面角.

$\therefore$ 所求二面角为$\pi-\arccos\dfrac{\sqrt{3}}{3}$.

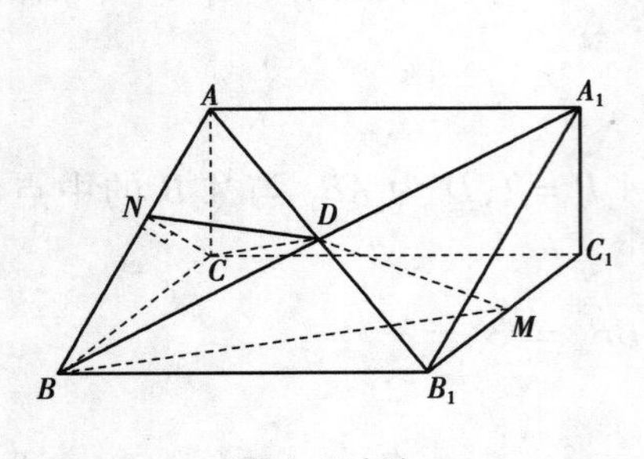

图4.47(3)

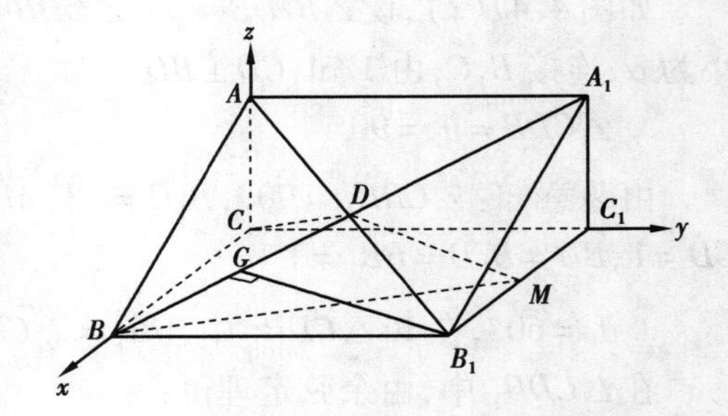

图4.47(4)

方法3:利用空间向量法求解.

如图4.47(4),建立空间直角坐标系$C\text{-}xyz$,设G为BD中点,由已知条件可得$BD=B_1D=BB_1=1$,则$B_1G\perp BD$,由①知:$CD\perp BD$,则二面角$C\text{-}BD\text{-}B_1$的大小等于$\langle\overrightarrow{CD},\overrightarrow{B_1G}\rangle$的大小.

$\because B(\sqrt{2},0,0)$,$A(0,1,1)$,$B_1(\sqrt{2},1,0)$,易得$D\left(\dfrac{\sqrt{2}}{2},\dfrac{1}{2},\dfrac{1}{2}\right)$,$G\left(\dfrac{3\sqrt{2}}{4},\dfrac{1}{4},\dfrac{1}{4}\right)$.

$\therefore \overrightarrow{B_1G}=\left(-\frac{\sqrt{2}}{4},-\frac{3}{4},\frac{1}{4}\right),\overrightarrow{CD}=\left(\frac{\sqrt{2}}{2},\frac{1}{2},\frac{1}{2}\right),\overrightarrow{B_1G}\cdot\overrightarrow{CD}=-\frac{1}{2},|\overrightarrow{B_1G}|\cdot|\overrightarrow{CD}|=\frac{\sqrt{3}}{2}$,

$\cos<\overrightarrow{CD},\overrightarrow{B_1G}>=\frac{\overrightarrow{B_1G}\cdot\overrightarrow{CD}}{|\overrightarrow{B_1G}|\cdot|\overrightarrow{CD}|}=-\frac{\sqrt{3}}{3}$.

$\therefore <\overrightarrow{CD},\overrightarrow{B_1G}>=\pi-\arccos\frac{\sqrt{3}}{3}$(注:利用平面向量法求$<\overrightarrow{CD},\overrightarrow{B_1G}>$的大小也很简单).

方法4:利用法向量法求解.

同方法3,如图4.47(4),设$\overrightarrow{\eta_1}=(x_1,y_1,z_1)$,$\overrightarrow{\eta_2}=(x_2,y_2,z_2)$分别为面$B_1BD$与面$CBD$的一个法向量,由$\begin{cases}\overrightarrow{\eta_1}\cdot\overrightarrow{BB_1}=0\\ \overrightarrow{\eta_1}\cdot\overrightarrow{AB}=0\end{cases}$,$\begin{cases}\overrightarrow{\eta_2}\cdot\overrightarrow{CB}=0\\ \overrightarrow{\eta_2}\cdot\overrightarrow{CA_1}=0\end{cases}$,$\overrightarrow{BB_1}=(0,1,0)$,$\overrightarrow{AB}=(\sqrt{2},0,-1)$,$\overrightarrow{CB}=(\sqrt{2},0,0)$,$\overrightarrow{CA_1}=(0,1,1)$,易得:$\overrightarrow{\eta_1}=(x_1,0,\sqrt{2}x_1)$,$\overrightarrow{\eta_2}=(0,y_2,-y_2)$,令$x_1=1$,$y_2=1$,则$\overrightarrow{\eta_1}=(1,0,\sqrt{2})$,$\overrightarrow{\eta_2}=(0,1,-1)$,所以$\cos<\overrightarrow{\eta_1},\overrightarrow{\eta_2}>=\frac{\overrightarrow{\eta_1}\cdot\overrightarrow{\eta_2}}{|\overrightarrow{\eta_1}|\cdot|\overrightarrow{\eta_2}|}=-\frac{\sqrt{3}}{3}$,即所求二面角大小为$\pi-\arccos\frac{\sqrt{3}}{3}$.

注:本例也可以寻求二面角的平面角来求解. 设F,G分别为BC,BD中点,易知:$\angle B_1GF$是所求二面角的平面角;本例题还可以由面$CDB\perp$面BDM知:二面角$C\text{-}BD\text{-}B_1$的平面角可由$\frac{\pi}{2}+(M\text{-}BD\text{-}B_1)$的平面角求得,易求得$M\text{-}BD\text{-}B_1$的平面角为$\arccos\frac{\sqrt{6}}{3}$,所以二面角$C\text{-}BD\text{-}B_1$的大小为$\frac{\pi}{2}+\arccos\frac{\sqrt{6}}{3}$.

以上例子说明,只要掌握了求解二面角的大小的策略,就能从容面对立体几何中的二面角的计算问题,并且可以选取最佳的求解方法.

4.5 空间中的距离问题

4.5.1 空间中的距离

空间中的距离主要是指以下7种距离:

①两点间的距离.

②“点线距离”——一个点到一条直线的距离.

③“点面距离”——一个点到它在一个平面内的正射影的距离.

④“线面距离”——一条直线和一个平面平行,从直线上任意一点向平面引垂

线,垂线段的长度即为直线与平面间的距离.

⑤"面面距离"——两个平面相互平行,在其中一个平面内的任意一点向另一个平面引垂线,垂线段的长度即为两个平面间的距离.

⑥两条异面直线间的距离——夹在两异面直线间的公垂线段的长度.

⑦球面上两点间的距离——球面上经过两点的大圆在这两点间的一段劣弧的长度.

立体几何的空间中的距离问题是历年高考考查的重点,其中以"点与点、点到线、点到面"的距离问题为基础,求其他距离问题时也可以划归为这三种距离问题.

对于"点线距离"的求法,一般用三垂线定理作出垂线段,然后在相关的三角形中求解,也可以借助等面积法求解;两点间的距离可以通过空间中两点的距离公式来求解;球面上两点间的距离问题在5.1节中会进一步研究,而"点面距离"的问题是立体几何中最为重要的问题,异面直线间的距离问题是最为综合的问题,因此,本节内容重点研究"点面距离"和两条异面直线间的距离的求法.

4.5.2 计算"点面距离"常用的几种基本方法

1)直接法(也称定义法)

直接法,即直接找出或作出"点面距离",按"一找、二证、三计算"的步骤完成,用此方法的关键在于如何找出或作出这一垂线段.

2)转移法

转移法是指将此点到平面的距离转化为求另一点到该平面的距离,在直接法不易求解时,可考虑以下转移法:

①"点面距离、线面距离、面面距离"间的相互转化利用与平面平行的直线上各点到该平面的距离都相等的性质进行转化;或利用相互平行的两个平面,其中一个面上的各点到另一个面的距离都相等的性质进行转化.

②如图4.48(1),线段AB上的一点$B\in\alpha$,$A\notin\alpha$,M是线段AB的中点,那么A点到平面α的距离AO是M点到平面α的距离MO_1的2倍,即$AO=2MO_1$,这样就可以将A点到平面α的距离转化为求M点到平面α的距离(或者反之).

③如图4.48(2),M为线段AB的中点,$M\in\alpha$,A,B两点分别在平面α的异侧,则A,B两点分别到平面α的距离AO,BO_1相等,即$AO=BO_1$,所以A,B两点到平面α的距离可以相互转化.

3)等体积法

将已知点作为某个三棱锥的顶点,在已知平面上取一个三角形作为棱锥的底面,先求出此三棱锥的体积和底面积,再间接地求出棱锥的高,即点到平面的距离.

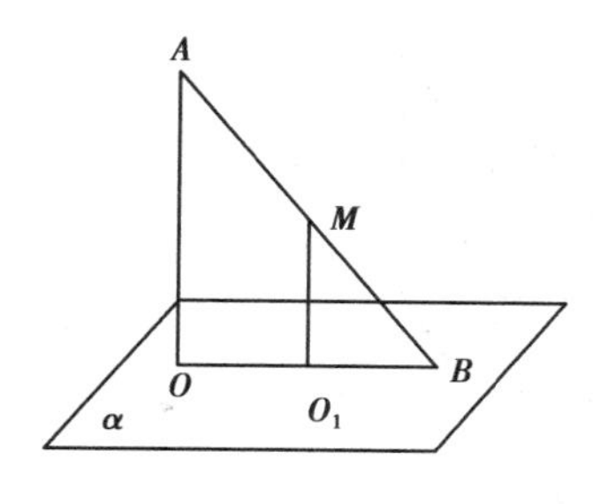

图 4.48(1)

图 4.48(2)

4)向量法

设点 P 是平面 α 内一点,$\vec{\eta}$ 是平面 α 的一个法向量,如图 4.49,则点 M 到平面 α 的距离:

$$d=|MN|=\frac{|\vec{\eta}\cdot\overrightarrow{PM}|}{|\vec{\eta}|}$$

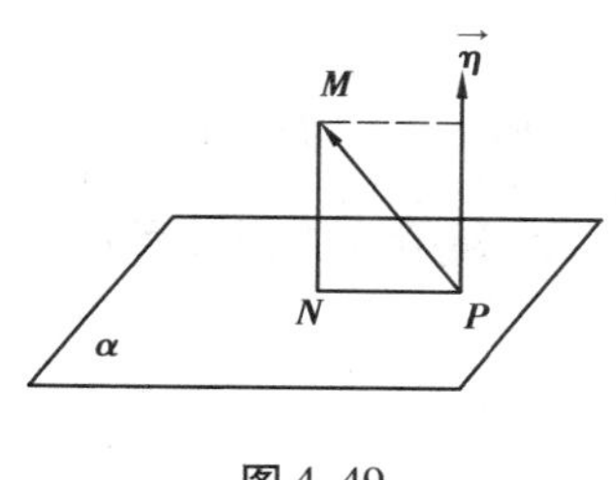

图 4.49

4.5.3 通过具体的例子来研究求"点面距离"的基本方法

例 1 如图 4.50(1),已知 $ABCD$ 是边长为 4 的正方形,E,F 分别是 AB,AD 的中点,GC 垂直于 $ABCD$ 所在的平面,且 $GC=2$,求点 B 到平面 EFG 的距离.

解法 1(等体积法):欲求出点 B 到平面 EFG 的距离,只需求出三棱锥 $B\text{-}EFG$ 的高即可.

如图 4.50(1),连接 GE,GF,GB,BF,构造一个三棱锥 $B\text{-}EFG$,设 B 点到平面 EFG 的距离为 h,则 h 为三棱锥 $B\text{-}EFG$ 的高. 因为 $ABCD$ 是边长为 4 的正方形,且 E,F 分别是 AB,AD 的中点,所以 $AF=AE=BE=2$,$\angle A=90°$. 因此在 $\mathrm{Rt}\triangle EAF$ 中,$EF=\sqrt{2^2+2^2}=2\sqrt{2}$,又因为 $\angle BEF=135°$,所以 $S_{\triangle EFB}=\frac{1}{2}EF\cdot BE\cdot\sin 135°=\frac{1}{2}\times 2\sqrt{2}\times 2\times\frac{\sqrt{2}}{2}=2$.

又在 $\mathrm{Rt}\triangle CBE$ 中,$EC=\sqrt{EB^2+BC^2}=\sqrt{4^2+2^2}=2\sqrt{5}$;

在 $\mathrm{Rt}\triangle GCE$ 中,$GE=\sqrt{(2\sqrt{5})^2+2^2}=2\sqrt{6}$,同理可得 $GF=2\sqrt{6}$,在等腰$\triangle GEF$ 中,过 G 作 $GQ\perp EF$ 交于 G,则 $FQ=EQ=\sqrt{2}$.

在 $\mathrm{Rt}\triangle GQE$ 中,$GQ=\sqrt{GE^2-QE^2}=\sqrt{(2\sqrt{6})^2-(\sqrt{2})^2}=\sqrt{22}$.

$\therefore S_{\triangle EFG}=\frac{1}{2}EF\cdot GQ=\frac{1}{2}\times 2\sqrt{2}\times\sqrt{22}=2\sqrt{11}$.

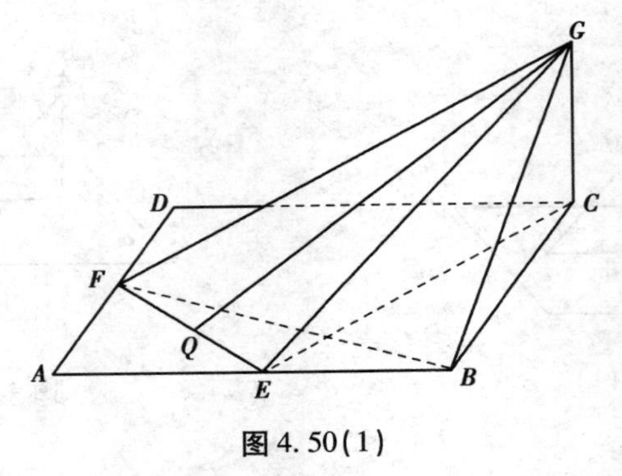

图 4.50(1)

$\because GC \perp$ 平面 $ABCD$

$\therefore$ 利用等体积关系：$V_{B\text{-}EFG}=V_{G\text{-}EFB}$ 得：$\frac{1}{3}S_{\triangle EFG}\cdot h=\frac{1}{3}S_{\triangle EFB}\cdot GC$

$\therefore h=\frac{S_{\triangle EFB}}{S_{\triangle EFG}}\cdot GC=\frac{2\times 2}{2\sqrt{11}}=\frac{2\sqrt{11}}{11}$，即点 B 到平面 EFG 的距离为$\frac{2\sqrt{11}}{11}$.

解法 2(转移法)：如图 4.50(2)，连接 EG,FG,AC,BD. EF,BD 分别交 AC 于点 Q,O.

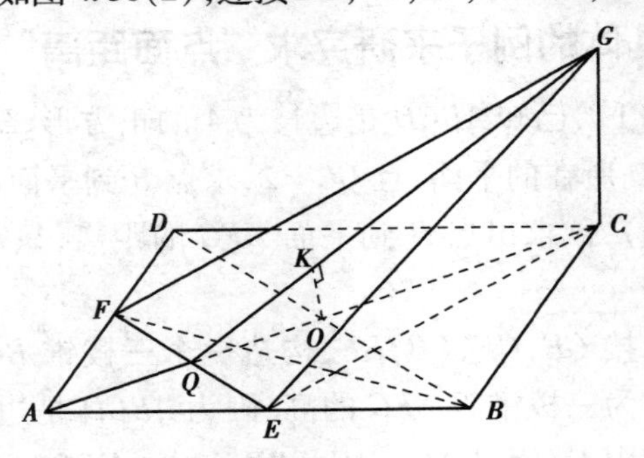

图 4.50(2)

$\because ABCD$ 是正方形，E,F 分别是 AB,AD 的中点

$\therefore EF /\!/ BD$，Q,O 分别为 EF,AC 的中点.

$$\therefore 由\left.\begin{array}{l}BD\not\subset 平面\ EFG\\ EF\subset 平面\ EFG\\ BD /\!/ EF\end{array}\right\}\Rightarrow BD /\!/ 平面图\ EFG$$

$\therefore$ 点 B 到平面 EFG 的距离 = 点 O 到平面 EFG 的距离

$\because BD \perp AC$

$\therefore BD \perp QC$

$\because EF /\!/ BD$

$\therefore EF \perp QC$

又∵ $GC\perp$平面$ABCD$,$EF\subset$平面$ABCD$

∴ $EF\perp GC$

$$\therefore \text{由}\left.\begin{array}{l}EF\perp Q\\EF\perp GC\\QC\cap GC=C\end{array}\right\}\Rightarrow\left.\begin{array}{l}EF\perp\text{平面 }QCG\\\text{而 }EF\subset EFG\end{array}\right\}\Rightarrow\left.\begin{array}{l}\text{平面 }EFG\perp\text{平面 }QCG\text{ 交于 }GQ\\\text{过 }O\text{ 作 }OK\perp GQ\text{ 于 }K\end{array}\right\}$$

$\Rightarrow OK\perp$平面EFG,线段OK的长就是点O到平面EFG的距离.

∵ $ABCD$是边长为4的正方形,$GC=2$

∴ $AC=4\sqrt{2}$,$OQ=\sqrt{2}$,$CQ=3\sqrt{2}$

∴ 在Rt$\triangle QCG$中,$GQ=\sqrt{(3\sqrt{2})^2+2^2}=\sqrt{22}$

∵ $\triangle QKO\backsim\triangle QCG$

∴ $OK=\dfrac{OQ\cdot GC}{GQ}=\dfrac{2\sqrt{11}}{11}$,即点$B$到平面$EFG$的距离为$\dfrac{2\sqrt{11}}{11}$.

解法3(直接法):直接找出点B到平面EFG的距离.

如图4.50(3),延长FE,CB交于点M,连接.GM易证$BE=BM=2$,设N为EM的中点,则$BN\perp EM$,在平面GCM内过B作$BP/\!/GC$交GM于点P,连接PN.

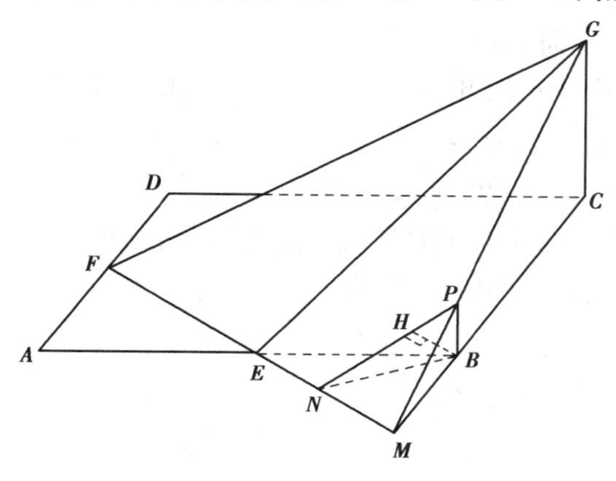

图4.50(3)

∵ $GC\perp$平面$ABCD$

∴ $BP\perp$平面$ABCD$

∴ BN是PN在平面$ABCD$内的射影,根据三垂线定理得:$EM\perp PN$.

$$\therefore \text{由}\left.\begin{array}{l}EM\perp PN\\EM\perp BN\\PN\cap BN=N\end{array}\right\}\Rightarrow\left.\begin{array}{l}EM\perp\text{平面 }PNB\\EM\subset\text{平面 }EFG\end{array}\right\}\Rightarrow\left.\begin{array}{l}\text{平面 }EFG\perp\text{平面 }PNB\text{ 交于 }PN\\\text{过点 }B\text{ 作 }PH\perp PN\text{ 于点 }H\end{array}\right\}$$

$\Rightarrow BH\perp$平面EFG,所以线段BH的长度就是点B到平面EFG的距离.

在 Rt△BEN 中，由 $\angle BEN = 45° \Rightarrow BN = \sqrt{2}$

$\because \triangle MBP \backsim \triangle MGC$

$\therefore \dfrac{BP}{CG} = \dfrac{MB}{MC} = \dfrac{2}{6} = \dfrac{1}{3}$

$\therefore BP = \dfrac{1}{3}GC = \dfrac{2}{3}$

在 Rt△PBN 中，$PN = \sqrt{PB^2 + BN^2} = \dfrac{\sqrt{22}}{3}$

又由 $BH \cdot PN = BP \cdot BN$ 得：$BH = \dfrac{2\sqrt{11}}{11}$，即点 B 到平面 EFG 的距离为$\dfrac{2\sqrt{11}}{11}$.

解法 4(空间向量法)：略(我们会在 4.6 节中具体地研究用空间向量法求“点面距离”的方法).

评述：用等体积法求“点面距离”的优点是：不必由已知点向已知平面引垂线，可以省去许多较复杂的工作，是较简捷的解法，在解题中要优先考虑. 直接法或转移法都要由一点向平面引垂线，引垂线之前首先要过该点作出一个平面与已知平面垂直，然后由这点向交线引垂线即可. 所以关键在于找到垂面(如解法 2 中的平面 GQC，解法 3 中的平面 PBN).

例 2 如图 4.51(1)，已知斜三棱柱 $ABC\text{-}A_1B_1C_1$ 的侧面 A_1ACC_1 与底面 ABC 垂直，$\angle ABC = 90°$，$BC = 2$，$AC = 2\sqrt{3}$，且 $AA_1 \perp A_1C$，$AA_1 = A_1C$.

①求侧棱 A_1A 与底面 ABC 所成角的大小；

②求侧面 A_1ABB_1 与底面 ABC 所成二面角的大小；

③求顶点 C 到侧面 A_1ABB_1 的距离.

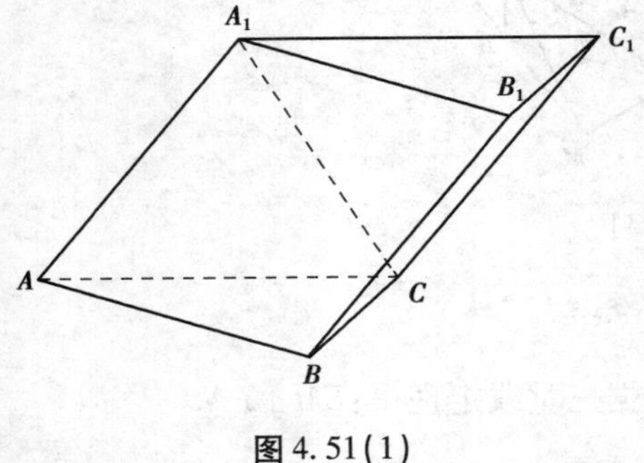

图 4.51(1)

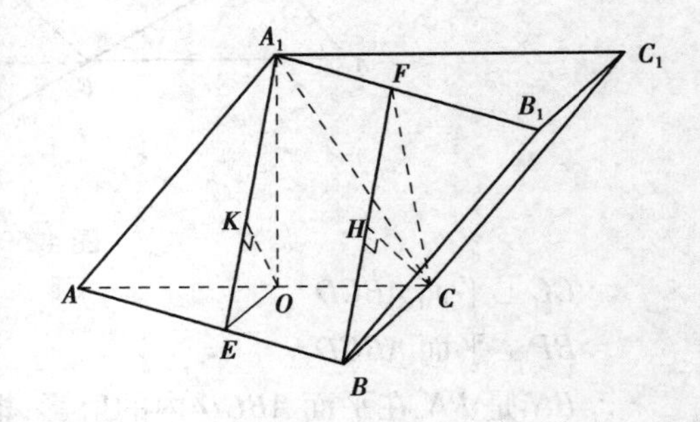

图 4.51(2)

①解：如图 4.51(2)，过 A_1 作 $A_1O \perp AC$ 于 O，由面 $A_1ACC_1 \perp$ 底面 ABC 交于 AC $\Rightarrow A_1O \perp$ 平面 ABC. 所以 $\angle A_1AO$ 为 A_1A 与面 ABC 所成的角. 因为 $AA_1 \perp A_1C$，$AA_1 = A_1C$，所以 $\angle A_1AO = 45°$.

②解：如图4.51(2)，过 O 作 $OE\perp AB$ 于 E，连接 A_1E，则由 $A_1O\perp$ 平面 $ABC\Rightarrow A_1E\perp AB$. 所以 $\angle A_1EO$ 是侧面 A_1ACC_1 与底面 ABC 所成二面角的平面角. 由 $AB\perp BC\Rightarrow EO/\!/BC$，又因为 O 是 AC 的中点，$BC=2$，$AC=2\sqrt{3}$，所以 $EO=1$，$AO=A_1O=\sqrt{3}$，$\tan\angle A_1EO=\dfrac{A_1O}{EO}=\sqrt{3}$，所以 $\angle A_1EO=60°$ 为所求二面角的大小.

③解法1(转移法)：如图4.51(2)，由 $\left.\begin{array}{l}A\in \text{平面 } A_1ABB_1\\ O\text{ 为 } AC\text{ 中点}\end{array}\right\}\Rightarrow C$ 点到平面 A_1ABB_1 的距离 $=2$ 倍 O 点到平面 A_1ABB_1 的距离.

$$\therefore \text{由}\left.\begin{array}{r}AB\perp OE\\ AB\perp A_1E\\ OE\cap A_1E=E\end{array}\right\}\Rightarrow\left.\begin{array}{l}AB\perp \text{平面 } A_1OE\\ \text{又因为 } AB\subset \text{平面 } A_1ABB_1\end{array}\right\}\Rightarrow\left.\begin{array}{l}\text{平面 } A_1OE\perp \text{平面 } A_1ABB_1 \text{ 交于 } A_1E\\ \text{过点 } O \text{ 作 } OK\perp A_1E \text{ 于点 } K\end{array}\right\}\Rightarrow$$

$OK\perp$ 平面 A_1ABB_1

$\therefore OK$ 是 O 点到平面 A_1ABB_1 的距离.

易得 $A_1E=2$，由 $OK\cdot A_1E=OE\cdot A_1O$，$OE=1$，$A_1O=\sqrt{3}\Rightarrow OK=\dfrac{\sqrt{3}}{2}$

$\therefore C$ 点到平面 A_1ABB_1 的距离为 $\sqrt{3}$.

解法2(等体积法)：欲求 C 点到平面 A_1ABB_1 的距离，只需求出三棱锥 $C\text{-}A_1AB$ 的高即可.

如图4.51(2)，设 C 点到平面 A_1ABB_1 的距离为 h，即三棱锥的高为 h，由 $V_{C\text{-}A_1AB}=V_{A_1\text{-}ABC}\Rightarrow\dfrac{1}{3}S_{\triangle A_1AB}\cdot h=\dfrac{1}{3}S_{\triangle ABC}\cdot A_1O\Rightarrow\dfrac{1}{3}\times 2\sqrt{2}\cdot h=\dfrac{1}{3}\times 2\sqrt{2}\times\sqrt{3}\Rightarrow h=\sqrt{3}$.

$\therefore C$ 点到平面 A_1ABB_1 的距离为 $\sqrt{3}$.

解法3(直接法)：直接找出 C 点到平面 A_1ABB_1 的距离.

如图4.51(2)，过 B 作 $BF/\!/A_1E$ 交 A_1B_1 于 F，连接 CF，则：由

$$\left.\begin{array}{l}AB\perp A_1E\Rightarrow AB\perp BF\\ AB\perp BC\\ BF\cap BC=B\end{array}\right\}\Rightarrow\left.\begin{array}{l}AB\perp \text{平面 } BCF\\ AB\subset \text{平面 } A_1ABB_1\end{array}\right\}\Rightarrow\left.\begin{array}{l}\text{平面 } BCF\perp \text{平面 } A_1ABB_1 \text{ 交于 } BF\\ \text{过 } C \text{ 作 } CH\perp BF \text{ 于 } H\end{array}\right\}\Rightarrow$$

$CH\perp$ 平面 A_1ABB_1，CH 是 C 点到平面 A_1ABB_1 的距离.

由 $BF/\!/A_1E$，$OE/\!/BC\Rightarrow\angle FBC=\angle A_1EO=60°$，$BF=A_1E=2$，$\because BC=2$，$\therefore$ 在 $\mathrm{Rt}\triangle BCH$ 中，易得 $CH=\sqrt{3}$.

$\therefore C$ 点到平面 A_1ABB_1 的距离为 $\sqrt{3}$.

解法4(空间向量法)：略.

4.5.4 两异面直线间的距离的求法

1)直接法(也称定义法)

如图4.52(1),作出异面直线 a 和 b 的公垂线 AB,并转化为平面几何问题求解.

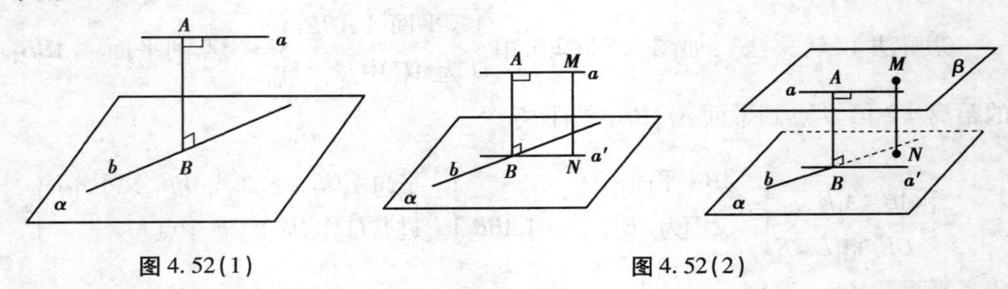

图4.52(1)　　图4.52(2)

2)转移法

如图4.52(2),过两异面直线其中一条 b 作与另一条 a 平行的平面 α,转化为直线 a 与平面 α 的距离,或面 α 与面 β 的距离,再转化为 M 点到平面 α 的距离 MN.

3)等体积法

如图4.52(3),用等体积法转化为求三棱锥 P-ABC 的高 PO.

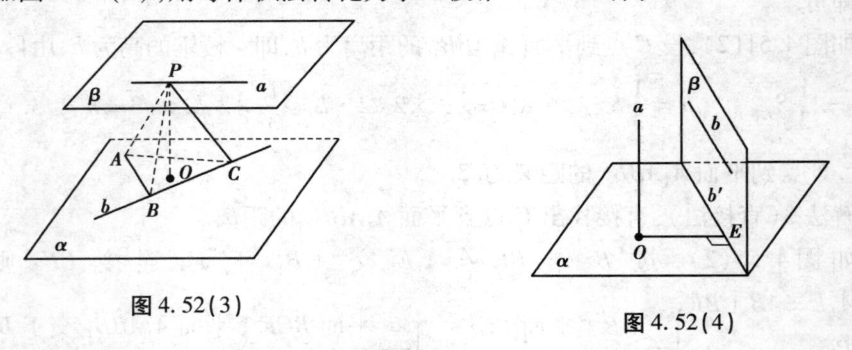

图4.52(3)　　图4.52(4)

4)射影法

如图4.52(4),转化为同一平面上点到直线的距离.

①作与两异面直线其中的一条 a 垂直的平面 α.

②分别作两异面直线 a,b 在平面 α 的射影 O,b'.

③求点 O 到直线 b'的距离 OE 即是两异面直线 a,b 的距离.

5)极值法

因两异面直线公垂线段的长度是两异面直线上各一点的连线中之最短者,故可引入参数求最小值.

6)向量法

如图4.52(5),$\vec{\eta}$是异面直线l_1与l_2的公垂线MN上的一个方向向量,$E\in l_1$,$F\in l_2$,$N\in l_1$,$l'_1 /\!/ l_1$,$l'_1\cap l_2=M$,l'_1与l_2确定的平面为α,则l_1与l_2间的距离d等于点E到平面α的距离,即$d=\dfrac{|\vec{\eta}|\cdot|\overrightarrow{FE}|}{|\vec{\eta}|}$.

下面通过具体的例子来探求"两异面直线间的距离"问题.

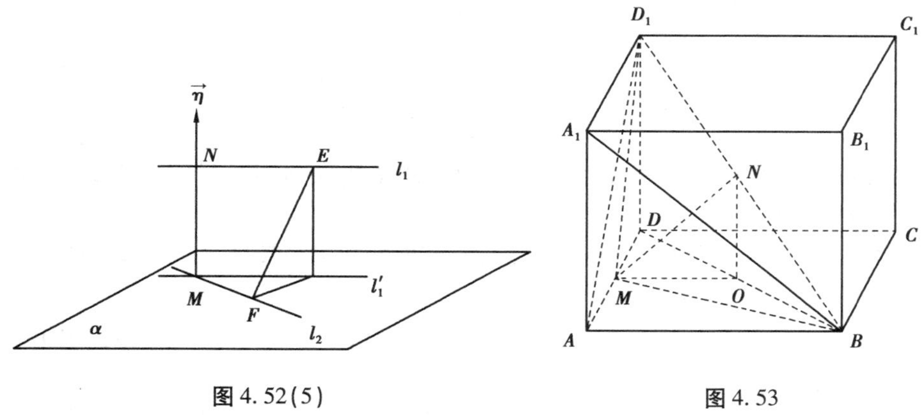

图4.52(5)　　图4.53

例3　如图4.53,$ABCD\text{-}A_1B_1C_1D_1$是棱长为a的正方体.求两异面直线AD与BD_1间的距离.

解法1(直接法):找出AD与BD_1的公垂线MN.

设M,N分别是AD,BD_1的中点,连接MN.由已知条件知$MB=MD_1$.

$\therefore MN\perp BD_1$

又$\because N$点在平面$ABCD$内的射影为BD的中点O,$MO\perp AD$

$\therefore MN\perp AD$

$\therefore MN$是AD与BD_1的公垂线,即MN是两异面直线AD与BD_1间的距离.

在等腰Rt$\triangle MON$中,$MO=NO=\dfrac{1}{2}a$,$MN=\sqrt{MO^2+NO^2}=\sqrt{\left(\dfrac{1}{2}a\right)^2+\left(\dfrac{1}{2}a\right)^2}=\dfrac{\sqrt{2}}{2}a$.

$\therefore$异面直线AD与BD_1间的距离为$\dfrac{\sqrt{2}}{2}a$.

解法2(等体积法):如图5.6,由$AD /\!/ A_1D_1 \Rightarrow AD /\!/$平面$A_1BD_1$.

$\therefore AD$到平面A_1BD_1的距离就是两异面直线AD与BD_1间的距离.即是三棱锥$A\text{-}A_1BD_1$的高,设此三棱锥$A\text{-}A_1BD_1$的高为h.

$\therefore$由$V_{A-A_1BD_1}=V_{B-AA_1D_1}\Rightarrow \frac{1}{3}S_{\triangle A_1BD_1}\cdot h=\frac{1}{3}S_{\triangle AA_1D_1}\cdot AB\Rightarrow \frac{1}{3}\times\frac{\sqrt{2}}{2}a^2\cdot h=\frac{1}{3}a\times\frac{1}{2}a^2\Rightarrow h=\frac{\sqrt{2}}{2}a$.

解法3(射影法):如图5.6.

$\because AD\perp$平面ABB_1A_1,A为垂足,BD_1在平面ABB_1A_1上的射影是A_1B.

$\therefore A$点到直线A_1B的距离即为两异面直线AD与BD_1间的距离,而A点到直线A_1B的距离为$\frac{\sqrt{2}}{2}a$.

$\therefore$异面直线AD与BD_1间的距离为$\frac{\sqrt{2}}{2}a$.

解法4(向量法):略(我们会在4.6中具体地研究利用空间向量法求“异面直线间的距离”问题).

例4 已知$ABCD\text{-}A_1B_1C_1D_1$是棱长为a的正方体,求两异面直线BD与B_1C间的距离.

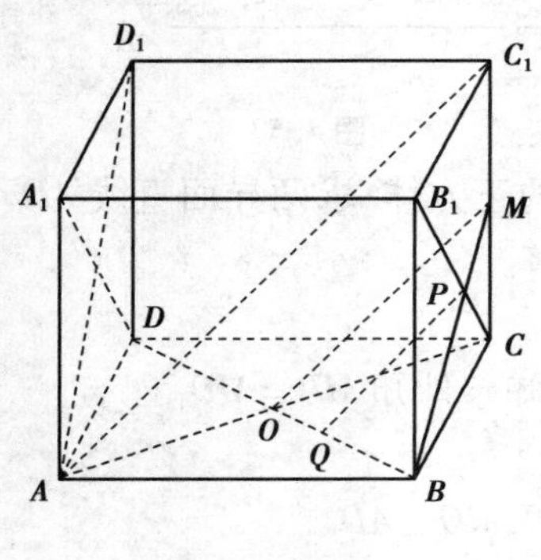

图4.54(1)

解法1(直接法):如图4.54(1),找出BD与B_1C的公垂线PQ.

设M为CC_1的中点,BM与B_1C交于P,AC与BD交于O,连接MO,则$MO \underline{\underline{/\!/}} \frac{1}{2}AC_1$,过$P$作$PQ /\!/ MO$且交$OB$于$Q$.

$\because ABCD\text{-}A_1B_1C_1D_1$是正方体

$$\therefore 由 \left.\begin{array}{l} BD\perp AC \\ AC 是 AC_1 在平面 ABCD 内的射影 \\ BD\subset 平面 ABCD \end{array}\right\}\Rightarrow$$

$$\left.\begin{array}{l} BD\perp AC_1 \\ PQ /\!/ MO \\ MO /\!/ AC_1 \end{array}\right\}\Rightarrow PQ\perp BD$$

$$由\left.\begin{array}{l}A_1D\perp AD_1\\A_1D\perp C_1D\\AD_1\cap C_1D_1=D_1\end{array}\right\}\Rightarrow\left.\begin{array}{l}A_1D\perp 平面AC_1D_1\\B_1C/\!/A_1D\end{array}\right\}\Rightarrow\left.\begin{array}{l}B_1C\perp 平面图AC_1D\\AC_1\subset 平面图AC_1D_1\end{array}\right\}\Rightarrow$$

$\left.\begin{array}{l}B_1C\perp AC_1\\PQ/\!/AC_1\end{array}\right\}\Rightarrow PQ\perp B_1C$. 所以 PQ 是 BD 与 B_1C 的公垂线

又由$\dfrac{PQ}{MO}=\dfrac{BP}{BM}\Rightarrow PQ=\dfrac{MO\cdot PB}{MB}$，$MO=\dfrac{\sqrt{3}}{2}a$，容易证$\triangle MPC\backsim\triangle BPB_1$

$\therefore\dfrac{PB}{PM}=\dfrac{BB_1}{CM}=\dfrac{2}{1}$，从而得$\dfrac{PB}{MB}=\dfrac{2}{3}$

$\therefore PQ=\dfrac{\sqrt{3}}{2}a\times\dfrac{2}{3}=\dfrac{\sqrt{3}}{3}a$

$\therefore$ 两异面直线 BD 与 B_1C 间的距离为$\dfrac{\sqrt{3}}{3}a$.

解法2(等体积法)：如图4.54(2)，由 $BD/\!/B_1D_1\Rightarrow BD/\!/$平面 D_1B_1C，所求距离就是三棱锥 $B\text{-}D_1B_1C$ 的高 h.

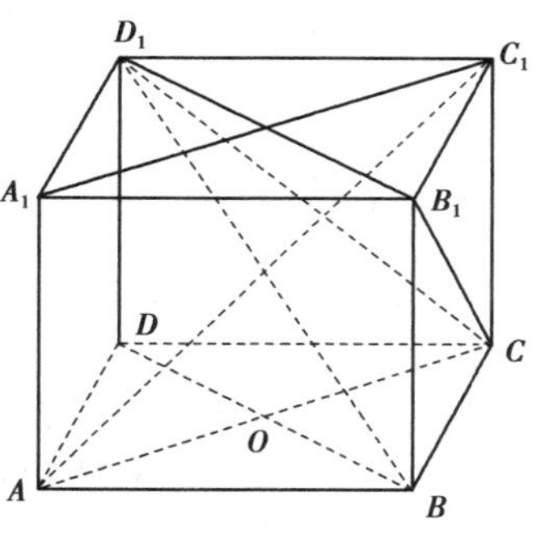

图4.54(2)

$\because AC\perp$平面 BB_1D_1D，即 $AC\perp$平面 D_1B_1B，即 $CO\perp$平面 D_1B_1B.

$\therefore$ 由 $V_{B\text{-}D_1B_1C}=V_{C\text{-}BB_1D_1}\Rightarrow\dfrac{1}{3}S_{\triangle D_1B_1C}\cdot h=\dfrac{1}{3}S_{\triangle BB_1D_1}\cdot CO\Rightarrow h=\dfrac{S_{\triangle BB_1D_1}}{S_{\triangle D_1B_1C}}\cdot CO=\dfrac{\dfrac{\sqrt{2}}{2}\times\dfrac{1}{2}\times\sqrt{2}a^3}{\dfrac{\sqrt{3}}{4}(\sqrt{2}a)^2}$

$\therefore h=\dfrac{\sqrt{3}}{3}a$，即两异面直线 BD 与 B_1C 间的距离为$\dfrac{\sqrt{3}}{3}a$.

解法3(射影法)：如图5.7(3)，先找出 BD 的一个垂面 ACC_1A.

$\because$ 平面 $ACC_1A\perp BD$，O 为垂足，B_1C 在该平面内的射影是 CO_1

$\therefore$ 点 O 到直线 CO_1 的距离 OE 即为两异面直线 BD 与 B_1C 间的距离.

$$OE=\frac{OO_1\cdot OC_1}{O_1C}=\frac{a\cdot\dfrac{\sqrt{2}}{2}a}{\sqrt{a^2+\left(\dfrac{\sqrt{2}}{2}a\right)^2}}=\frac{\sqrt{3}}{3}a$$

所以两异面直线 BD 与 B_1C 间的距离为$\dfrac{\sqrt{3}}{3}a$.

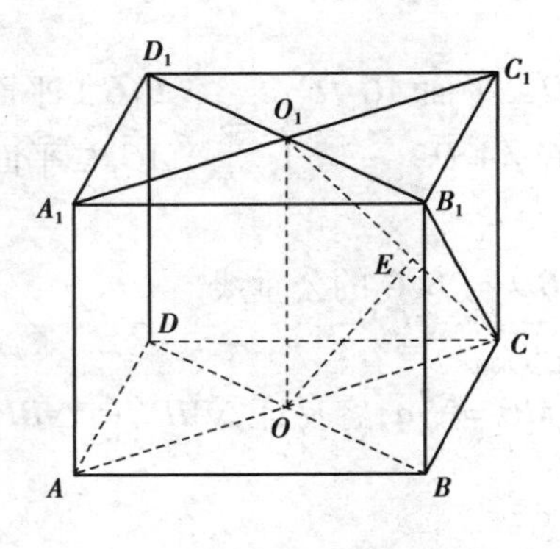

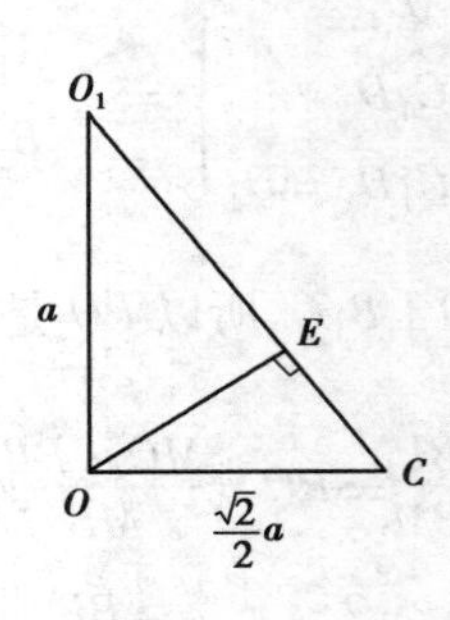

图 4.54(3)

解法 4(极值法):如图 4.54(4),设 P 是 B_1C 上任意一点,过 P 作 $PG\perp BC$ 于 G,又过 G 作 $GH\perp BD$ 于 H,连接 PH,则 $PG\perp GH$,又设 $BG=x$,则 $GH=\frac{\sqrt{2}}{2}x$,$PG=$

$$GC=a-x\Rightarrow PH=\sqrt{PG^2+GH^2}=\sqrt{(a-x)^2+\left(\frac{\sqrt{2}}{2}x\right)^2}=\sqrt{\frac{3}{2}x^2-2ax+a^2}$$

$$=\sqrt{\frac{3}{2}\left(x-\frac{2}{3}a\right)^2+\frac{1}{3}a^2}$$

$\therefore PH\Big|_{\min}=\frac{\sqrt{3}}{3}a$,即两异面直线 BD 与 B_1C 间的距离为$\frac{\sqrt{3}}{3}a$.

例 5　如图 4.55,二面角 $P\text{-}l\text{-}Q$ 是直二面角,A,B 在 l 上,$AE\subset$平面 Q,$BF\subset$平面 P,$\angle EAB=\alpha$,$\angle FBA=\beta$,$AB=a$. 求两异面直线 AE 与 BF 间的距离.

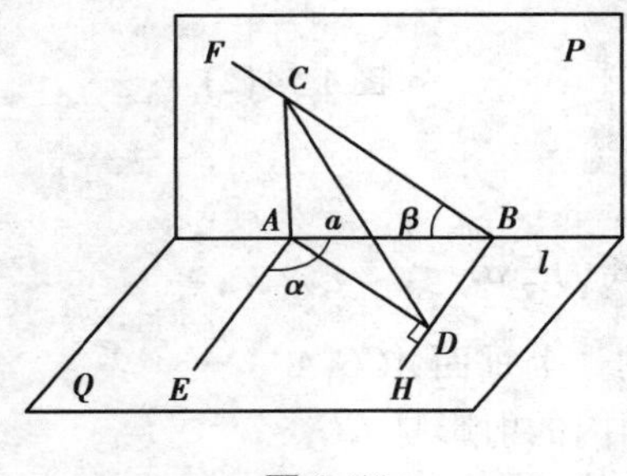

图 4.55

解:过 A 在平面 P 内作 l 的垂线 AC 交 BF 于 C,则由二面角 $P\text{-}l\text{-}Q$ 是直二面角得 $AC\perp$平面 Q. 在平面 Q 内过 B 作 $BH/\!/AE$,再作 $AD\perp BH$,垂足为 D,连接 CD,则由三垂线定理$\Rightarrow CD\perp BH$.

$$\therefore \text{由}\left.\begin{array}{l}AE/\!/BH\\ BH\subset\text{平面 }FBH\\ AE\not\subset\text{平面 }FBH\end{array}\right\}\Rightarrow AE/\!/\text{平面 }FBH$$

$\therefore$ 点 A 到平面 FBH 的距离 h(即点 A 到平面 BCD 的距离)就是两异面直线 AE 与 BF 间的距离. 因此要求两异面直线 AE 与 BF 间的距离,只需求三棱锥 $A-BCD$ 的高即可.

在 $\text{Rt}\triangle ABC$ 中,$AC=a\tan\beta$

$\because \angle ABD=180^\circ-\alpha$,$AD=a\sin\angle ABD=a\sin(180^\circ-\alpha)=a\sin\alpha$

$$CD=\sqrt{AD^2+AC^2}=a\sqrt{\sin^2\alpha+\tan^2\beta}$$

$\therefore$ 由 $V_{A\text{-}BCD}=V_{C\text{-}ABD}\Rightarrow\frac{1}{3}S_{\triangle BCD}\cdot h=\frac{1}{3}S_{\triangle ABD}\cdot AC\Rightarrow$

$$\frac{1}{3}\times\frac{1}{2}\cdot CD\cdot BD\cdot h=\frac{1}{3}\times\frac{1}{2}\cdot AD\cdot BD\cdot AC\Rightarrow CD\cdot h=AC\cdot AD\Rightarrow$$

$$h=\frac{a\tan\beta\cdot a\sin\alpha}{a\sqrt{\sin^2\alpha+\tan^2\beta}}=\frac{a}{\sqrt{\frac{1}{\tan^2\beta}+\frac{1}{\sin^2\alpha}}}=\frac{a}{\sqrt{1+\cot^2\alpha+\cot^2\beta}}$$

$\therefore$ 两异面直线 AE 与 BF 间的距离为 $\frac{a}{\sqrt{1+\cot^2\alpha+\cot^2\beta}}$

评述:此结果可以作为公式来加以应用,以解决两条异面直线各在相互垂直的平面上时,求两异面直线间的距离问题.

如例 4 中的问题:$ABCD\text{-}A_1B_1C_1D_1$ 是棱长为 a 的正方体.求两异面直线 BD 与 B_1C 间的距离.

分析:如图 4.56,$BD\subset$ 平面 $ABCD$,$B_1C\subset$ 平面 BB_1C_1C,平面 $ABCD\perp$ 平面 BB_1C_1C 交于 BC,又有 $\alpha=\beta=45°$,$BC=a$.由以上结论得两异面直线 BD 与 B_1C 间的距离:

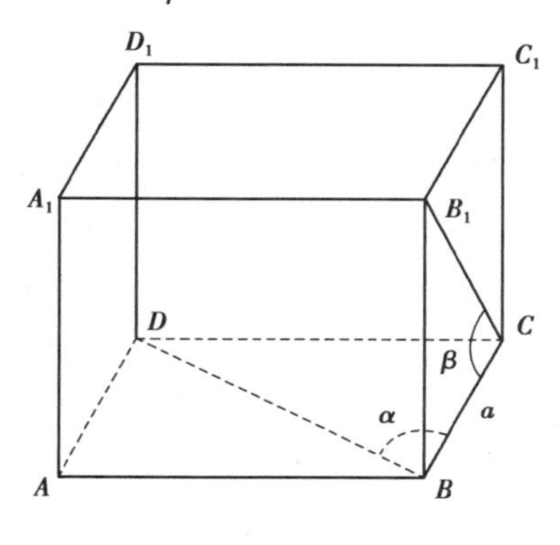

图 4.56

$$d=\frac{a}{\sqrt{1+\cot^2 45°+\cot^2 45°}}=\frac{\sqrt{3}}{3}a$$

4.6 空间向量在立体几何中的具体应用

立体几何的计算和证明常常涉及两大问题:一是位置关系,它主要包括线线垂直、线面垂直、线线平行、线面平行;二是度量问题,它主要包括点到线、点到面的距离、线线、线面所成角、面面所成角等.空间向量的引入为求立体几何的空间角和距离问题,证明线面平行与垂直,以及解决立体几何的探索性问题提供了简便、快速的解法.因此,应加强运用向量方法解决几何问题的意识,提高使用向量的熟练程度和自觉性,注意培养向量的代数运算和推理能力,掌握向量的基本知识和技能,充分利用向量知识解决图形中平行与垂直、角和距离等问题.

4.6.1 利用向量判定直线与平面平行的方法

方法1:如图4.57(1),$l\not\subset\alpha$,$\vec{a}$是直线l上的一个方向向量,$\vec{b}$,$\vec{c}$是平面α内不共线的两个向量,当存在实数λ_1,λ_2使得$\vec{a}=\lambda_1\vec{b}+\lambda_2\vec{c}$时,则直线$l$//平面$\alpha$.

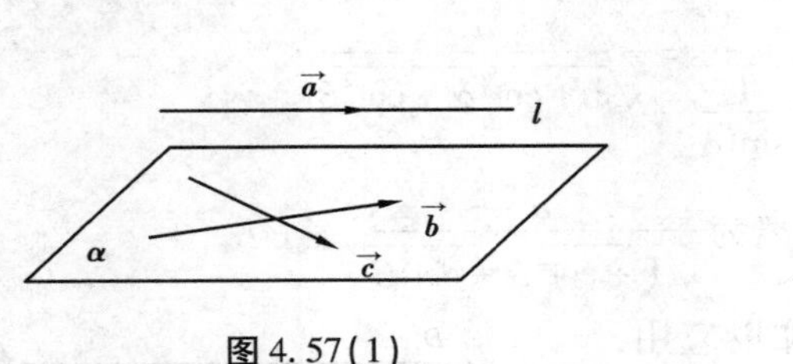

图4.57(1)

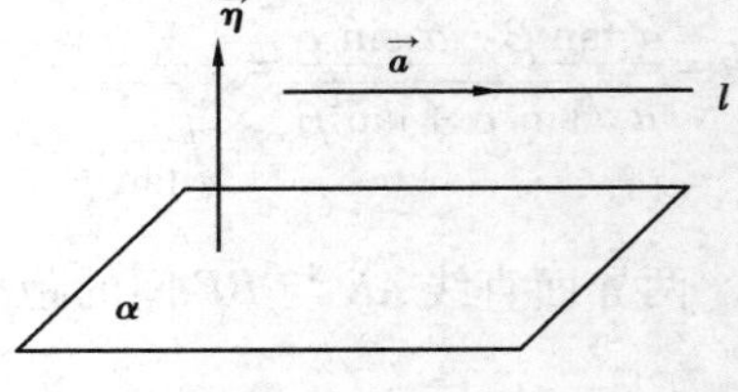

图4.57(2)

方法2:如图4.57(2),$l\not\subset\alpha$,$\vec{a}$是直线l上的一个方向向量,$\vec{\eta}$是平面α的一个法向量,则当$\vec{a}\perp\vec{\eta}$时,直线l//平面α.

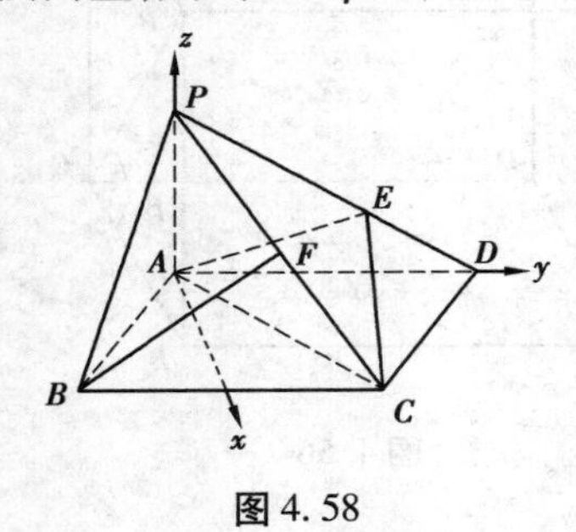

图4.58

例1 (2004年高考湖南理科卷)如图4.58,在底面是菱形的四棱锥P-$ABCD$中,$\angle ABC=60°$,$PA=AC=a$,$PB=PD=\sqrt{2}a$,点E在PD上,且$PE:ED=2:1$.在棱PC上是否存在一点F,使BF//平面AEC?证明你的结论.

解:以A为坐标原点,直线AD,AP分别为y轴和z轴.过A点垂直于平面PAD的直线为x轴,建立空间直角坐标系,如图4.58,则有$A(0,0,0)$,

$B\left(\frac{\sqrt{3}}{2}a,-\frac{1}{2}a,0\right)$,$C\left(\frac{\sqrt{3}}{2}a,\frac{1}{2}a,0\right)$,$D(0,a,0)$,$P(0,0,a)$,$E\left(0,\frac{2}{3}a,\frac{1}{3}a\right)$.

$\therefore\overrightarrow{AE}=\left(0,\frac{2}{3}a,\frac{1}{3}a\right)$,$\overrightarrow{AC}=\left(\frac{\sqrt{3}}{2}a,\frac{1}{2}a,0\right)$,$\overrightarrow{AP}=(0,0,a)$,$\overrightarrow{PC}=\left(\frac{\sqrt{3}}{2}a,\frac{1}{2}a,-a\right)$,$\overrightarrow{BP}=\left(-\frac{\sqrt{3}}{2}a,\frac{1}{2}a,a\right)$.

方法1:设点F是棱PC上的点,$\overrightarrow{PF}=\lambda\overrightarrow{PC}=\left(\frac{\sqrt{3}}{2}a\lambda,\frac{1}{2}a\lambda,-a\lambda\right)$,其中$0<\lambda<1$,

则$\overrightarrow{BF}=\overrightarrow{BP}+\overrightarrow{PF}=\left(-\frac{\sqrt{3}}{2}a,\frac{1}{2}a,a\right)+\left(\frac{\sqrt{3}}{2}a\lambda,\frac{1}{2}a\lambda,-a\lambda\right)=\left(\frac{\sqrt{3}}{2}a(\lambda-1),\frac{1}{2}a(\lambda+1),a(1-\lambda)\right)$,令$\overrightarrow{BF}=\lambda_1\overrightarrow{AC}+\lambda_2\overrightarrow{AE}$,得:

$$\begin{cases}\frac{\sqrt{3}}{2}a(\lambda-1)=\frac{\sqrt{3}}{2}a\lambda_1\\ \frac{1}{2}a(1+\lambda)=\frac{1}{2}a\lambda_1+\frac{2}{3}a\lambda_2\\ a(1-\lambda)=\frac{1}{3}a\lambda_2\end{cases}\Rightarrow\begin{cases}\lambda-1=\lambda_1\\ 1+\lambda=\lambda_1+\frac{4}{3}\lambda_2\\ 1-\lambda=\frac{1}{3}\lambda_2\end{cases}\Rightarrow\begin{cases}\lambda_1=-\frac{1}{2}\\ \lambda_2=\frac{3}{2}\\ \lambda=\frac{1}{2}\end{cases}$$

即当 $\lambda=\frac{1}{2}$ 时，$\overrightarrow{BF}=-\frac{1}{2}\overrightarrow{AC}+\frac{3}{2}\overrightarrow{AE}$，因为 $\overrightarrow{AC}$ 与 $\overrightarrow{AE}$ 是平面 AEC 内不共线的两个向量，$BF\not\subset$ 平面 AEC，所以当 F 点为 PC 中点时，BF∥平面.

方法2：设点 F 是棱 PC 上的点，则 $\overrightarrow{BF}=\overrightarrow{BP}+\overrightarrow{PF}$，同方法1得：$\overrightarrow{BF}=\left(\frac{\sqrt{3}}{2}a(\lambda-1),\frac{1}{2}a(\lambda+1),a(1-\lambda)\right)$，$\overrightarrow{AC}=\left(\frac{\sqrt{3}}{2}a,\frac{1}{2}a,0\right)$，$\overrightarrow{AE}=(0,\frac{2}{3}a,\frac{1}{3}a)$，设 $\vec{\eta}=(x,y,z)$ 为平面 AEC 的一个法向量，则：

$$由\begin{cases}\vec{\eta}\perp\overrightarrow{AC}\\ \vec{\eta}\perp\overrightarrow{AE}\end{cases}\Rightarrow\begin{cases}\vec{\eta}\cdot\overrightarrow{AC}=0\\ \vec{\eta}\cdot\overrightarrow{AE}=0\end{cases}\Rightarrow\begin{cases}\frac{\sqrt{3}}{2}ax+\frac{1}{2}ay=0\\ \frac{2}{3}ay+\frac{1}{3}az=0\end{cases}\Rightarrow\begin{cases}x=-\frac{\sqrt{3}}{3}y\\ z=-2y\end{cases}\Rightarrow\vec{\eta}=(-\frac{\sqrt{3}}{3}y,y,-2y)$$

令 $y=3$，则 $\vec{\eta}=(-\sqrt{3},3,-6)$

不妨假设 $\overrightarrow{BF}\perp\vec{\eta}$，则：

$$\overrightarrow{BF}\cdot\vec{\eta}=0\Rightarrow\frac{\sqrt{3}}{2}a(\lambda-1)\cdot(-\sqrt{3})+\frac{1}{2}a(\lambda+1)\cdot3+a(1-\lambda)\cdot(-6)=0$$

$$\Rightarrow6\lambda-3=0\Rightarrow\lambda=\frac{1}{2}$$

∴ 当 $\lambda=\frac{1}{2}$ 时，即 F 点为 PC 中点时，$\overrightarrow{BF}\perp\vec{\eta}$，又因为 $BF\not\subset$ 平面 AEC，所以当 F 点为 PC 中点时，BF∥平面 AEC.

评注：解答存在型问题时，通常先假定存在，然后由条件进行求解或推论，若得出合理的答案就说明存在，若得不出合理的结论就说明不存在.

4.6.2 利用向量判定直线与平面垂直的方法

若 $\vec{a}$ 是直线 l 上的一个方向向量，$\vec{b}$ 与 $\vec{c}$ 是平面 α 内不共线的两个向量，则当 $\vec{a}\cdot\vec{b}=0$ 且 $\vec{a}\cdot\vec{c}=0$ 时，直线 $l\perp$ 平面 α.

例2 （2000年全国高考题）如图4.59，一直平行六面体 $ABCD\text{-}A_1B_1C_1D_1$ 的底面 $ABCD$ 是菱形，且 $\angle C_1CB=\angle C_1CD=\angle BCD=60°$，当 $\frac{CD}{CC_1}$ 的值为多少时，能使

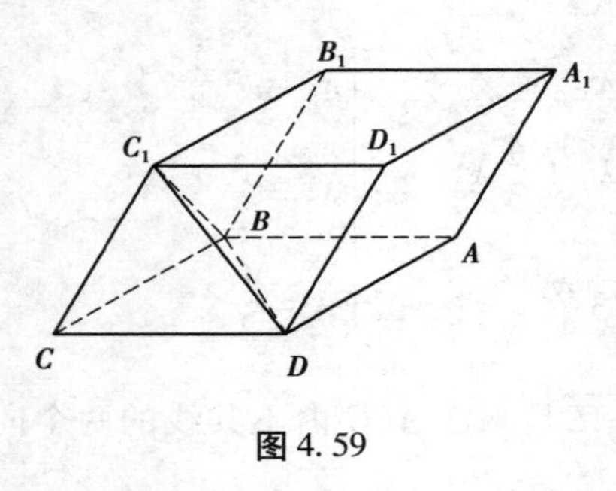

图 4.59

$A_1C\perp$平面 C_1BD？请给出证明.

解：设$\frac{CD}{CC_1}=x$，$CD=2$，则 $CC_1=\frac{2}{x}$，令$\overrightarrow{A_1A}=\vec{a}$，$\overrightarrow{AD}=\vec{b}$，$\overrightarrow{DC}=\vec{c}$，则$\overrightarrow{A_1C}=\vec{a}+\vec{b}+\vec{c}$，如图 4.59.

不妨假设 $A_1C\perp$平面 C_1BD，则 $A_1C\perp BD$，$A_1C\perp C_1D$. 所以有$\overrightarrow{A_1C}\cdot\overrightarrow{BD}=0$，$\overrightarrow{A_1C}\cdot\overrightarrow{C_1D}=0$.

因为$\overrightarrow{BD}=\overrightarrow{BC}-\overrightarrow{DC}=\vec{b}-\vec{c}$，$\overrightarrow{C_1D}=\overrightarrow{C_1C}-\overrightarrow{CD}=\vec{a}-\vec{c}$.

$$\therefore\begin{cases}(\vec{a}+\vec{b}+\vec{c})\cdot(\vec{b}-\vec{c})=0\\(\vec{a}+\vec{b}+\vec{c})\cdot(\vec{a}-\vec{c})=0\end{cases}\Rightarrow\begin{cases}\vec{b}^2+\vec{a}\cdot\vec{b}-\vec{a}\cdot\vec{c}-\vec{c}^2=0\cdots\cdots①\\\vec{a}^2+\vec{a}\cdot\vec{b}-\vec{b}\cdot\vec{c}-\vec{c}^2=0\cdots\cdots②\end{cases}$$

②－①得：

$$\vec{a}^2-\vec{b}^2-\vec{b}\cdot\vec{c}+\vec{a}\cdot\vec{c}=0\Rightarrow\left(\frac{2}{x}\right)^2-4-2\cdot2\cdot\cos 60^\circ+\frac{2}{x}\cdot2\cdot\cos 60^\circ=0\Rightarrow$$

$$\frac{4}{x^2}+\frac{2}{x}-6=0\Rightarrow x=1,x=-\frac{2}{3}(\text{舍去})$$

$\therefore$ 当$\frac{CD}{CC_1}=1$ 时，能使 $A_1C\perp$平面.

4.6.3 利用向量求异面直线夹角的方法

要求异面直线 l_1 与 l_2 的夹角，可在异面直线 l_1，l_2 上分别选定两个非零向量$\vec{a}$与$\vec{b}$，设$<\vec{a},\vec{b}>=\theta$，则 $\cos\theta=\frac{\vec{a}\cdot\vec{b}}{|\vec{a}|\cdot|\vec{b}|}$.

①当 θ 为锐角时，l_1 与 l_2 的夹角为 θ.

②当 θ 为钝角时，l_1 与 l_2 的夹角为 $\pi-\theta$.

例 3 如图 4.60，在棱长为 2 的正方体 $ABCD\text{-}A_1B_1C_1D_1$ 中，O 是底面 $ABCD$ 的中心，E，F 分别为 CC_1，AD 的中点，那么异面直线 OE 和 FD_1 所成角的余弦值等于（　　）.

A. $\frac{\sqrt{10}}{5}$　　B. $\frac{\sqrt{15}}{5}$

C. $\frac{4}{5}$　　D. $\frac{2}{3}$

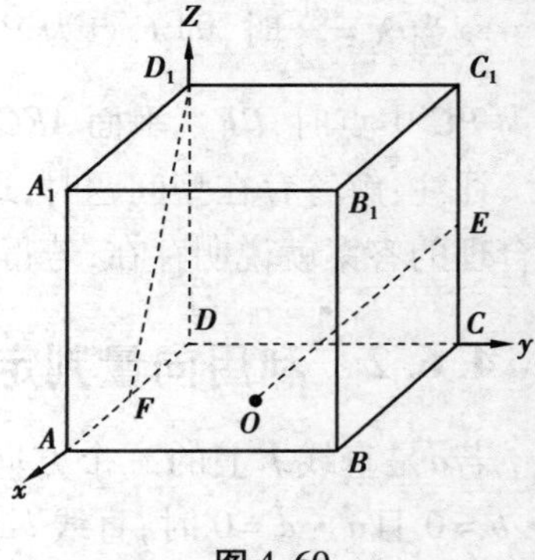

图 4.60

分析：如图 4.60，建立空间直角坐标系，$D\text{-}xyz$，则有 $D(0,0,0)$，$F(1,0,0)$，$O(1,1,0)$，$E(0,2,1)$，$D_1(0,0,2)$，$\overrightarrow{FD_1}=(-1,0,2)$，$\overrightarrow{OE}=(-1,1,1)$，$\overrightarrow{FD_1}\cdot\overrightarrow{OE}=$

3，$|\overrightarrow{FD_1}|=\sqrt{5}$，$|\overrightarrow{OE}|=\sqrt{3}$.

$\therefore \cos<\overrightarrow{FD_1},\overrightarrow{OE}>=\dfrac{\overrightarrow{FD_1}\cdot\overrightarrow{OE}}{|\overrightarrow{FD_1}|\cdot|\overrightarrow{OE}|}=\dfrac{\sqrt{15}}{5}$，$OE$ 和 FD_1 所成角的余弦值为 $\dfrac{\sqrt{15}}{5}$，故选 B.

4.6.4 用向量求直线与平面所成角的方法

设 $\vec{\eta}$ 是平面 α 的一个法向量，$\vec{a}$ 是直线 l 上的一个方向向量（一般地，选取的 $\vec{\eta}$ 与 $\vec{a}$ 都指向平面的同侧，如图 4.61（1），则直线 l 与平面 α 所成角 θ 等于两向量 $\vec{\eta}$ 与 $\vec{a}$ 的夹角 φ 的余角，即：

$$\theta=\frac{\pi}{2}-\varphi=\frac{\pi}{2}-\arccos\frac{|\vec{\eta}\cdot\vec{a}|}{|\vec{\eta}|\cdot|\vec{a}|}$$
$$=\arcsin\frac{|\vec{\eta}\cdot\vec{a}|}{|\vec{\eta}|\cdot|\vec{a}|}$$

例 4　（2004 年高考试卷Ⅳ）三棱锥 $P\text{-}ABC$ 中，侧面 PAC 与底面 ABC 垂直，$PA=PB=PC=3$，如图 4.61（2）.

（1）求证：$AB\perp BC$.

（2）设 $AB=BC=2\sqrt{3}$，求 AC 与平面 PBC 所成角的大小.

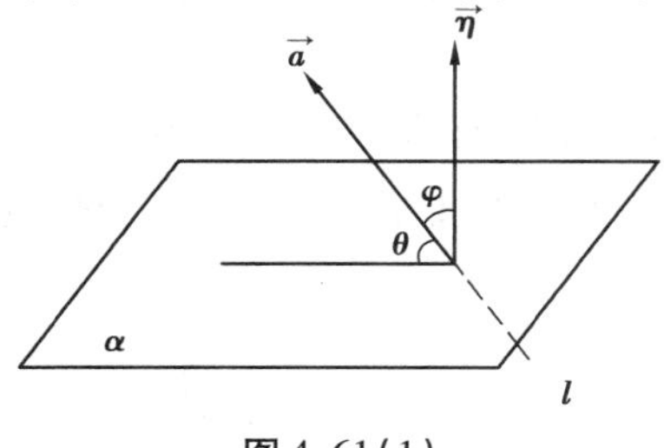

图 4.61（1）

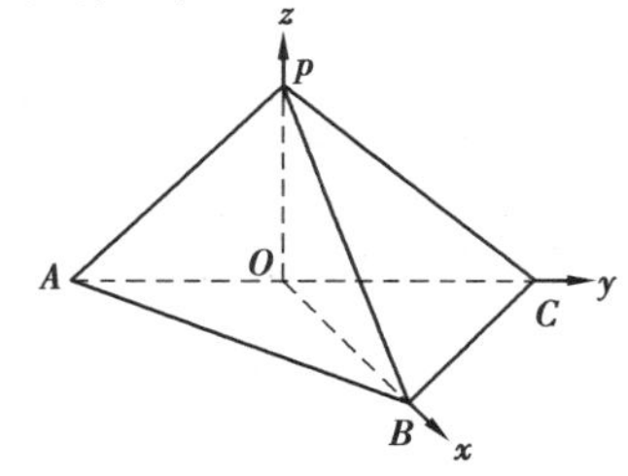

图 4.61（2）

①证明：如图 4.61（2），过 P 点作 $PO\perp AC$ 于 O，由侧面 $PAC\perp$ 底面 ABC 且交于 $AC\Rightarrow PO\perp$ 底面 ABC. 因为 $PA=PB=PC$，连接 OB，则 $OA=OB=OC$. 所以 O 点是 $\triangle ABC$ 的外接圆的圆心，AC 是这个外接圆的直径，所以有 $AB\perp BC$.

②解：因为 $AB=BC$，O 为 AC 的中点，所以 $OB\perp AC$，如图 4.61（2），建立空间直角坐标系 $O\text{-}xyz$. 由 $AB\perp BC$，$AB=BC=2\sqrt{3}\Rightarrow AC=2\sqrt{6}$，$OB=\sqrt{6}$，又由 $PA=PC=3\Rightarrow PO=\sqrt{3}$，所以有：$O(0,0,0)$，$C(0,\sqrt{6},0)$，$B(\sqrt{6},0,0)$，$P(0,0,\sqrt{3})$.

设 $\vec{\eta}=(x,y,z)$ 为平面 PBC 的一个法向量，直线 AC 与平面 PBC 所成角为 θ，则

$$\sin\theta=\frac{|\vec{\eta}\cdot\overrightarrow{OC}|}{|\vec{\eta}|\cdot|\overrightarrow{OC}|}$$

$\because \overrightarrow{PB}=(\sqrt{6},0,-\sqrt{3}),\overrightarrow{PC}=(0,\sqrt{6},-\sqrt{3}),\overrightarrow{OC}=(0,\sqrt{6},0)$

$\therefore$ 由 $\vec{\eta}\cdot\overrightarrow{PB}=0,\vec{\eta}\cdot\overrightarrow{PC}=0$ 得：

$$\begin{cases}\sqrt{6}x-\sqrt{3}z=0\\ \sqrt{6}y-\sqrt{3}z=0\end{cases}\Rightarrow\begin{cases}x=\dfrac{\sqrt{2}}{2}z\\ y=\dfrac{\sqrt{2}}{2}z\end{cases}$$

令 $z=\sqrt{2}$，则 $\vec{\eta}=(1,1,\sqrt{2})$

$\therefore \vec{\eta}\cdot\overrightarrow{OC}=\sqrt{6},|\vec{\eta}|\cdot|\overrightarrow{OC}|=2\sqrt{6}$

$\therefore \sin\theta=\dfrac{\sqrt{6}}{2\sqrt{6}}=\dfrac{1}{2}$，从而 $\theta=30°$，即直线 AC 与平面 PBC 所成角为 $30°$.

4.6.5 利用向量求点到平面的距离的方法

设点 P 是平面 α 内一点，$\vec{\eta}$ 是平面 α 的一个法向量，如图 4.62(1)，则点 M 到平面 α 的距离：

$$d=\frac{|\vec{\eta}\cdot\overrightarrow{DB_1}|}{|\vec{\eta}|}$$

例5 （2004 年高考江苏卷）如图 4.62(2)，在棱长为 4 的正方体 $ABCD\text{-}A_1B_1C_1D_1$ 中，点 P 是棱 CC_1 上的点，且 $CC_1=4CP$，求点 P 到平面 ABD_1 的距离.

解：如图 4.62(2)，建立空间直角坐标系 $D\text{-}xyz$. 则有 $D(0,0,0),D_1(0,0,4)$，$A(4,0,0),B(4,4,0),P(0,4,1)$. 设 $\vec{\eta}=(x,y,z)$ 为平面 ABD_1 的一个法向量，则点 P 到平面 ABD_1 的距离 $d=\dfrac{|\vec{\eta}\cdot\overrightarrow{PA}|}{|\vec{\eta}|}$.

$\because \overrightarrow{AB}=(0,4,0),\overrightarrow{AD_1}=(-4,0,4)$

$\therefore$ 由 $\left.\begin{array}{l}\vec{\eta}\perp\overrightarrow{AB}\\ \vec{\eta}\perp\overrightarrow{AD_1}\end{array}\right\}\Rightarrow\begin{cases}\vec{\eta}\cdot\overrightarrow{AB}=0\\ \vec{\eta}\cdot\overrightarrow{AD_1}=0\end{cases}\Rightarrow\begin{cases}4y=0\\ -4x+4z=0\end{cases}\Rightarrow\begin{cases}y=0\\ z=x\end{cases}\Rightarrow\vec{\eta}=(x,0,x)$

令 $x=1$，则 $\vec{\eta}=(1,0,1)$

又 $\because \overrightarrow{PA}=(4,-4,-1)$

$\therefore \vec{\eta}\cdot\overrightarrow{PA}=3,d=\dfrac{3}{\sqrt{2}}=\dfrac{3}{2}\sqrt{2}$，即点 P 到平面 ABD_1 的距离为 $\dfrac{3}{2}\sqrt{2}$.

评注："线面距离""面面距离"都要转化为"点面距离"来计算.

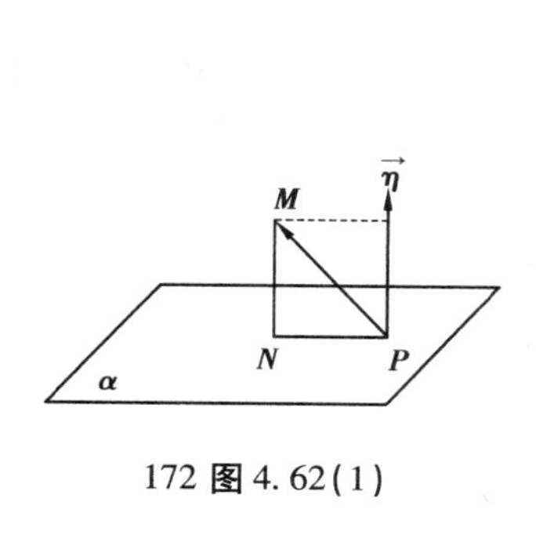

172 图 4.62(1)

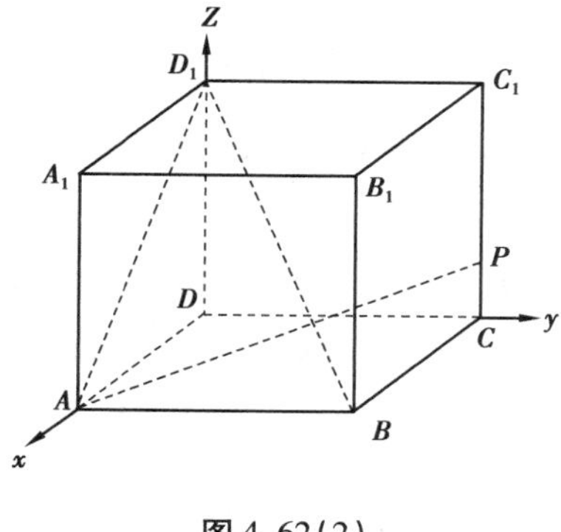

图 4.62(2)

4.6.6 利用向量求异面直线间的距离的方法

如图 4.63(1),$\vec{\eta}$ 是异面直线 l_1 与 l_2 的公垂线 MN 上的一个方向向量,$E\in l_1$,$F\in l_2$,$N\in l_1$,$l'_1 /\!/ l_1$,$l'_1\cap l_2=M$,l'_1 与 l_2 确定的平面为 α,则 l_1 与 l_2 间的距离 d 等于点 E 到平面 α 的距离,即 $d=\dfrac{|\vec{\eta}\cdot\overrightarrow{FE}|}{|\vec{\eta}|}$.

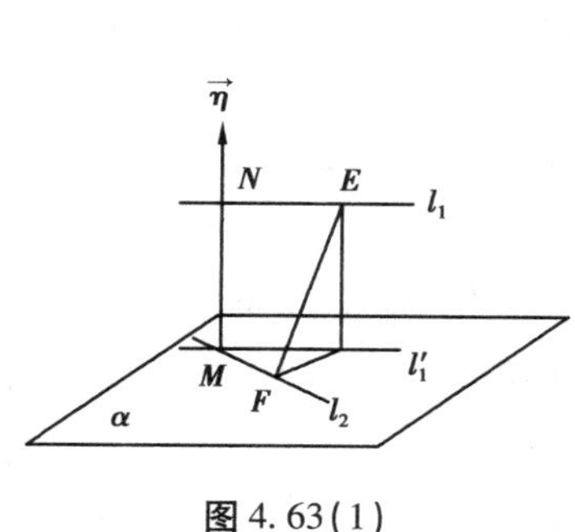

图 4.63(1)

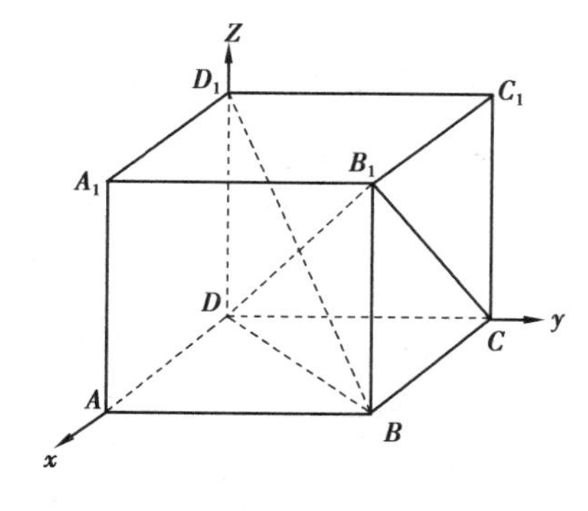

图 4.63(2)

例6 如图 4.63(2),在棱长为1的正方体 $ABCD\text{-}A_1B_1C_1D_1$ 中,求异面直线 BD 与 B_1C 的距离.

解:如图 4.63(2),建立空间直角坐标系 $D\text{-}xyz$. 则有 $D(0,0,0)$,$C(0,1,0)$,$B(1,1,0)$,$B_1(1,1,1)$. $\overrightarrow{DB}=(1,1,0)$,$\overrightarrow{CB_1}=(1,0,1)$,$\overrightarrow{DB_1}=(1,1,1)$. 设 $\vec{\eta}$ 为异面直线 BD 与 B_1C 的公垂线上的一个方向向量,则 $\vec{\eta}\cdot\overrightarrow{DB}=0$,$\vec{\eta}\cdot\overrightarrow{CB_1}=0$ $\Rightarrow z=y=-x$.

所以 $\vec{\eta}=(x,-x,-x)$,令 $x=1$,则 $\vec{\eta}=(1,-1,-1)$. 在异面直线 BD 与 B_1C 上分别选定两个点 D 与 B_1,则 BD 与 B_1C 间的距离:$d=\dfrac{|\vec{\eta}\cdot\overrightarrow{DB_1}|}{|\vec{\eta}|}=\dfrac{1}{\sqrt{3}}=\dfrac{\sqrt{3}}{3}$.

4.6.7 利用向量求二面角大小的方法

(1)如图 4.64(1),若 $CE\perp AB$ 于 E,$DF\perp AB$ 于 F,则二面角 C-AB-D 的大小为 $<\overrightarrow{EC},\overrightarrow{FD}>$(或 $<\overrightarrow{CE},\overrightarrow{DF}>$).

即为 $\arccos\dfrac{\overrightarrow{EC}\cdot\overrightarrow{FD}}{|\overrightarrow{EC}|\cdot|\overrightarrow{FD}|}\left(或 \arccos\dfrac{\overrightarrow{CE}\cdot\overrightarrow{DF}}{|\overrightarrow{CE}|\cdot|\overrightarrow{DF}|}\right)$.

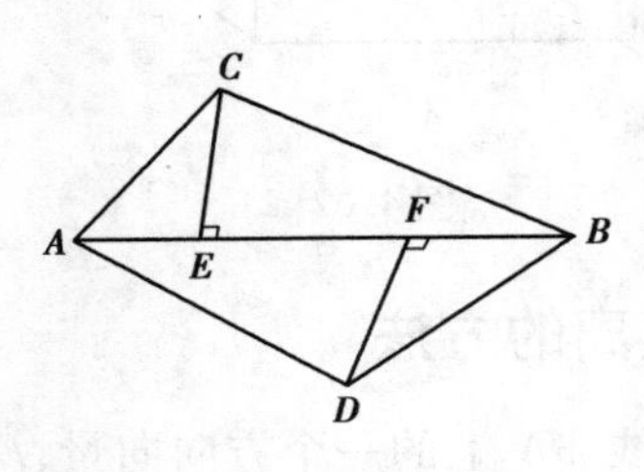

图 4.64(1)

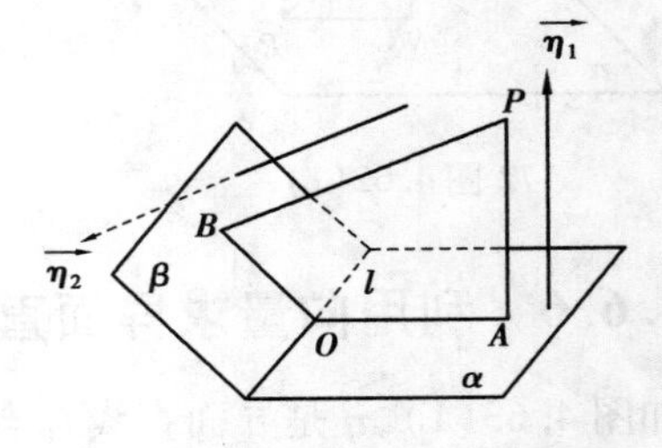

图 4.64(2)

(2)如图 4.64(2),若 $\vec{\eta}_1,\vec{\eta}_2$ 分别为二面角 α-l-β 的两个面的法向量,则:

①当 $\vec{\eta}_1,\vec{\eta}_2$ 分别指向二面角的内、外侧时,二面角 α-l-β 的大小等于 $<\vec{\eta}_1,\vec{\eta}_2>$ 的大小.

②当 $\vec{\eta}_1,\vec{\eta}_2$ 同时指向二面角的内侧或外侧时,二面角 α-l-β 的大小等于 $\pi-<\vec{\eta}_1,\vec{\eta}_2>$ 的大小.

评述:在判定二面角为锐角或钝角时,可利用图形帮助判断.

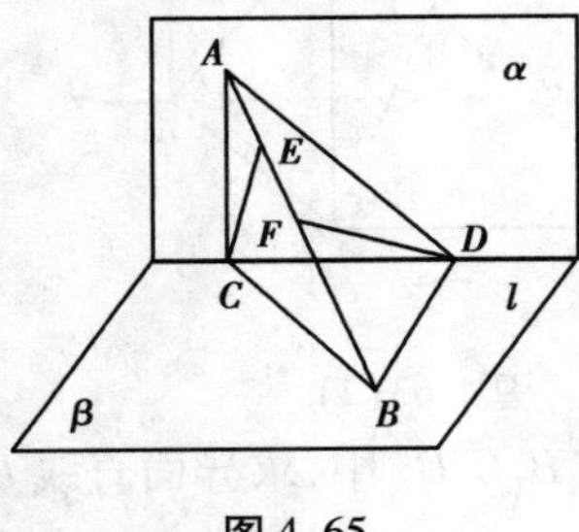

图 4.65

例 7 如图 4.65,已知 A,B 分别为直二面角 α-l-β 的面 α,β 内的点,AB 与 α 成 $45°$ 的角,与 β 成 $30°$ 的角,又知 $AC\perp l$ 于 C,$BD\perp l$ 于 D,求二面角 C-AB-D 的大小.

解:如图 4.65,过 C,D 两点分别作 $CE\perp AB$ 于 E,$DF\perp AB$ 于 F. 所以,所求二面角 C-AB-D 的大小等于 $<\overrightarrow{CE},\overrightarrow{DF}>$ 的大小.

$\because$ 二面角 α-l-$\beta=90°$,$AC\perp l$,$BD\perp l$,所以 $\angle ABC$,$\angle BAD$ 分别为 AB 与 β,α 所成角.

$\therefore \angle ABC=30°$,$\angle BAD=45°$. 令 $AC=1$,则 $AB=2$,$BD=AD=\sqrt{2}$,$CE=\dfrac{\sqrt{3}}{2}$,

$AE=\dfrac{1}{2}$,$DF=1$,$BF=1$,从而 $|\overrightarrow{CE}|\cdot|\overrightarrow{DF}|=\dfrac{\sqrt{3}}{2}\times1=\dfrac{\sqrt{3}}{2}$

$\because \overrightarrow{CE}=\overrightarrow{CA}+\overrightarrow{AE}$,$\overrightarrow{DF}=\overrightarrow{DB}+\overrightarrow{BF}$

$\therefore \overrightarrow{CE}\cdot\overrightarrow{DF}=(\overrightarrow{CA}+\overrightarrow{AE})\cdot(\overrightarrow{DB}+\overrightarrow{BF})=\overrightarrow{CA}\cdot\overrightarrow{DB}+\overrightarrow{AE}\cdot\overrightarrow{DB}+\overrightarrow{CA}\cdot\overrightarrow{BF}+\overrightarrow{AE}\cdot\overrightarrow{BF}$

$\because \overrightarrow{CA}\perp\overrightarrow{DB}$

$\therefore \overrightarrow{CA}\cdot\overrightarrow{DB}=0$，而$\overrightarrow{CA}\cdot\overrightarrow{BF}=|\overrightarrow{CA}|\cdot|\overrightarrow{BF}|\cos\angle CAE=1\times1\times\cos 60°=\frac{1}{2}$，$\overrightarrow{AE}\cdot\overrightarrow{BF}=|\overrightarrow{AE}|\cdot|\overrightarrow{BF}|\cos 180°=\frac{1}{2}\times1\times(-1)=-\frac{1}{2}$，$\overrightarrow{AE}\cdot\overrightarrow{DB}=|\overrightarrow{AE}|\cdot|\overrightarrow{DB}|\cos 45°=\frac{1}{2}\times\sqrt{2}\times\frac{\sqrt{2}}{2}=\frac{1}{2}$

$\therefore \overrightarrow{CE}\cdot\overrightarrow{DF}=\frac{1}{2}$

又$\because \cos<\overrightarrow{CE},\overrightarrow{DF}>=\dfrac{\overrightarrow{CE}\cdot\overrightarrow{DF}}{|\overrightarrow{CE}|\cdot|\overrightarrow{DF}|}=\dfrac{\frac{1}{2}}{\frac{\sqrt{3}}{2}}=\dfrac{\sqrt{3}}{3}$

$\therefore <\overrightarrow{CE},\overrightarrow{DF}>=\arccos\frac{\sqrt{3}}{3}$，即所求二面角 $C\text{-}AB\text{-}D$ 的大小为 $\arccos\frac{\sqrt{3}}{3}$.

例8　如图4.66(1)，正三棱柱 $ABC\text{-}A_1B_1C_1$ 的所有棱长都为2，D 为 CC_1 的中点.

(1)求证：$AB_1\perp$平面 A_1BD；

(2)求二面角 $A\text{-}A_1D\text{-}B$ 的大小.

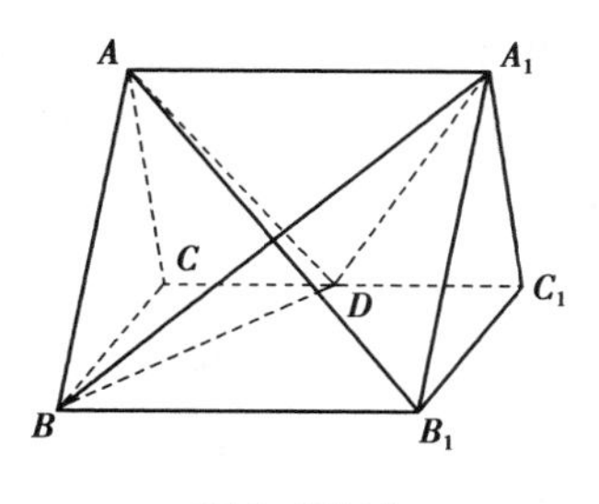

图4.66(1)

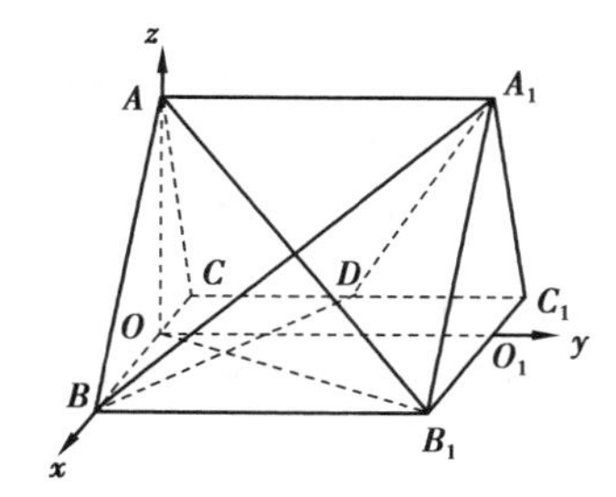

图4.66(2)

(1)证明：如图4.66(2)，取 BC 的中点 O，连接 AO.

$\because \triangle ABC$ 为正三角形

$\therefore AO\perp BC$

$\because$ 在正三棱柱 $ABC\text{-}A_1B_1C_1$ 中，平面 $ABC\perp$平面 BCC_1B_1 交于 BC

$\therefore AO\perp$平面 BCC_1B_1，取 B_1C_1 中点 O_1，以 O 为原点，$\overrightarrow{OB},\overrightarrow{OO_1},\overrightarrow{OA}$的方向为 x，y，z 轴的正方向建立空间直角坐标系，则 $B(1,0,0)$，$D(-1,1,0)$，$A_1(0,2,\sqrt{3})$，

$A(0,0,\sqrt{3}),B_1(1,2,0)$

$\therefore \overrightarrow{AB_1}=(1,2,-\sqrt{3}),\overrightarrow{BD}=(-2,1,0),\overrightarrow{BA_1}=(-1,2,\sqrt{3})$

$\because \overrightarrow{AB_1}\cdot\overrightarrow{BD}=-2+2+0=0,\overrightarrow{AB_1}\cdot\overrightarrow{BA_1}=-1+4-3=0$

$\therefore \overrightarrow{AB_1}\perp\overrightarrow{BD},\overrightarrow{AB_1}\perp\overrightarrow{BA_1},\therefore AB_1\perp$平面$A_1BD$

(2)设平面A_1AD的法向量为$\vec{\eta}=(x,y,z)$.

$\overrightarrow{AD}=(-1,1,-\sqrt{3}),\overrightarrow{AA_1}=(0,2,0)$

$\because \vec{\eta}\perp\overrightarrow{AD},\vec{\eta}\perp\overrightarrow{AA_1}$

$$\therefore \begin{cases}\vec{\eta}\cdot\overrightarrow{AD}=0,\\ \vec{\eta}\cdot\overrightarrow{AA_1}=0\end{cases}\Rightarrow\begin{cases}-x+y-\sqrt{3}z=0\\ 2y=0\end{cases}\Rightarrow\begin{cases}y=0\\ x=-\sqrt{3}z\end{cases}$$

令$z=1$得:$\vec{\eta}=(-\sqrt{3},0,1)$为平面$A_1AD$的一个法向量

由(1)知$AB_1\perp$平面A_1BD

$\therefore \overrightarrow{AB_1}$为平面$A_1BD$的法向量

$$\therefore \cos<\vec{\eta},\overrightarrow{AB_1}>=\frac{\vec{\eta}\cdot\overrightarrow{AB_1}}{|\vec{\eta}|\cdot|\overrightarrow{AB_1}|}=\frac{-\sqrt{3}-\sqrt{3}}{2\times2\sqrt{2}}=-\frac{\sqrt{6}}{4}$$

$\therefore$ 二面角$A\text{-}A_1D\text{-}B$的大小为$\arccos\frac{\sqrt{6}}{4}$.

4.6.8 利用向量解决立体几何中的开放性和探索性问题

立体几何中的开放性和探索性问题涉及面广,思维含量大,是生命力很旺盛的一种题型,它要求学生要能够根据自己所学的知识对题目的条件或结论作出合理的推断,因此这种问题是高考中的难点问题,但若我们能够借助向量这个有力武器,此问题就能够有效地得到解决.

以下就结合具体事例说明向量法确实是解决立体几何中存在性问题的有效方法.

例9 (2008年成都市高中毕业诊断)如图4.67(1),在各棱长均为2的三棱柱$ABC\text{-}A_1B_1C_1$中,侧面$A_1ACC_1\perp$底面ABC,$\angle A_1AC=60°$.

(1)求侧棱AA_1与平面AB_1C所成角的大小.

(2)已知点D满足$\overrightarrow{BD}=\overrightarrow{BA}+\overrightarrow{BC}$,在直线$AA_1$上是否存在点$P$,使$DP\parallel$平面$AB_1C$?若存在,请确定点$P$的位置;若不存在,请说明理由.

(1)分析:$\because$ 侧面$A_1ACC_1\perp$底面ABC交于AC,作$A_1O\perp AC$于O点,则$A_1O\perp$平面ABC

又$\because$ 各棱长均为2,$\angle A_1AC=60°\Rightarrow O$为$AC$中点,$BO\perp AC$,如图4.67(2),建立空间直角坐标系$O\text{-}xyz$.

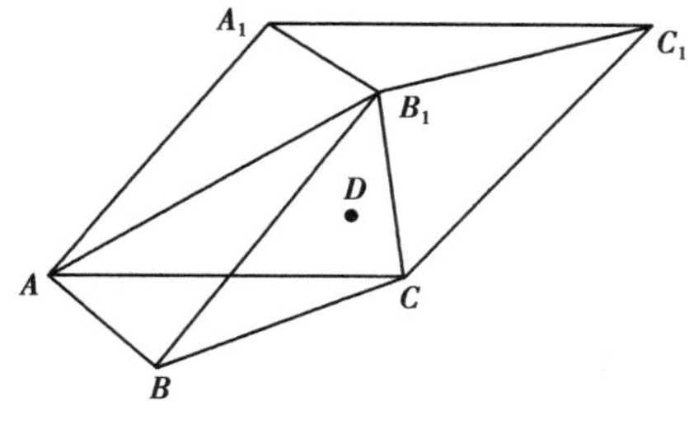

图 4.67(1)

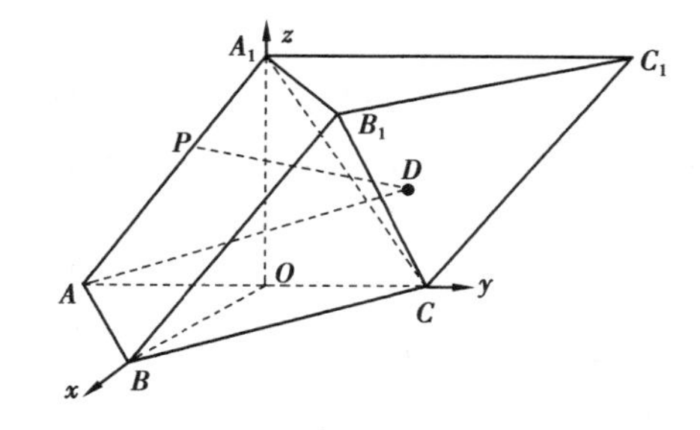

图 4.67(2)

$\therefore AO=1, A_1O=BO=\sqrt{3}$，则 $A(0,-1,0)$，$B(\sqrt{3},0,0)$，$C(0,1,0)$，$A_1(0,0,\sqrt{3})$，$\overrightarrow{AA_1}=(0,1,\sqrt{3})$.

设 $B_1(x_0,y_0,z_0)$，则 $\overrightarrow{BB_1}=(x_0-\sqrt{3},y_0,z_0)$，由 $\overrightarrow{AA_1}=\overrightarrow{BB_1}\Rightarrow(0,1,\sqrt{3})=(x_0-\sqrt{3},y_0,z_0)\Rightarrow B_1(\sqrt{3},1,\sqrt{3})$

$\therefore \overrightarrow{AB_1}=(\sqrt{3},2,\sqrt{3})$，$\overrightarrow{AC}=(0,2,0)$，设平面 AB_1C 的一个法向量为 $\vec{\eta}=(x,y,z)$，则：

$$\begin{cases}\vec{\eta}\cdot\overrightarrow{AB_1}=\sqrt{3}x+2y+\sqrt{3}z=0\\ \vec{\eta}\cdot\overrightarrow{AC}=0+2y+0=0\end{cases}\Rightarrow\begin{cases}y=0\\ z=-x\end{cases}$$

令 $x=1$，则 $\vec{\eta}=(1,0,-1)$，设侧棱 AA_1 与平面 AB_1C 所成角的大小为 θ，则

$$\sin\theta=\frac{|\overrightarrow{AA_1}\cdot\vec{\eta}|}{|\overrightarrow{AA_1}|\cdot|\vec{\eta}|}=\frac{\sqrt{6}}{4}$$

$\therefore \theta=\arcsin\dfrac{\sqrt{6}}{4}$.

(2)**解**：$\because \overrightarrow{BD}=\overrightarrow{BA}+\overrightarrow{BC}$，$\overrightarrow{BA}=(-\sqrt{3},-1,0)$，$\overrightarrow{BC}=(-\sqrt{3},1,0)$，$\overrightarrow{BD}=(-2\sqrt{3},0,0)$

又 $\because B(\sqrt{3},0,0)$

$\therefore D(-\sqrt{3},0,0)$，假设在直线 AA_1 上存在点 P，使 $DP\parallel$ 平面 AB_1C，则 $\overrightarrow{DP}=\overrightarrow{DA}+\overrightarrow{AP}$，又设 $\overrightarrow{AP}=\lambda\overrightarrow{AA_1}$，$(\lambda\in\mathbf{R})\Rightarrow\overrightarrow{DP}=\overrightarrow{DA}+\lambda\overrightarrow{AA_1}=(-\sqrt{3},-1,0)+\lambda(0,1,\sqrt{3})=(-\sqrt{3},\lambda-1,\sqrt{3}\lambda)$，由 $DP\parallel$ 平面 $AB_1C\Rightarrow\overrightarrow{DP}\perp\vec{\eta}$

$\because \vec{\eta}=(1,0,-1)$

$\therefore \overrightarrow{DP}\cdot\vec{\eta}=0\Rightarrow\sqrt{3}-\sqrt{3}\lambda=0,\Rightarrow\lambda=1$

又 $\because DP\not\subset$ 平面 AB_1C

$\therefore$ 存在点 P，使 $DP\parallel$ 平面 AB_1C（点 P 与点 A_1 重合）.

评述：解答存在型问题时，通常先假定存在，然后由条件进行求解或推论，若得出合理的结论就说明存在；若得不出合理的结论就说明不存在.

评析：例9(2)中的点 P 的坐标若设为 $(0,m,t)(t>0)$ 也可以求解，但这样就出现了两个参数，解答起来就比较复杂；而以上解答中令 $\overrightarrow{AP}=\lambda\overrightarrow{AA_1}(\lambda\in\mathbf{R})$ 就只有一个参数，这样不设出 P 点的坐标的解法显然要简洁得多，以下各例均可以用这种方法来求解.

例10 （2006年高考江西卷）如图4.68(1)，在三棱锥 $A\text{-}BCD$ 中，侧面 ABD，ACD 是全等的直角三角形，AD 是公共的斜边，且 $AD=\sqrt{3}$，$BD=CD=1$，另一个侧面是正三角形.

(1)求证：$AD\perp BC$.

(2)求二面角 $B\text{-}AC\text{-}D$ 的大小.

(3)在直线 AC 上是否存在一点 E，使 ED 与面 BCD 成 $30°$ 角？若存在，确定 E 的位置；若不存在，说明理由.

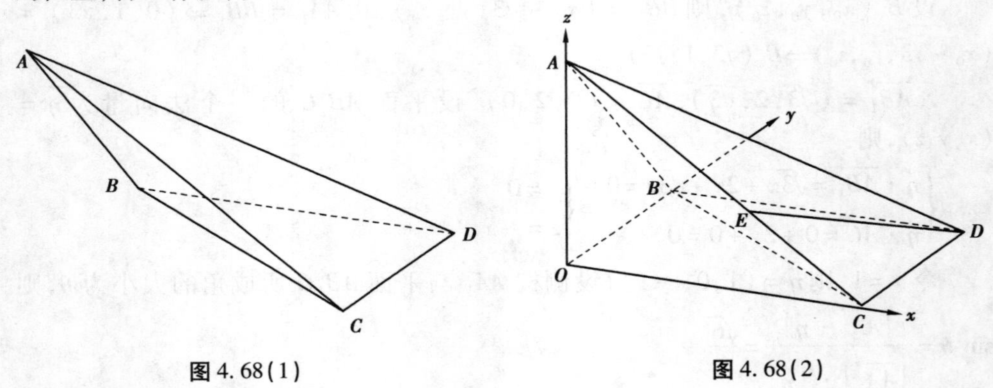

图4.68(1)　　　　图4.68(2)

分析：(1)、(2)（略）.

(3)如图4.68(2). 作 $AO\perp$ 平面 BCD 于 O，连 CO，BO.

$\therefore CO,BO$ 分别是 AC,AB 在平面 BCD 内的射影

$\therefore$ 由 $AB\perp BD\Rightarrow BD\perp BO$，由 $AC\perp CD\Rightarrow CD\perp CO$

又$\because AD=\sqrt{3}$，$BD=CD=1$

$\therefore AB=\sqrt{2}$，由题意知 $\triangle ABC$ 是正三角形

$\therefore BC=AC=AB=\sqrt{2}$

$\therefore BD\perp DC$

又$\because BD=DC$，则 $BOCD$ 是正方形，所以分别以 CO,OB,OA 所在直线为 x 轴、y 轴、z 轴建立空间直角坐标系 $O\text{-}xyz$，则 $B(0,1,0)$，$C(1,0,0)$，$D(1,1,0)$，$A(0,0,1)$，$\overrightarrow{DC}=(0,-1,0)$，$\overrightarrow{CA}=(-1,0,1)$，假设在直线 AC 上是否存在一点 E，使 ED 与面 BCD 成 $30°$ 角，则 $\overrightarrow{CE}$ 与 $\overrightarrow{CA}$ 共线，令 $\overrightarrow{CE}=\lambda\overrightarrow{CA}(\lambda\in\mathbf{R})$，$\Rightarrow\overrightarrow{DE}=\overrightarrow{DC}+\overrightarrow{CE}=\overrightarrow{DC}+\lambda\overrightarrow{CA}=(0,-1,0)+\lambda(-1,0,1)=(-\lambda,-1,\lambda)$

又$\because \overrightarrow{OA}=(0,0,1)\perp$ 平面 BCD

$\therefore \overrightarrow{OA}$是平面 BCD 的一个法向量

$$\therefore \sin 30° = \frac{|\overrightarrow{DE} \cdot \overrightarrow{OA}|}{|\overrightarrow{DE}| \cdot |\overrightarrow{OA}|} = \frac{|\lambda|}{\sqrt{1+2\lambda^2}}$$

$$\therefore \frac{|\lambda|}{\sqrt{1+2\lambda^2}} = \frac{1}{2} \Rightarrow |\lambda| = \frac{\sqrt{2}}{2} \Rightarrow CE = |\lambda| CA = \frac{\sqrt{2}}{2} \cdot \sqrt{2} = 1$$

$\therefore$ 在直线 AC 上存在点 E，且 $CE=1$ 时，ED 与面 BCD 成 $30°$角.

例 11 （2009 年高考浙江卷）如图 4.69(1)，平面 $PAC \perp$ 平面 ABC，$\triangle ABC$ 是以 AC 为斜边的等腰直角三角形，E, F, O 分别为 PA, PB, PC 的中点，$AC=16$，$PA=PC=10$.

(1) 设 G 是 OC 的中点，证明：$FG//$平面 BOE；

(2) 证明：在 $\triangle ABO$ 内存在一点 M，使 $FM \perp$ 平面 BOE，并求点 M 到 OA, OB 的距离.

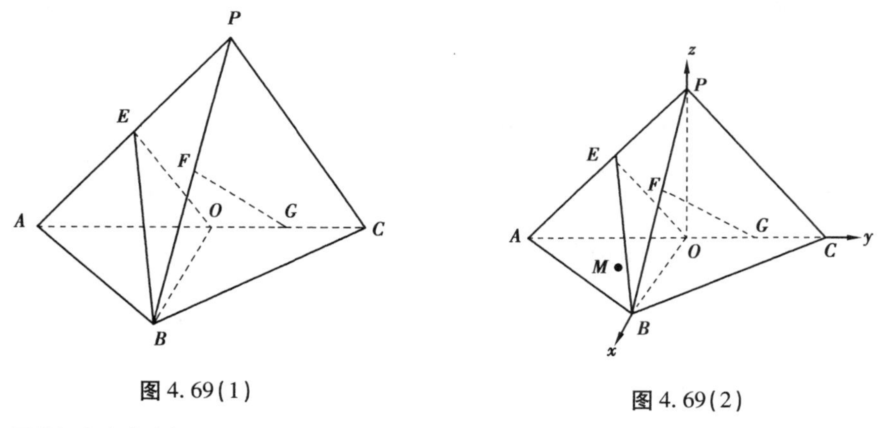

图 4.69(1) 图 4.69(2)

证明：(1)(略).

(2) $\because$ 平面 $PAC \perp$ 平面 ABC 交于 AC，$\triangle ABC$ 是以 AC 为斜边的等腰直角三角形，连接 OP, OB，则 $PO \perp$ 平面 ABC，$BO \perp AC$

$\therefore$ 以 O 为坐标原点，分别以 OB, OC, OP 所在直线为 x 轴、y 轴、z 轴，建立空间直角坐标系 $O\text{-}xyz$，如图 4.69(2)，则 $A(0,-8,0)$，$B(8,0,0)$，$C(0,8,0)$，$E(0,-4,3)$，$F(4,0,3)$

$\therefore (\overrightarrow{OB}=(8,0,0)$，$\overrightarrow{OE}=(0,-4,3)$，设平面 BOE 的一个法向量为$\vec{\eta}=(x,y,z)$，则：

$$\begin{cases} \vec{\eta} \cdot \overrightarrow{OB} = 8x+0+0=0 \\ \vec{\eta} \cdot \overrightarrow{OE} = 0-4y+3z=0 \end{cases} \Rightarrow \begin{cases} x=0 \\ z=\frac{4}{3}y \end{cases}$$

令 $y=3$，则$\vec{\eta}=(0,3,4)$.

设点 M 的坐标为$(x_0,y_0,0)$,则$\overrightarrow{FM}=(x_0-4,y_0,-3)$

$\because FM\perp$平面 BOE

$\therefore \overrightarrow{FM}/\!/\vec{n}$

$\therefore x_0=4,y_0=-\dfrac{9}{4}$,即点 M 的坐标为$\left(4,\dfrac{9}{4},0\right)$,在平面直角坐标系 xOy 中,

$\triangle AOB$ 的内部区域满足不等式组$\begin{cases}x>0\\y<0\\x-y<OB=8\end{cases}$

经检验,点 M 的坐标满足上述不等式组,所以在$\triangle ABO$ 内存在一点 M,使 $FM\perp$平面 BOE,由点 M 的坐标得点 M 到 OA,OB 的距离分别为$4,\dfrac{9}{4}$.

例 12 (2008 年高考福建卷)如图 4.70(1),在四棱锥 P-$ABCD$ 中,则面$PAD\perp$底面 $ABCD$,侧棱 $PA=PD=\sqrt{2}$,底面 $ABCD$ 为直角梯形,其中 $BC/\!/AD,AB\perp AD$, $AD=2AB=2BC=2$,O 为 AD 中点.

(1)求证:$PO\perp$平面 $ABCD$.

(2)求异面直线 PD 与 CD 所成角的大小.

(3)线段 AD 上是否存在点 Q,使得它到平面 PCD 的距离为$\dfrac{\sqrt{3}}{2}$?若存在,求出$\dfrac{AQ}{QD}$的值;若不存在,请说明理由.

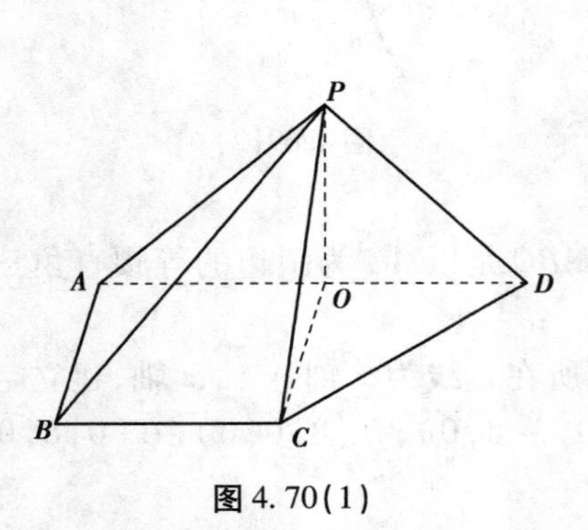

图 4.70(1)

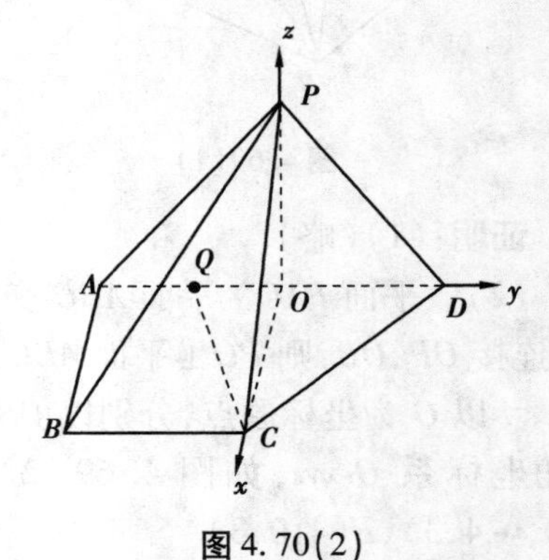

图 4.70(2)

分析:(1),(2)略.

(3)假设在线段 AD 上存在点 Q,使得它到平面 PCD 的距离为$\dfrac{\sqrt{3}}{2}$,由侧面 $PAD\perp$底面 $ABCD$,侧棱 $PA=PD=\sqrt{2}ABCD$,底面 $ABCD$ 为直角梯形,其中 $BC/\!/AD$, $AB\perp AD,AD=2AB=2BC=2$,O 为 AD 中点$\Rightarrow$四边形 $ABCD$ 为正方形,由(1)知: $PO\perp$平面 $ABCD$.

$\therefore$ 以 O 为坐标原点，直线 OC,OD,OP 分别为 x 轴、y 轴、z 轴，建立空间直角坐标系 $O\text{-}xyz$. 如图 4.70(2)，则 $A(0,-1,0)$，$B(1,-1,0)$，$C(1,0,0)$，$D(0,1,0)$，$P(0,0,1)$. $\overrightarrow{CP}(-1,0,1)$，$\overrightarrow{CD}(-1,1,0)$.

设平面 PCD 的一个法向量为 $\vec{\eta}=(x,y,z)$，则：

$$\begin{cases}\vec{\eta}\cdot\overrightarrow{CP}=-x+0+z=0\\ \vec{\eta}\cdot\overrightarrow{CD}=-x+y+0=0\end{cases}\Rightarrow\begin{cases}y=x\\ z=x\end{cases}，令 x=1，则 \vec{\eta}=(1,1,1).$$

设 $Q(0,y,0)(-1\leqslant y\leqslant 1)$，$\overrightarrow{CQ}=(-1,y,0)$

由 $\dfrac{|\overrightarrow{CQ}\cdot\vec{\eta}|}{|\vec{\eta}|}=\dfrac{\sqrt{3}}{2}$，$\Rightarrow\dfrac{|-1+y|}{|\sqrt{3}|}=\dfrac{\sqrt{3}}{2}\Rightarrow y=-\dfrac{1}{2}$ 或 $y=\dfrac{5}{2}$（舍去）

$\therefore Q\left(0,-\dfrac{1}{2},0\right)$，此时 $|AQ|=\dfrac{1}{2}$，$|QD|=\dfrac{3}{2}$，所以存在点 Q 满足题意，此时 $\dfrac{AQ}{QD}=\dfrac{1}{3}$.

由以上例子说明，向量法确实是解决立体几何中开放性和探索性问题的有效方法，所以在解答立体几何中存在型问题时可以优先考虑用这种方法.

习题 4

1. 某几何体的一条棱长为 $\sqrt{7}$，在该几何体的正视图中，这条棱的投影是长为 $\sqrt{6}$ 的线段，在该几何体的侧视图与俯视图中，这条棱的投影分别是长为 a 和 b 的线段，求 $a+b$ 的最大值.

2. 设下图是某几何体的三视图，求该几何体的体积.

3. 某几何体的三视图如图所示，则该几何体的体积等于多少？

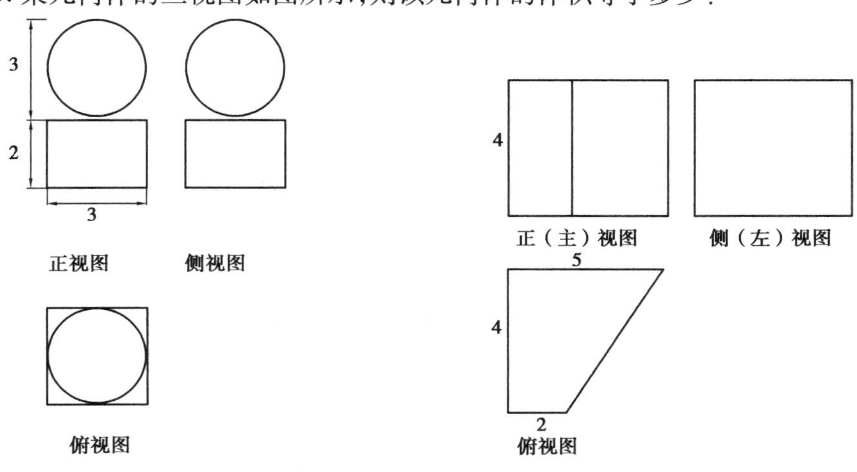

题 4.2　　题 4.3

4. 一个几何体的三视图如图所示(单位:m),则该几何体的体积为多少立方米?

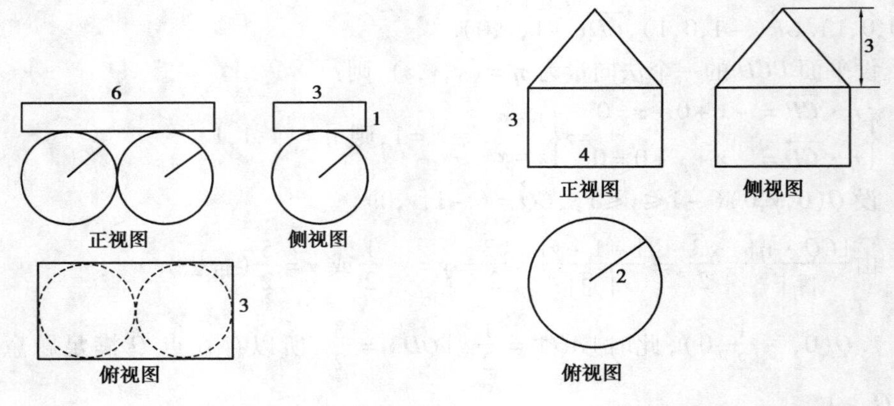

题 4.4　　　　题 4.5

5. 一个几何体的三视图如图所示(单位:m),则该几何体的体积为多少立方米?

6. 一个几何体的三视图如图所示(单位:m),则该几何体的表面积为多少平方米?

7. 一个几何体的三视图如图所示(单位:m),则该几何体的表面积、体积各为多少?

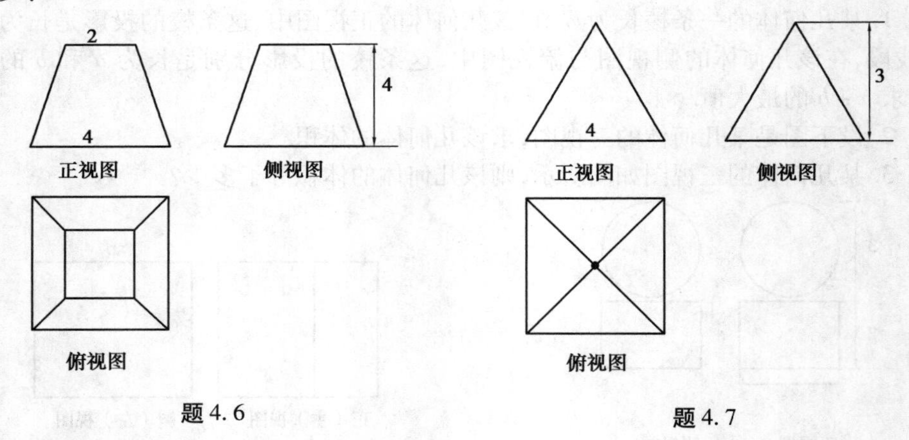

题 4.6　　　　题 4.7

8. 填空题:

(1)等边三角形 ABC 与正方形 $ABDE$ 有一公共边 AB,二面角 $C\text{-}AB\text{-}D$ 的余弦值为 $\frac{\sqrt{3}}{3}$, M, N 分别是 AC, BC 的中点,则 EM, AN 所成角的余弦值等于__________.

(2)在三棱锥 $O\text{-}ABC$ 中,三条棱 OA, OB, OC 两两互相垂直,且 $OA=OB=OC$,

M 是 AB 边的中点,则 OM 与平面 ABC 所成的角的大小是____________(用反三角函数表示).

(3)正三棱锥 $S\text{-}ABC$ 的侧棱与底面边长相等,如果 E,F 分别为 SC,AB 的中点,那么异面直线 EF 与 SA 所成的角等于________.

(4)一个六棱柱的底面是正六边形,其侧棱垂直底面. 已知该六棱柱的顶点都在同一个球面上,且该六棱柱的体积为 $\frac{9}{8}$,底面周长为 3,那么这个球的体积为________.

(5)已知正四棱柱的对角线的长为 $\sqrt{6}$,且对角线与底面所成角的余弦值为 $\frac{\sqrt{3}}{3}$,则该正四棱柱的体积等于____________.

9. 如图,在 Rt$\triangle AOB$ 中,$\angle OAB=\frac{\pi}{6}$,斜边 $AB=4$. Rt$\triangle AOC$ 可以通过Rt$\triangle AOB$ 以直线 AO 为轴旋转得到,且二面角 $B\text{-}AO\text{-}C$ 的直二面角,D 是 AB 的中点.

(1)求证:平面 $COD\perp$ 平面 AOB.

(2)求异面直线 AO 与 CD 所成角的大小.

(3)求点 B 到平面 COD 的距离.

(4)求二面角 $B\text{-}OD\text{-}C$ 的大小.

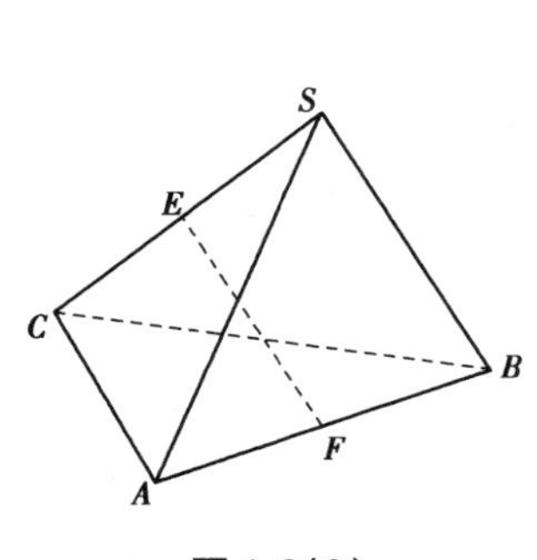

题 4.8(3)

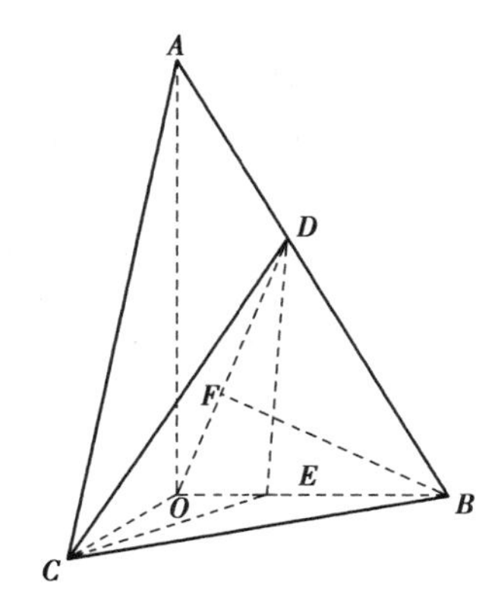

题 4.9

10. 四棱锥 $A\text{-}BCDE$ 中,底面 $BCDE$ 为矩形,侧面 $ABC\perp$ 底面 $BCDE$,$BC=2$,$CD=\sqrt{2}$,$AB=AC$.

(1)证明:$AD\perp CE$.

(2)设侧面 ABC 为等边三角形,求二面角 $C\text{-}AD\text{-}E$ 的大小.

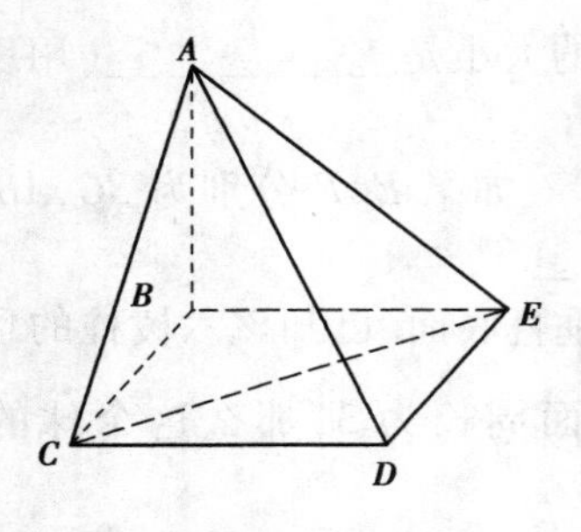

题 4.10

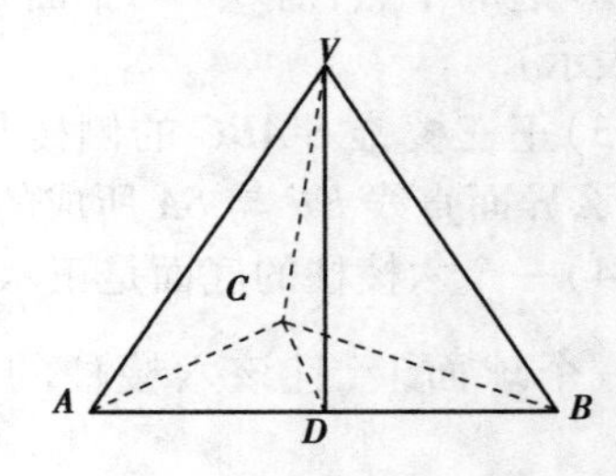

题 4.11

11. 如图，在三棱锥 $V\text{-}ABC$ 中，$VC\perp$ 底面 ABC，$AC\perp BC$，D 是 AB 的中点，且 $AC=BC=a$，$\angle VDC=\theta\left(0<\theta<\dfrac{\pi}{2}\right)$.

(1)求证：平面 $VAB\perp$ 平面 VCD.

(2)试确定角 θ 的值，使得直线 BC 与平面 VAB 所成的角为 $\dfrac{\pi}{6}$.

12. 如图，在底面是菱形的四棱锥 $P\text{-}ABCD$ 中，$\angle ABC=60°$，$PA=AC=1$，$PB=PD=\sqrt{2}$，点 E 在 PD 上，且 $PE:ED=2:1$，点 F 为 PC 中点，AC 与 BD 交于 O 点.

(1)证明：$PA\perp$ 平面 $ABCD$.

(2)证明：$BF\parallel$ 平面 AEC.

(3)求点 D 到平面 ABC 的距离.

(4)求直线 PC 和平面 AEC 所成角 φ 的大小.

(5)求以 AC 为棱，AEC 与 DAC 为面的二面角 θ 的大小.

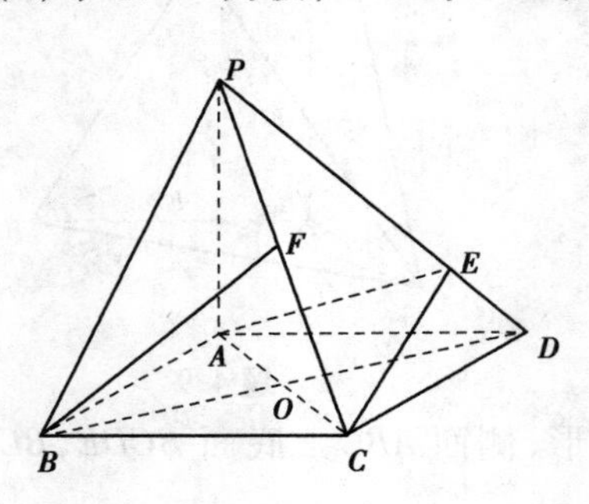

题 4.12

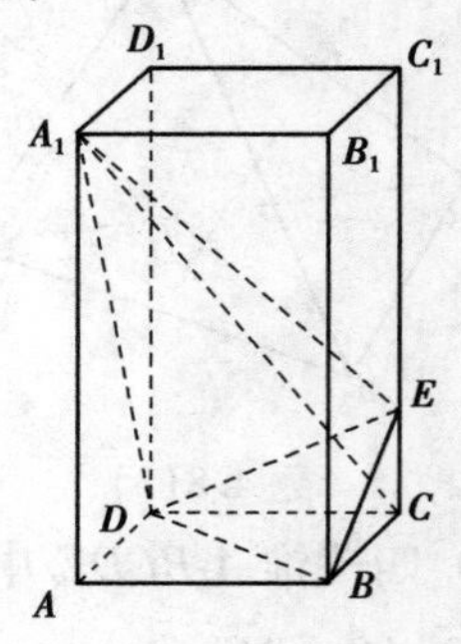

题 4.13

13. 如图，正四棱柱 $ABCD\text{-}A_1B_1C_1D_1$ 中，$AA_1=2AB=4$，点 E 在 CC_1 上且 $C_1E=3EC$.

(1)证明：$A_1C\perp$ 平面 BED.

(2)求二面角 $A_1\text{-}DE\text{-}B$ 的大小.

14. 如图，在三棱锥 $P\text{-}ABC$ 中，$AC=BC=2$，$\angle ACB=90^\circ$，$AP=BP=AB$，$PC\perp AC$.

(1)求证：$PC\perp AB$.

(2)求二面角 $B\text{-}AP\text{-}C$ 的大小.

(3)求点 C 到平面 APB 的距离.

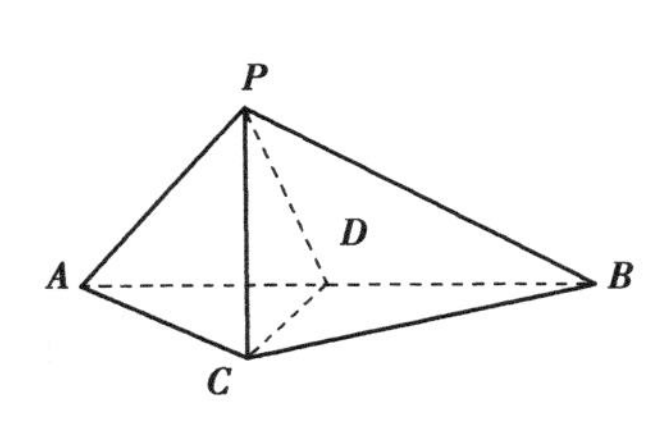

题 4.14

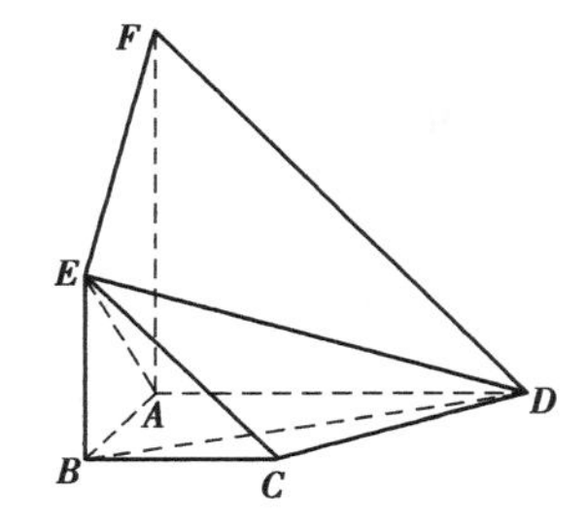

题 4.15

15. 如图，平面 $ABEF\perp$ 平面 $ABCD$，四边形 $ABEF$ 与 $ABCD$ 都是直角梯形，$\angle BAD=\angle FAB=90^\circ$，$BC\underline{\mathbin{/\!/}}\frac{1}{2}AD$，$BE\underline{\mathbin{/\!/}}\frac{1}{2}AF$.

(1)证明：C,D,F,E 四点共面.

(2)设 $AB=BC=BE$，求二面角 $A\text{-}ED\text{-}B$ 的大小.

16. 如图，在四棱锥 $P\text{-}ABCD$ 中，底面 $ABCD$ 是矩形，已知 $AB=3$，$AD=2$，$PA=2$，$PD=2\sqrt{2}$，$\angle PAB=60^\circ$.

(1)证明 $AD\perp$ 平面 PAB.

(2)求异面直线 PC 与 AD 所成的角的大小.

(3)求二面角 $P\text{-}BD\text{-}A$ 的大小.

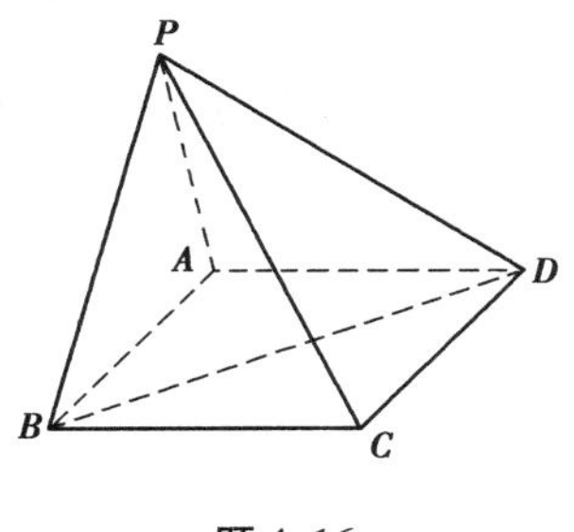

题 4.16

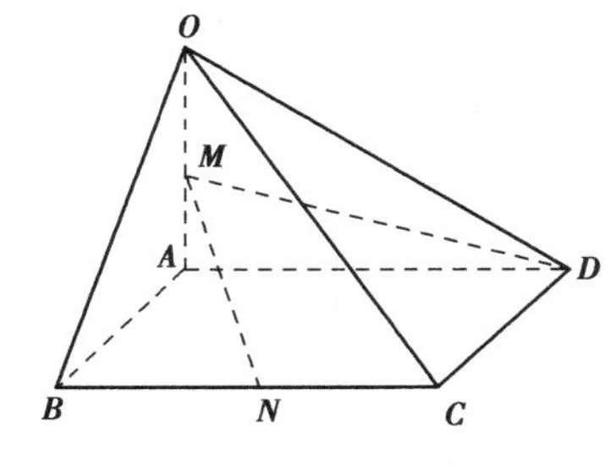

题 4.17

17. 如图，在四棱锥 $O\text{-}ABCD$ 中，底面 $ABCD$ 四边长为 1 的菱形，$\angle ABC=\frac{\pi}{4}$，$OA\perp$ 底面 $ABCD$，$OA=2$，M 为 OA 的中点，N 为 BC 的中点.

(1)证明：直线 $MN\mathbin{/\!/}$ 平面 OCD.

(2)求异面直线 AB 与 MD 所成角的大小.

(3)求点 B 到平面 OCD 的距离.

18. 如图,已知四棱锥 $P\text{-}ABCD$,底面 $ABCD$ 为菱形,$PA\perp$ 平面 $ABCD$,$\angle ABC=60°$,E,F 分别是 BC,PC 的中点.

(1)证明:$AE\perp PD$.

(2)若 H 为 PD 上的动点,EH 与平面 PAD 所成最大角的正切值为$\frac{\sqrt{6}}{2}$. 求二面角 $E\text{-}AF\text{-}C$ 的余弦值.

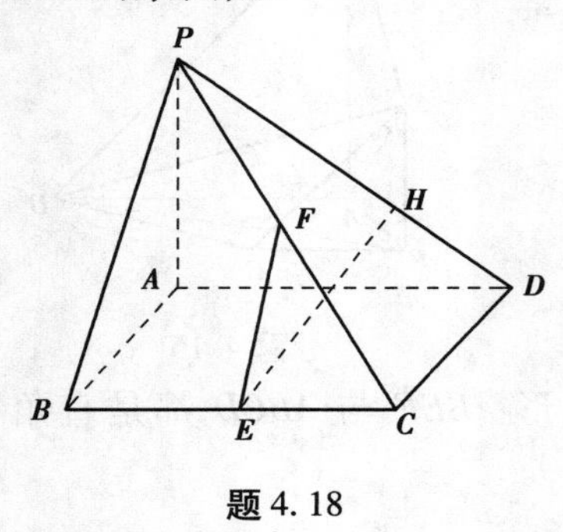

题 4.18

题 4.19

19. 如图,$\alpha\perp\beta,\alpha\cap\beta=l,A\in\alpha,B\in\beta$,点 A 在直线 l 上的射影为 A_1,点 B 在 l 上的射影为 B_1. 已知 $AB=2,AA_1=1,BB_1=\sqrt{2}$.

(1)求直线 AB 分别与平面 α,β 所成角的大小.

(2)求二面角 $A_1\text{-}AB\text{-}B_1$ 的大小.

20. 已知 $ABCD\text{-}A_1B_1C_1D_1$是棱长为 a 的正方体,用向量法求两异面直线 AD 与 BD_1间的距离.

21. 已知 $ABCD\text{-}A_1B_1C_1D_1$是棱长为 a 的正方体,用向量法求两异面直线 BD 与 B_1C 间的距离.

22. (2012 年全国高考Ⅱ卷)如图,四棱锥 $S\text{-}ABCD$ 中,$AB/\!/CD,BC\perp CD$,侧面 SAB 为等边三角形,$AB=BC=2,CD=SD=1$.

(1)证明:$SD\perp$ 平面 SAB.

(2)求 AB 与平面 SBC 所成角的大小.

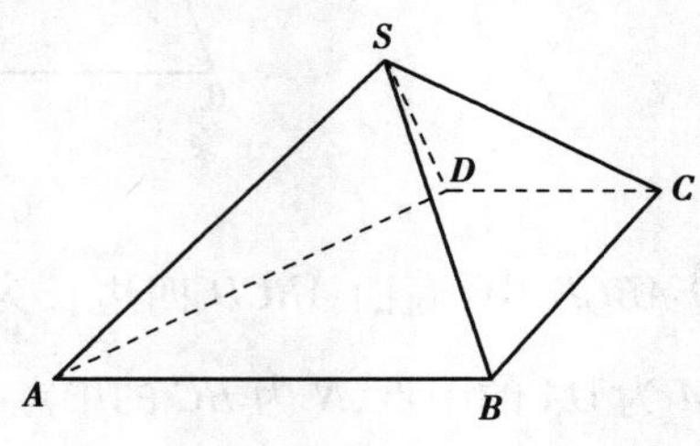

题 4.22

第5章 简单的球面几何

球面几何是几何学的一门分科，它是研究球面上图形的一门几何学. 它是古代从研究天体在天球上的“视运动”发展起来的，其中专门研究球面上三角形的性质的称为“球面三角”. 同时，球面几何学是在二维的球面表面上的几何学，也是非欧几何的一个例子.

在平面几何中，基本的观念是点和线. 在球面上，点的观念和定义依旧不变，但“线”不再是“直线”，而是两点之间最短的距离，称为最短线. 在球面上，最短线是大圆的劣弧，所以平面几何中的线在球面几何中被大圆所取代. 同样，在球面几何中的角被定义在两个大圆之间. 结果是球面三角和平面三角有诸多不同之处. 例如，球面三角形的内角和大于180°.

对比通过一个点至少有两条平行线，甚至无穷多条平行线的双曲面几何学，通过特定的点没有平行线的球面几何学是椭圆几何学中最简单的模式. 球面几何学在航海学和天文学都有实际且重要的用途.

球面乃是空间中最完美匀称的曲面. 两个半径相等的球面可以用一个平移把它们叠合起来，而两个半径不相等的球面所相差者就是放大或缩小这种相似变换. 由此可见，本质性的球面几何可以归纳到单位半径的球面来研讨. 再者，在古典天文学的研讨中，观察星星的方向可以用单位球面上的一个点来标记它，而两个方向之间的角度（即方向差）则相应于单位球面上两点之间的球面距离（Spherical Distance）. 这也就是为什么古希腊天文学和几何学总是合为一体的，而且古希腊的几何学家对球面三角学（Spherical Trigonometry）的投入程度要远远超过他们对平面测量学的兴趣，因为“量天的学问”才是他们所致力去理解的；它的确比丈量土地、计量财产等更引人入胜.

从现代的观点来看，球面几何乃是空间几何中蕴含在正交子群的部分，而向量几何则是空间几何中蕴含在平移子群的部分，而且两者又密切相关、相辅相成. 例如向量运算都是正交协变的（Orthogonal Covariant），所以向量代数又是研讨球面几何的简明、有力的利器.

本章只研究有关球的计算问题，同时对球面几何的相关概念和球面三角形只作一个简单的介绍.

5.1 球

5.1.1 球、球面的概念

半圆以它的直径为旋转轴,旋转所成的曲面称为球面.曲面所围成的几何体称为球体,简称球.半圆的圆心称为球心.连接球心和球面上任意一点的线段称为球的半径.连接球面上两点并且经过球心的线段称为球的直径.

球面也可以看成与定点(球心)的距离等于定长的(半径)的所有的点的集合.

5.1.2 球的截面及相关性质(如图 5.1)

①球的截面是圆面.

②球心和截面圆心的连线垂直于截面.

③球心到截面的距离 d 与球的半径 R 及截面的半径 r 有下面的关系:$r=\sqrt{R^2-d^2}$.

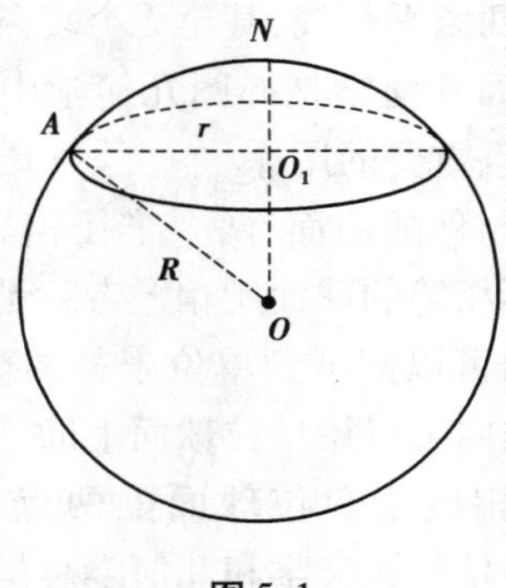

图 5.1

5.1.3 球面距离

1)大圆和小圆

球面被经过球心的平面截得的圆称为大圆.被不经过球心的截面截得的圆称为小圆.

2)球面距离

球面上经过两点的大圆在这两点间的一段劣弧的长度称为两点的球面距离.

3)球的面积,体积公式

球的表面积公式:$S=4\pi R^2$(R 为球的半径)

球的体积公式:$V=\frac{4}{3}\pi R^3$(R 为球的半径)

4)经度和纬度

当我们把地球看成一个球体时,经线就是球面上从北极到南极的半个大圆. 赤道是一个大圆,其余的纬线都是小圆(如图5.2).

某点的经度是:经过这点的经线与地轴确定的半平面与本初子午线(0°经线)和地轴确定的半平面所成的二面角的度数. 某点的纬度是:经过这点的球半径与赤道面所成的角的度数,即经度是二面角,纬度是线面角,如图5.2.

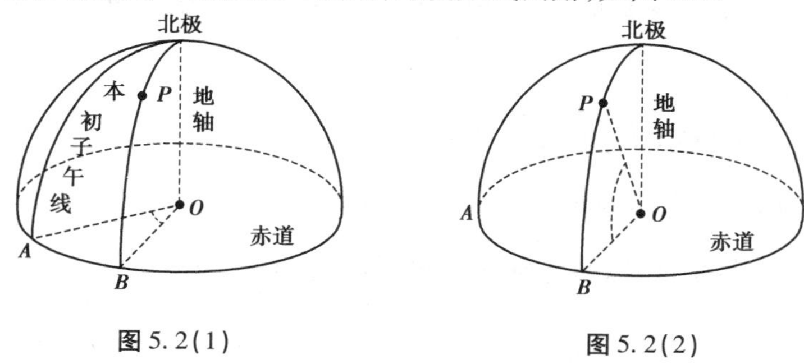

图5.2(1)　　图5.2(2)

图5.2(1):经度——P 点的经度,也是$\overset{\frown}{AB}$或$\angle AOB$ 的度数.

图5.2(2):纬度——P 点的纬度,也是$\overset{\frown}{PB}$或$\angle POB$ 的度数.

国际上,以过格林尼治天文台的经线为0°经线(也称本初子午线),向东称为东经,向西称为西经. 地球表面上任意一点由经度和纬度唯一确定.

5)计算球面上 A,B 两点间的球面距离的一般步骤

①计算线段 AB 的长.

②计算 A,B 对应球心 O 的张角 $\angle AOB$(也称球心角或大圆的圆心角)的弧度数.

③计算大圆劣弧$\overset{\frown}{AB}$的长:$\overset{\frown}{AB}=\angle AOB\cdot R$.

6)地球上两点的球面距离

地球上两点的球面距离,主要有以下几种情况:

①纬度不同、经度相同时,此时两点在已知的同一大圆上. 当纬度同为南纬或北纬时,AB 的球心角即为纬度差的绝对值;当纬度分别为南纬、北纬时,则 AB 的球心角即为纬度数和.

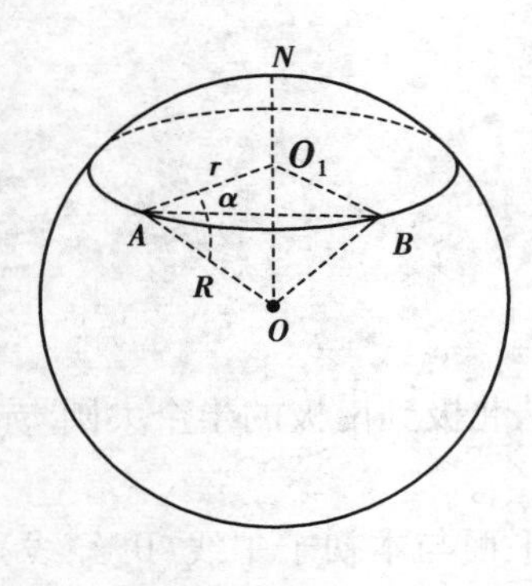

图 5.3

②纬度相同，东西经度之和为 180°时，两点也在已知的大圆（同一经度圆）上，由纬度值可得 AB 的球心角为 180° −2 倍纬度数之差.

③纬度相同、经度不同且东西经度数之和不等于 180°时，如图 5.3，首先在纬度圈（截面圆）中求出截面圆的半径 r，其中纬度数大小 α 满足 $\cos\alpha=\frac{r}{R}$（R 为地球半径），其次由半径 r 和两点的经度差求出在截面圆中的圆心角，从而得到 A,B 的直线距离，最后在大圆中解 $\triangle AOB$，由弧长公式得到 $\overset{\frown}{AB}$ 的长.

④经度不同，纬度不同时，可先用余弦定理，再用勾股定理，最后再用余弦定理求出球心角.

5.1.4 球的组合体的有关性质

①球内切于正方体，球的直径等于正方体的棱长.

②正方体内接于球，球的半径等于正方体棱长的$\frac{\sqrt{3}}{2}$倍.

③球内切于正方体的各条棱，球的半径等于正方体棱长的$\frac{\sqrt{2}}{2}$倍.

④正四面体的内切球的半径等于正四面体棱长的$\frac{\sqrt{6}}{12}$倍；外接球的半径等于正四面体棱长的$\frac{\sqrt{6}}{4}$倍.

5.1.5 有关球的计算问题

例 1 已知 A,B 两点在北纬 45°的纬线上，点 A 在东经 30°经线上，点 B 在东经 120°经线上. 若地球半径为 R，求 A,B 的球面距离及夹在 A,B 间的纬线劣弧长，并比较二者长度的大小.

分析：设 O_1 为纬线圈小圆圆心，小圆半径为 r，如图 5.4，根据经度、纬度定义有 $\angle OAO_1=45°$，$\angle AO_1B=120°-30°=90°$

又∵ $OO_1\perp$平面 AO_1B

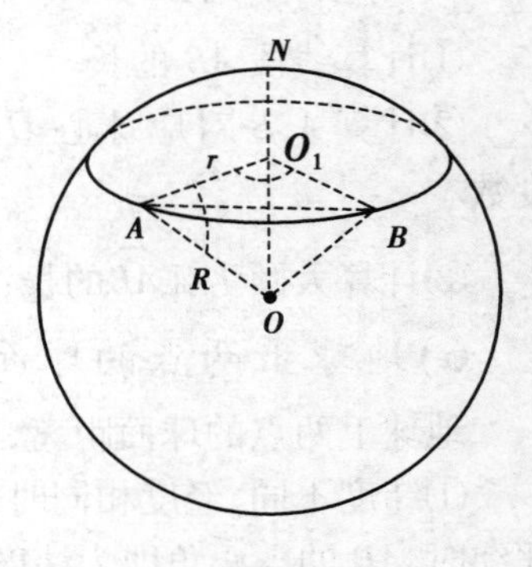

图 5.4

$\therefore \triangle AOO_1$ 是直角三角形

$\therefore r = R\cos 45° = \frac{\sqrt{2}}{2}R \Rightarrow AB = R, \angle AOB = \frac{\pi}{3}$

$\therefore A,B$ 两地的球面距离 $= R \cdot \frac{\pi}{3} = \frac{\pi}{3}R$. 夹在 A,B 间的纬线劣弧长 $= r \cdot \angle AO_1B = \frac{\sqrt{2}}{2}R \cdot \frac{\pi}{2} = \frac{\sqrt{2}}{4}\pi R$.

显然有$\frac{\sqrt{2}}{4}\pi R > \frac{\pi}{3}R\left(\because \sqrt{\frac{1}{8}} > \sqrt{\frac{1}{9}}\right)$,故 A,B 两点的球面距离为$\frac{\pi}{3}R$,A,B 间的纬线劣弧长为$\frac{\sqrt{2}}{4}\pi R$.

注:①东经 α 度与东经 β 度的经度差的绝对值 $|\alpha-\beta|$ 即为 A,B 两个半平面所成二面角的平面角.

②东经 α 度与西经 β 度的经度和 $\alpha+\beta$ 即为 A,B 两个半平面所成二面角的平面角.

例2 (2009 年高考四川卷)如图 5.5,在半径为 3 的球面上有 A,B,C 三点,$\angle ABC = 90°$,$AB = BC$,球心 O 到平面 ABC 的距离是$\frac{3}{2}\sqrt{2}$,则 B,C 两点的球面距离是(   ).

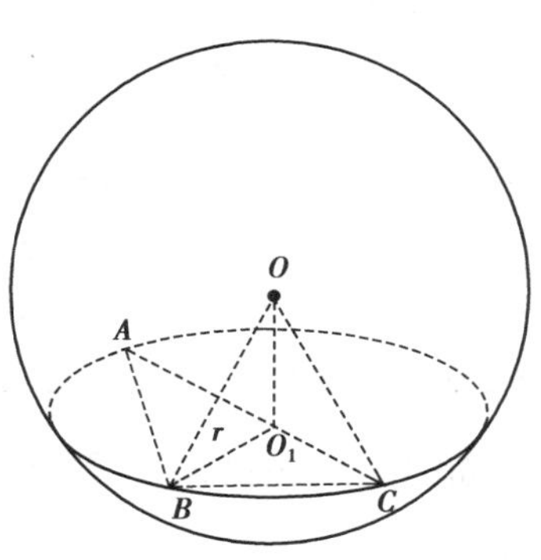

图 5.5

A. $\frac{\pi}{3}$　　B. π　　C. $\frac{4}{3}$　　D. 2π

分析:设平面 ABC 截球所得小圆圆心为 O_1,由 $\angle ABC = 90°, AB = BC$ 知:O_1 为 AC 的中点,AC 为小圆的直径,故小圆的半径:$r = \frac{1}{2}AC = O_1B = \frac{1}{2}\sqrt{OB^2 - OO_1^2} = \frac{1}{2}\sqrt{3^2 - \left(\frac{3}{2}\sqrt{2}\right)^2} = \frac{3}{2}\sqrt{2} \Rightarrow BC = 3 \Rightarrow$ 球心角 $\angle BOC = \frac{\pi}{3}$,所以 B,C 两点的球面距离 $= 3 \times \frac{\pi}{3} = \pi$.

故选 B.

例3 (2004 年高考试卷Ⅱ)已知球 O 的半径为 1,A,B,C 三点都在球面上,且每两点间的球面距离都为$\frac{\pi}{2}$,则球心 O 到平面 ABC 的距离为(   ).

A. $\frac{1}{3}$　　B. $\frac{\sqrt{3}}{3}$　　C. $\frac{2}{3}$　　D. $\frac{\sqrt{6}}{3}$

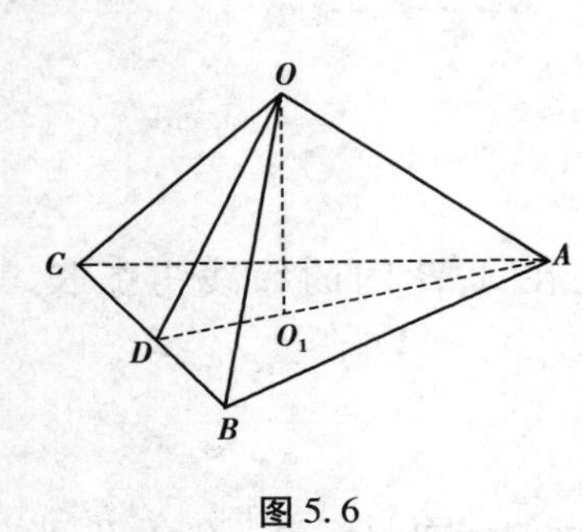

图 5.6

分析:依据题意知,$O\text{-}ABC$ 是正三棱锥,侧棱长即为球的半径 1,因此可作正三棱锥的图形进行思考、推理和计算,如图 5.6,正三棱锥中,每两条侧棱的夹角 $\theta=\dfrac{\frac{\pi}{2}}{1}=\dfrac{\pi}{2}$.

设 O_1 是 $\triangle ABC$ 的中心,$\because OA=OB=OC=1$, $AB=AC=BC=\sqrt{2}$,又设 D 为 BC 中点,易得 $AO_1=\dfrac{2}{3}AD=\dfrac{\sqrt{6}}{3}$, $OO_1=\sqrt{AO^2-AO_1^2}=\dfrac{\sqrt{3}}{3}$.

故选 B.

例 4 球面上有三个点,其中任意两个点的球面距离都等于大圆周长的 $\dfrac{1}{6}$,经过这三个点的小圆周长为 4π,那么这个球的半径为( ).

A. $4\sqrt{3}$ B. $2\sqrt{3}$ C. 2 D. $\sqrt{3}$

分析:此题和上题是同一种题型,设该球球心为 O,半径为 R,球面上三点为 A, B, C,则依据题意知 $O\text{-}ABC$ 是正三棱锥,侧棱长即为球的半径 R.

如图 5.6,由已知得,两条侧棱的夹角 $\theta=\dfrac{2\pi}{6}=\dfrac{\pi}{3}$,正三角形 ABC 外接圆半径 $r=\dfrac{4\pi}{2\pi}=2$. 在三角形 ABC 中,由正弦定理得:$AB=2r\sin 60^\circ=2\sqrt{3}$.

故选 B.

例 5 (2004 年高考福建卷)如图 5.7(1),A, B, C 是表面积为 48π 的球面上三点,$AB=2$, $BC=4$, $\angle ABC=60^\circ$, O 为球心,则直线 OA 与截面 ABC 所成的角是( ).

A. $\arcsin\dfrac{\sqrt{3}}{6}$ B. $\arccos\dfrac{\sqrt{3}}{6}$ C. $\arcsin\dfrac{\sqrt{3}}{3}$ D. $\arccos\dfrac{\sqrt{3}}{3}$

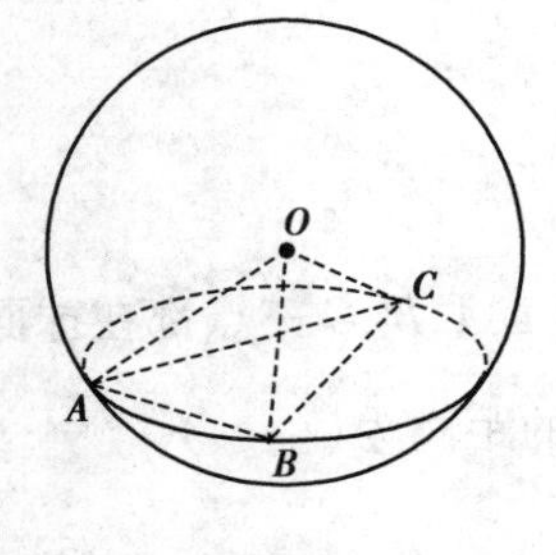

图 5.7(1)

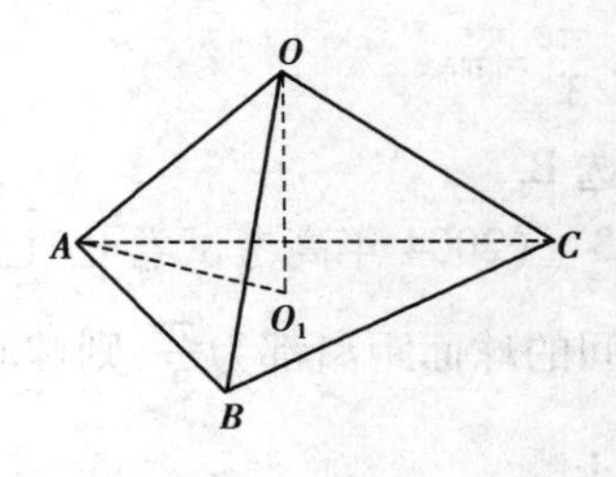

图 5.7(2)

分析:将三棱锥 $O\text{-}ABC$ 从球 O 中取出来,如图5.7(2),设球 O 的半径为 R,O_1 是△ABC 外接圆的圆心,连接 AO_1,则 $\angle OAO_1$ 是直线 OA 与截面 ABC 所成的角.

解:$S_{球面面积}=4\pi R^2$

$\therefore 4\pi R^2=48\pi$

$\therefore R=2\sqrt{3}$,在三角形 ABC 中,由余弦定理得,$AC^2=AB^2+BC^2-2AB\cdot BC\cdot\cos\angle ABC=2^2+4^2-2\times4\times\cos 60°=12$

$\therefore AC=2\sqrt{3}$. 设△ABC 外接圆半径为 r

由正弦定理得:$2r=\dfrac{AC}{\sin\angle ABC}=\dfrac{2\sqrt{3}}{\sin 60°}=4$

$\therefore r=2$,而 $AO_1=r$

$\therefore AO_1=2$,在 Rt△AO_1O 中,$\cos\angle OAO_1=\dfrac{AO_1}{OA}=\dfrac{2}{2\sqrt{3}}=\dfrac{\sqrt{3}}{3}$

$\therefore \angle OAO_1=\arccos\dfrac{\sqrt{3}}{3}$

故选 D.

例6 正方体的全面积是 a^2,它的顶点都在球面上,这个球的表面积是( ).

A. $\dfrac{\pi}{3}a^2$　　B. $\dfrac{\pi}{2}a^2$　　C. $2\pi a^2$　　D. $3\pi a^2$

分析:依据题意知,正方体内接于球,因此球半径等于正方体棱长的 $\dfrac{\sqrt{3}}{2}$ 倍. 设球的半径为 R,正方体的棱长为 x,则 $S_{正方体全面积}=6x^2$

$\therefore 6x^2=a^2$

$\therefore x^2=\dfrac{a^2}{6}$

又 $\because S_{球}=4\pi R^2$

$\therefore S_{球}=3\pi x^2=\dfrac{\pi}{2}a^2$

故选 B.

例7 设正方体的全面积为 24 cm^2,一个球内切于该正方体,那么这个球的体积是( ).

A. $\sqrt{6}\pi$ cm^3　　B. $\dfrac{4}{3}\pi$ cm^3　　C. $\dfrac{8}{3}\pi$ cm^3　　D. $\dfrac{32}{3}\pi$ cm^3

分析:设球的半径为 R,正方体的棱长为 a,则 $R=\dfrac{1}{2}a$,$S_{正方体全面积}=6a^2$

$\therefore 6a^2 = 24, a = 2$

$\therefore R = 1.$ 而 $V_{球} = \dfrac{4}{3}\pi R^3$

$\therefore V_{球} = \dfrac{4}{3}\pi\ \text{cm}^3$

故选 B.

例 8 在球面上有 4 个点 A,B,C,P,如果 PA,PB,PC 两两互相垂直,且 $PA = PB = PC = a$,那么这个球的面积是____________.

分析:由题设条件可构造一个正方体,该正方体的三条棱分别为 PA,PB,PC,则该正方体内接于这个球,设球的半径为 R,则 $R = \dfrac{\sqrt{3}}{2}a$

$\therefore S_{球} = 4\pi R^2 = 3\pi a^2$

例 9 (2003 年全国高考试题)一个四面体的所有棱长均为$\sqrt{2}$,四个顶点在同一球面上,则此球的表面积为(　　).

A. 3π　　B. 4π　　C. $\dfrac{\sqrt{3}}{3}\pi$　　D. 6π

分析:依据条件知此四面体为一个正四面体,球是正四面体的一个外接球,设球的半径为 R,则 R 是正四面体棱长的$\dfrac{\sqrt{6}}{4}$倍

$\therefore R = \dfrac{\sqrt{6}}{4} \times \sqrt{2} = \dfrac{\sqrt{3}}{2}$

$\therefore S_{球} = 4\pi R^2 = 4\pi \cdot \left(\dfrac{\sqrt{3}}{2}\right)^2 = 3\pi$

故选 A.

评注:解答球的组合体问题,关键是寻找组合体中各部分间的联系. 如例 6、例 7、例 8 中球的半径与正方体棱长的关系;例 9 中球的半径与正四面体棱长的关系.

5.2 球面几何的相关概念

5.2.1 平面与球面的位置关系

类比直线与圆的位置关系,平面与球面也有类似的三种位置关系:

1) 平面与球面相交

用任意一个平面去截一个球,截面是圆面,平面与球面的交线是一个圆. 当平

面与球面相交时,球心到平面的距离小于球的半径.

2)平面与球面相离

平面与球面不相交,没有交点. 此时球心到平面的距离大于球的半径.

3)平面与球面相切

平面与球面有且只有一个交点. 此时球心到平面的距离等于球的半径.

5.2.2 直线与球面的位置关系和球幂定理

直线与球面有三种位置关系:

1)直线与球相交

直线与球有两个交点. 这条直线称为球面的割线. 此时球心到直线的距离小于球的半径.

2)直线与球面相离

直线与球面没有公共点. 此时球心到直线的距离大于球的半径.

3)直线与球面相切

直线与球面有且只有一个公共点,这个公共点称为切点. 这条直线称为球面的切线,此时球心到直线的距离等于球的半径.

在平面几何中有切线长定理、切割线定理、相交弦定理,这些定理统称为圆幂定理. 类比圆幂定理,可以得到下面的结论:

定理1:从球面外一点 P 向球面引割线,交球面于 Q,R 两点,再从点 P 引球面的任一切线,切点为 S,则 $PS^2=PQ\cdot PR$.

证明:如图5.8,连接 SQ,SR,因为两条相交直线 PS,PR 确定一个平面,所以由圆幂定理可得:

$PS^2=PQ\cdot PR$

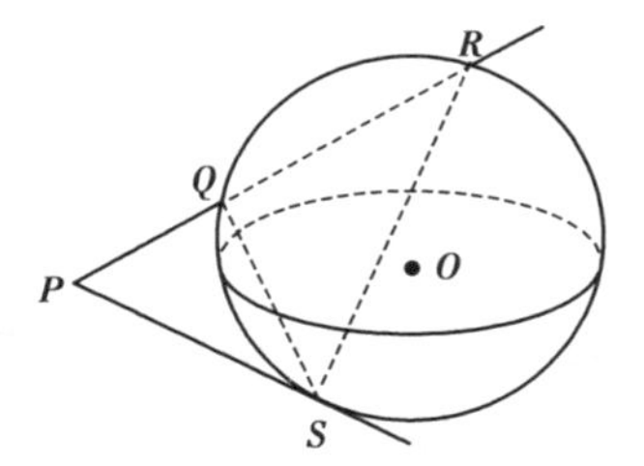

图5.8

定理2:如图5.9,从球外一点 P 向球面引两条割线,它们分别与球面相交于 Q,R,S,T 四点,则 $PQ\cdot PR=PS\cdot PT$.

定理3:如图5.10,设点 P 是球面内的一点,过点 P 作两条直线,它们分别与球面相交于 Q,R,S,T 四点,则 $PQ\cdot PR=PS\cdot PT$.

定理2与定理3的证明留给读者自证.

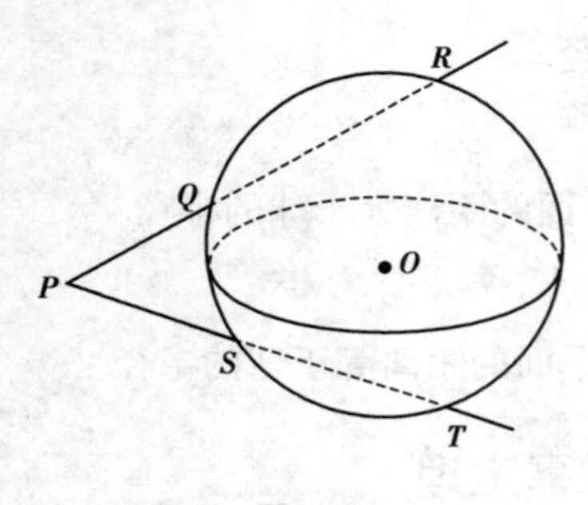

图 5.9

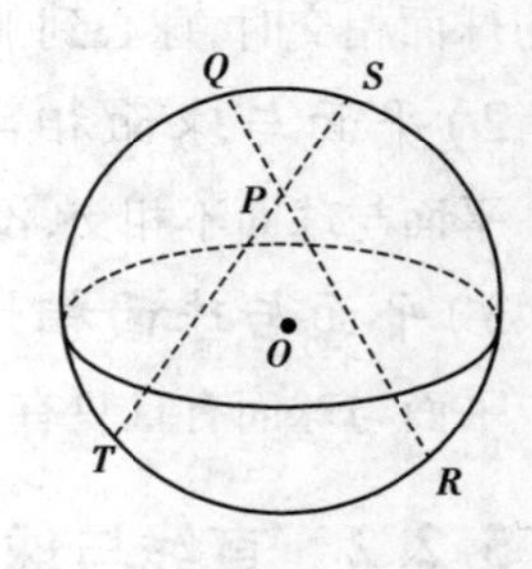

图 5.10

5.2.3 球面上的角

1)对径点

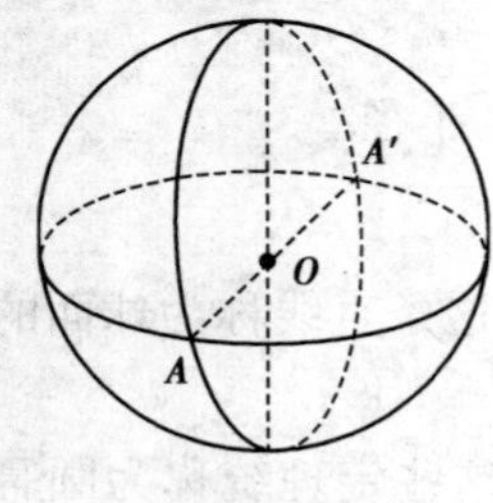

图 5.11

如图 5.11,因为球面上的两个大圆所在的平面都经过球心 O,所以这两个大圆所在的平面有一个公共点,因此这两个平面必有一条经过球心 O 的相交直线,这条相交直线显然是球的直径所在的直线,两个大圆的交点是这条直径的两个端点 A,A',我们把球的直径的两个端点 A,A'称为对径点,所以,两个大圆相交于对径点 A,A'.

2)球面上的角

在平面上过一点 A 作两条射线 AB,AC,它们构成的图形称为角,记作$\angle BAC$. 类似地,也可以定义球面上的角——球面角.

如图 5.12(1),过球面上一点 A 作两条大圆弧$\overset{\frown}{AB},\overset{\frown}{AC}$,它们构成的图形称为球面角,仍记作$\angle BAC$. 其中点 A 称为球面角的顶点,大圆弧$\overset{\frown}{AB},\overset{\frown}{AC}$称为球面角的边,分别记作 AB,AC.

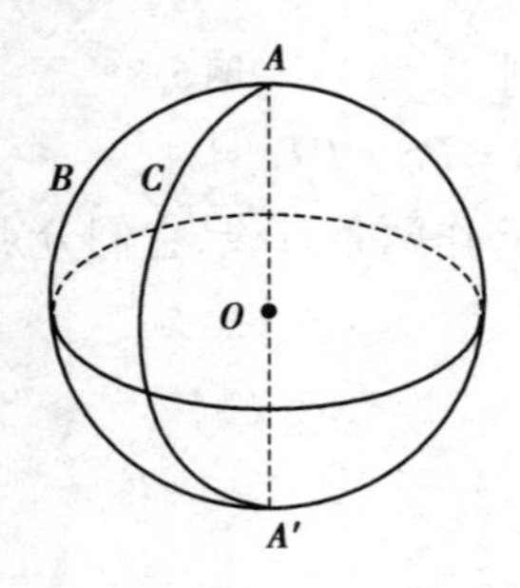

图 5.12(1)

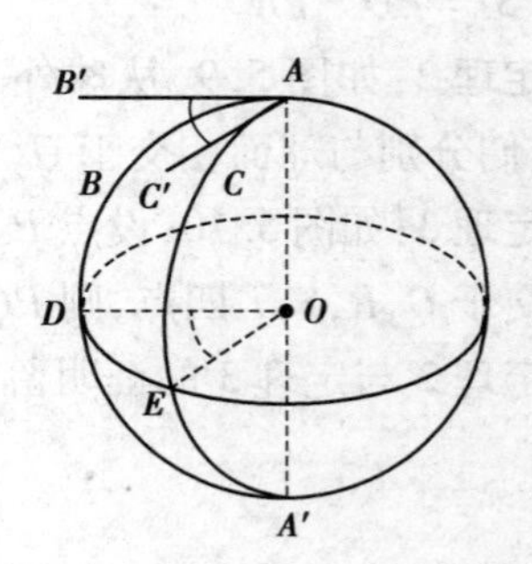

图 5.12(2)

如图 5.12(2),球面角$\angle BAC$的两边AB,AC延长后相交于点A的对径点A',AB,AC所在大圆的半平面构成一个二面角$B\text{-}AA'\text{-}C$. 显然,球面角$\angle BAC$与二面角$B\text{-}AA'\text{-}C$唯一对应,因此,可用二面角$B\text{-}AA'\text{-}C$的大小来度量球面角$\angle BAC$的大小. 而二面角$B\text{-}AA'$的大小是用平面角来度量. 因此,过球心O分别作$OD\perp AA'$,$OE\perp AA'$,且它们分别交球面角$\angle BAC$的两边AB,AC于D,E两点,则$\angle DOE$为二面角$B\text{-}AA'\text{-}C$的平面角. 所以我们规定用二面角$B\text{-}AA'\text{-}C$的平面角$\angle DOE$来度量球面角$\angle BAC$的大小.

从另一个角度看,如果在点A处分别作大圆弧$\overset{\frown}{AB}$,$\overset{\frown}{AC}$的切线AB'和AC',显然,$AB'\perp AA'$,$AC'\perp AA'$,所以$AB'/\!/OD$,$AC'/\!/OE$,且$\angle DOE$与$\angle B'AC'$同向,所以$\angle DOE=\angle B'AC'$,即球面角$\angle BAC$的大小也等于点A处分别与球面角$\angle BAC$的两边AB和AC相切的射线AB',AC'所成的角$\angle B'AC'$的大小.

在实际中,为了计算的简便,球面角$\angle BAC$的大小常用二面角$B\text{-}AA'\text{-}C$的平面角$\angle DOE$来度量.

5.2.4 球面上的基本图形

1)极与赤道

地球上有南极、北极和赤道. 在球面几何中,我们也引进“极”和“赤道”的概念.

如图 5.13(1),如果设点N为地球上的北极点,点O为地球的球心,那么半径ON垂直于赤道L_N所在的平面. 也就是说,过球心O且垂直于地球半径ON的平面截地球面所得的大圆是地球的赤道.

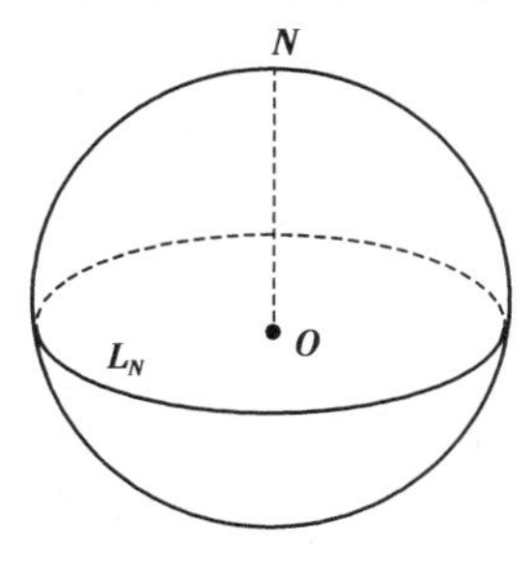

图 5.13(1)

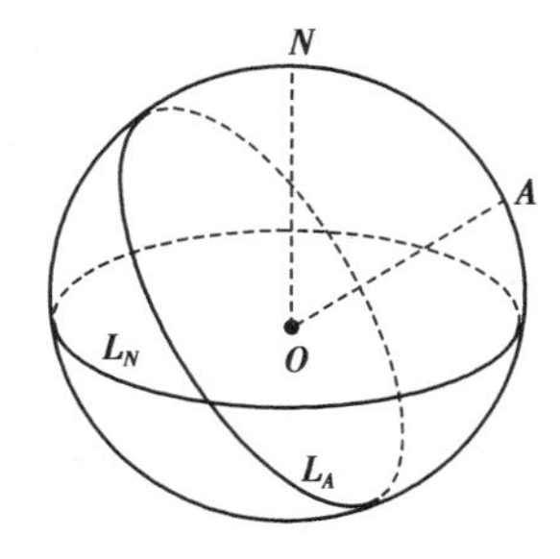

图 5.13(2)

同样,如图 5.13(2),我们可以在球面上任取一点A,过球心O且垂直于球半径OA的平面截球面得到大圆L_A,此时称点A为极点(简称极),称大圆L_A为以点A为极点的赤道圆(简称赤道).

对于球面上的任意一点,均可得到与它对应的一个赤道;对于球面上的赤道,均要得到与它对应的两个极点. 也就是说极与赤道是一体的,谁也离不开谁. 有极就有与之对应的赤道;反之,有赤道就有与之对应的极.

易知,如果球的半径为 R,那么极点 A 与赤道上任意一点 B 的距离均为$\frac{\pi}{2}R$,也就是说,极与赤道上任意一点的距离相等. 类比平面上点到直线的距离,为此我们引入极到赤道的距离的概念:极点与赤道上任意一点的距离称为极到赤道的距离. 由于赤道是大圆,也就是球面上的一条“直线”,因此这实际上是在讨论球面上一点(极)到与之对应的“直线”(赤道)的距离问题.

2)球面二角形

球面二角形与球面角有着紧密的联系. 如图 5.14(1),我们把球面角$\angle BAC$的两边 AB,AC 延长后相交于对径点 A'所组成的图形 $ABA'C$ 称为球面二角形. 因为它像天空中的一轮弯弯的月亮,所以又称它为月形. 月形也可看成球面上由两个大圆的各一半所围成的图形. 我们把$\overset{\frown}{ABA'}$,$\overset{\frown}{ACA'}$称为球面二角形 $ABA'C$ 的边,记为 ABA',ACA',把球面角$\angle BAC$或$\angle BA'C$称为球面二角形 $ABA'C$ 的夹角.

定理 4:如图 5.14(2),已知球面角$\angle BAC=\alpha$(弧度),球面半径 R,则月形 $ABA'C$的面积:$S_{月形ABA'C}=2\alpha R^2$.

证明:将月形 $ABA'C$ 的一条边 ACA'在球面上以 AA'为旋转轴按逆时针方向旋转一周,那么边 ACA'扫过整个球面. 此时,边 ACA'旋转了一周,所以球面可以看成是球面角为 2π 的月形. 因此,若球面角$\angle BAC=\alpha$(弧度),那么月形 $ABA'C$ 的面积等于球面面积的$\frac{\alpha}{2\pi}$倍,即 $S_{月形ABA'C}=\frac{\alpha}{2\pi}S_{球}$.

因此,$S_{月形ABA'C}=\frac{\alpha}{2\pi}\times 4\pi R^2=2\alpha R^2$.

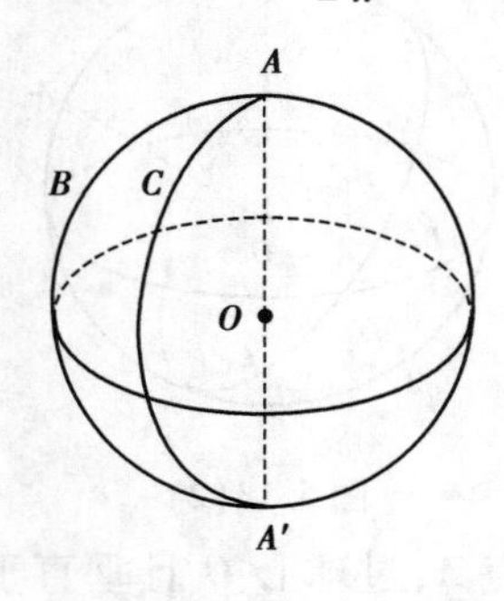

图 5.14(1)

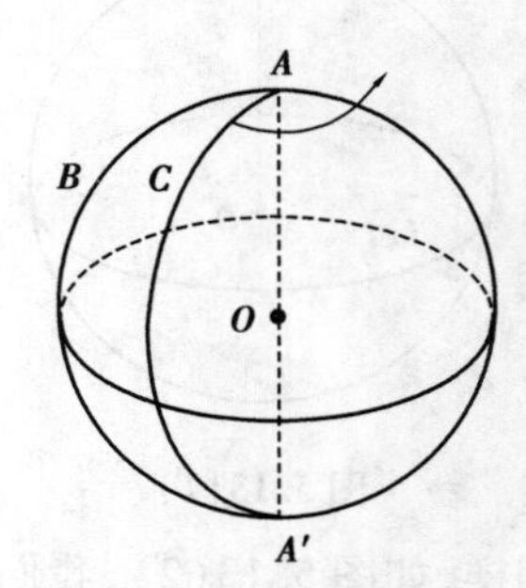

图 5.14(2)

3)球面三角形

如图5.15,我们把球面上三条“直线段”(即三条大圆的劣弧)首尾顺次相接构成的封闭图形称为球面三角形. 也就是说,在球面上,给出不在同一大圆上的三点 A,B,C 可以得到经过这三点中任意两点的大圆的劣弧 $\overset{\frown}{AB}$,$\overset{\frown}{BC}$,$\overset{\frown}{CA}$,这三条劣弧组成的图形称为球面三角形,记作 $\triangle ABC$,其中三条劣弧称为球面 $\triangle ABC$ 的边,记作 AB,BC,AC;A,B,C 三点称为球面 $\triangle ABC$ 的三个顶点;三个球面角 $\angle BAC$,$\angle ABC$,$\angle ACB$ 称为球面 $\triangle ABC$ 的三个内角,分别简记为 $\angle A$,$\angle B$,$\angle C$.

由于球面 $\triangle ABC$ 的三边都是圆弧,如果分别连接球心 O 与 A,B,C 三点,由球面角的定义及其度量可知,球面 $\triangle ABC$ 的三个内角 $\angle A$,$\angle B$,$\angle C$ 可以分别由二面角 $B\text{-}OA\text{-}C$,二面角 $A\text{-}OB\text{-}C$,二面角 $B\text{-}OC\text{-}A$ 来度量. 另外,如果 $\angle AOB=\alpha$(弧度),$\angle COB=\beta$(弧度),$\angle COA=\gamma$(弧度),那么球面 $\triangle ABC$ 的三边 AB,BC,AC 分别为 $AB=R\alpha$,$BC=R\beta$,$AC=R\gamma$,其中 R 为球的半径. 特别:若 $R=1$,则 $AB=\alpha$,$BC=\beta$,$AC=\gamma$.

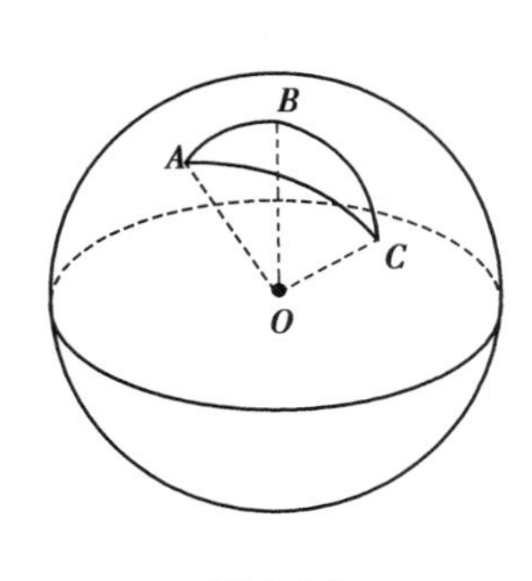

图5.15

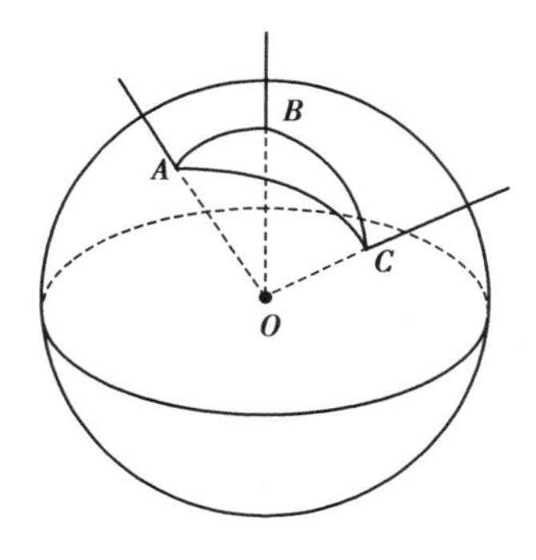

图5.16

4)三面角

从以上的讨论可以看出,无论是度量球面 $\triangle ABC$ 的边长,还是它的内角,都涉及一个图形,即从球心 O 出发的三条线段 OA,OB,OC 组成的图形,如图5.16,如果延长三条线段 OA,OB,OC,使它们成为射线,那么这三条射线确定三个平面(类似三棱锥的侧面). 类比二面角,我们把由这三个平面构成的图形称为三面角,记为 $O\text{-}ABC$,其中点 O 称为三面角的顶点,OA,OB,OC 称为它的棱,$\angle AOB$,$\angle COB$,$\angle COA$ 称为它的面角. 三面角中相邻两面构成的二面角称为它的二面角.

因为有上面的对应关系,对于球面上边与角的研究就转化为立体几何中角的研究,即我们可以利用三面角的有关知识研究球面三角形.

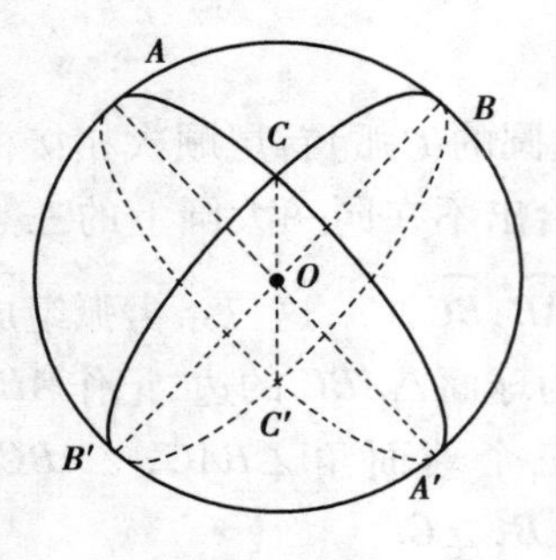

图 5.17

5)对顶三角形

如图 5.17,给定球面△ABC,其顶点 A,B,C 的对径点分别为 A′,B′,C′. 容易证明,分别经过 A′,B′,C′三点中任意两点的三条“线段”(大圆劣弧)也构成一个球面三角形. 我们把顶点分别为 A′,B′,C′的球面△A′B′C′称为球面△ABC 的对顶三角形. 由对径点的定义知道,球面△A′B′C′的对顶三角形是球面△ABC. 显然,两个对顶的球面三角形关于球心对称.

6)球极三角形

如图 5.18(1),对于任意球面△ABC,假设与边 BC 所在大圆对应的极点为 A′,A″,与边 AC 所在大圆对应的极点为 B′,B″,与边 AB 所在大圆对应的极点为 C′,C″,而且点 A,A′,B,B′,C,C′在同一个半球面内,我们称△A′B′C′为球面△ABC 的球极三角形(或极对称三角形).

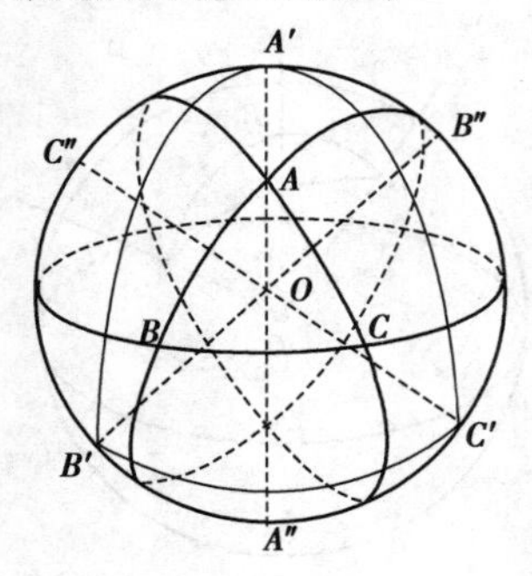

图 5.18(1)

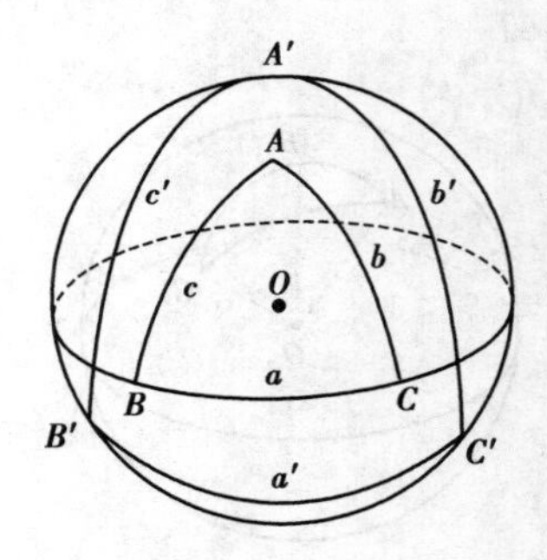

图 5.18(2)

如图 5.18(2),设球面△ABC 的三边 BC,AC,AB 分别为 a,b,c,且它们对应的极点分别为 A′,B′,C′(它们与 A,B,C 在同一个半球面内),球面△ABC 的极对称△A′B′C′的三边 B′C′,A′C′,A′B′分别为 a′,b′,c′. 因为点 B′是 b 所在大圆的极点,所以点 A 与 B′的距离是$\frac{\pi}{2}R$(R 是球的半径). 同理,点 A 与 C′的距离也是$\frac{\pi}{2}R$. 由于点 A 与点 B′,C′的距离都是$\frac{\pi}{2}R$,因此,与点 A 对应的赤道是 a′所在的大圆. 同理可知,与点 B 对应的赤道是 b′所在的大圆,与点 C 对应的赤道是 c′所在的大圆. 又因为点 A,A′,B,B′,C,C′在同一个半球面内,所以球面△A′B′C′的极对称三角形是球面△ABC,也就是说,球面△ABC 与它的球极△A′B′C′互为极对称三角形.

5.3 球面三角形

以上我们介绍了有关球面几何的一些初步知识,现在进一步介绍有关球面三角形的一些简单性质. 以下讨论的球面如果不作特殊说明,有关球面都认定为单位球面.

5.3.1 球面三角形三边之间的关系

平面三角形的两边之和大于第三边,两边之差小于第三边. 在球面三角形中也有同样的结论. 为了证明此结论,我们先来研究三面角中的两个重要定理.

定理5:如图5.19,在单位球面上,有一个三面角 $O\text{-}ABC$,三个面角分别为 $\angle AOB$, $\angle COB$, $\angle COA$,则球面 $\triangle ABC$ 的三边长 $AB=\angle AOB$(弧度), $BC=\angle COB$(弧度), $AC=\angle COA$(弧度).

定理6:三面角的任意两个面角之和大于第三个面角,任意两个面角之差小于第三个面角.

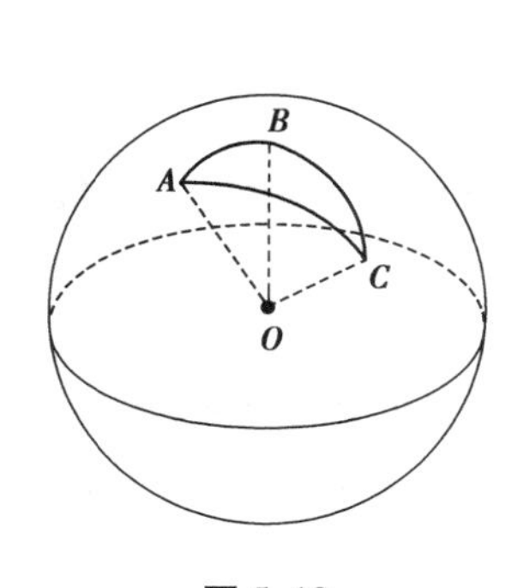

图5.19

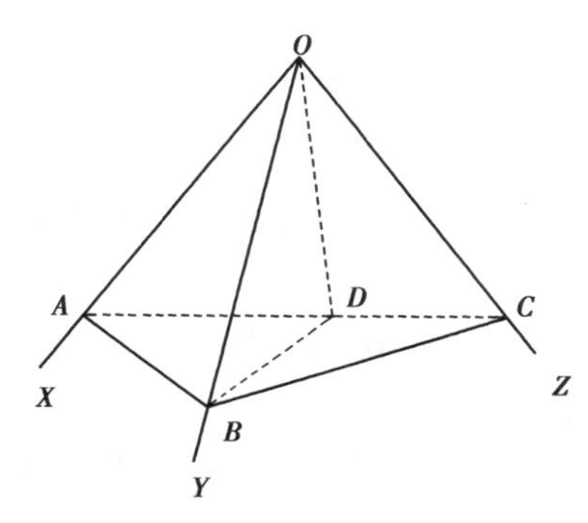

图5.20

证明:如图5.20,设在三面角 $O\text{-}XYZ$ 的三个面角中,面角 $\angle XOZ$ 最大,在 $\angle XOZ$ 内作射线 OD,使 $\angle XOD=\angle XOY$,在射线 OD 上取一点 D 并作任意直线和 OX, OZ 分别交于 A, C,在 OY 上取 $OB=OD$,则 $\triangle AOD\cong\triangle AOB$.

$\therefore AB=AD$,因而 $\angle ADB$ 为锐角

$\therefore \angle BDC$ 为钝角,因此 $BC>DC$,在 $\triangle DOC$ 中和 $\triangle BOC$ 中, OC 为公共边, $OD=OB$, $BC>DC$,所以 $\angle BOC>\angle DOC$

$\therefore \angle XOY+\angle BOC>\angle XOD+\angle DOC$,即 $\angle XOY+\angle YOZ>\angle XOZ$,显然还有 $\angle XOY+\angle XOZ>\angle YOZ$, $\angle XOZ+\angle YOZ>\angle XOY$.

因此,三面角的任意两个面角之和大于第三个面角. 对于任意两个面角之差小

于第三个面角的问题,可以由以上诸式移项得到.

例 1 如图 5.21,已知在单位球面上,有一球面$\triangle ABC$,球心为 O.

求证:球面$\triangle ABC$ 的任意两边之和大于第三边,任意两边之差小于第三边.

证明:$O-ABC$ 是一个三面角,则由以上球面三角形的知识知:$AB=\angle AOB$,$AC=\angle COA$,$BC=\angle COB$. 又由三面角的定理得:$\angle AOB+\angle COA>\angle COB$

$\therefore AB+AC>BC$

同理可证 $AB+BC>AC$,$AC+BC>AB$,即球面$\triangle ABC$ 的任意两边之和大于第三边. 又由 $AB+AC>BC\Rightarrow AB>BC-AC$,即 $BC-AC<AB$,因此球面$\triangle ABC$ 的任意两边之差小于第三边.

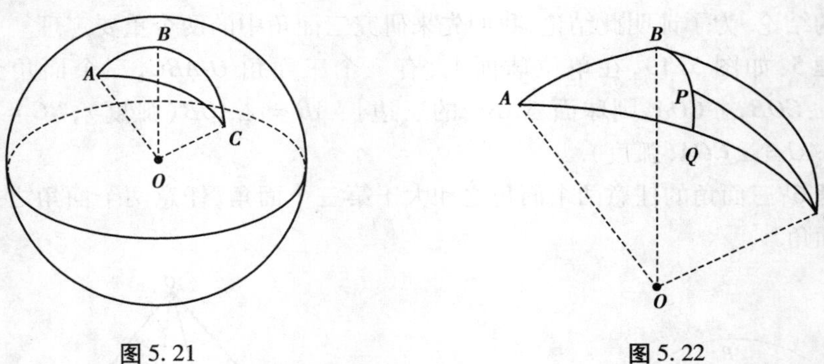

图 5.21　　　　图 5.22

例 2 如图 5.22,已知 P 为球面$\triangle ABC$ 内的一点,球心为 O,用大圆弧线连接 PB,PC.

求证:$BP+BC<AB+AC$.

证明:设弧 BP 的延长线与弧 AC 的交点为 Q,则由例 1 知 $BQ<AB+AQ$,即 $BP+PQ<AB+AQ$,又因 $PC<PQ+QC$,所以 $BP+PQ+PC<AB+AQ+PQ+QC$,而 $AQ+QC=AC$,因此,$BP+PQ+PC<AB+AC+PQ$.

所以 $BP+BC<AB+AC$.

5.3.2 球面三角形的周长

由于球面三角形的每条边长都是大圆的劣弧,都有小于大圆周长的一半,因此,球面三角形的周长小于$\dfrac{3}{2}$个大圆周长,不能任意长,事实上,球面三角形的周长小于大圆周长.

例 3 求证:球面三角形的周长小于大圆周长.

证明:如图 5.23,设单位球面$\triangle ABC$ 的三条边长分别为 a,b,c,球心为 O,连接 OA,OB,OC,那么 $O\text{-}ABC$ 是一个三面角. 在三面角 $O\text{-}ABC$ 中,连接 AB,BC,AC. 由于

球面三角形的边长与三面角的面角之间的对应关系，球面三角形的边长问题可以转化为三面角的面角问题.

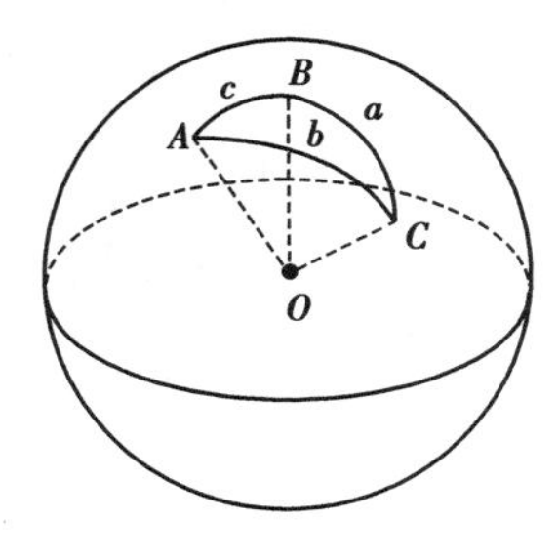

图 5.23(1)

图 5.23(2)

$\because \angle AOB=\pi-(\angle OAB+\angle OBA)$，$\angle BOC=\pi-(\angle OBC+\angle OCB)$，$\angle COA=\pi-(\angle OAC+\angle OCA)$

$\therefore \angle AOB+\angle BOC+\angle COA=3\pi-(\angle OAB+\angle OBA+\angle OBC+\angle OCB+\angle OCA+\angle OAC)$

$\because$ 三面角 $O-ABC$ 中：

$\angle OAB+\angle OAC>\angle CAB$，$\angle OBA+\angle OBC>\angle ABC$，$\angle OCB+\angle OCA>\angle BCA$

又$\because \angle CAB+\angle ABC+\angle BCA=\pi$

$\therefore \angle OAB+\angle OBA+\angle OBC+\angle OCB+\angle OCA+\angle OAC>\angle CAB+\angle ABC+\angle BCA=\pi$

$\therefore \angle AOB+\angle BOC+\angle COA=3\pi-(\angle OAB+\angle OBA+\angle OBC+\angle OCB+\angle OCA+\angle OAC)<2\pi$

$\therefore$ 三面角 $O-ABC$ 的三个面角的和小于 2π

$\because \angle AOB=a$，$\angle BOC=b$，$\angle COA=c$

$\therefore a+b+c<2\pi$，即球面三角形的周长小于大圆周长.

这是球面三角形中的一个重要结论.

5.3.3 球面“等腰”三角形，球面“等边”三角形

类似于“平面三角形的两边相等，那么它们的对角相等”“平面三角形的三边相等，那么它们的三个内角相等”，在球面三角形中也有同样的性质，即“等边对等角，反之亦然”.

例 4 已知在球面$\triangle ABC$中，$AB=AC$.

求证：$\angle B=\angle C$，反之亦然.

分析：如图 5.24(1)，要证 $\angle B=\angle C$，只需证二面角 A-OB-C 等于二面角

$A-OC-B$即可.

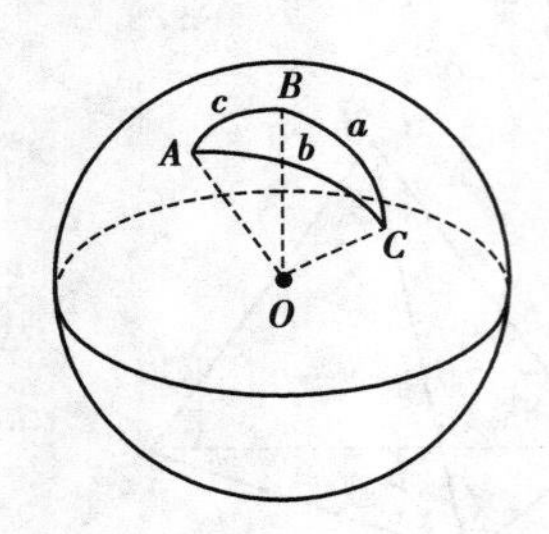

图 5.24(1)

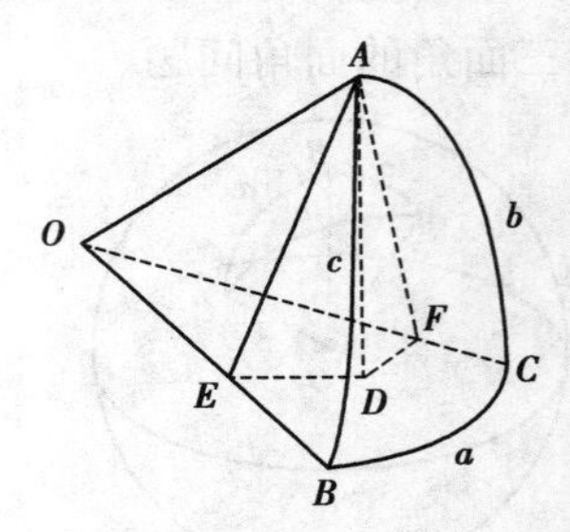

图 5.24(2)

证明:如图 5.24(2)连接 OA,OB,OC,并把三面角 $O\text{-}ABC$ 和球面$\triangle ABC$ 移出来(已放大),作 $AD\perp$平面 OBC,垂足为 D;过 D 作 $DE\perp OB$,$DF\perp OC$,分别交 OB,OC 于 E,F,连接 AE,AF

$\because OB\perp AD,OB\perp DE$

$\therefore OB\perp$平面 ADE

$\therefore OB\perp AE$,同理,$OC\perp AF$

$\therefore \angle AED,\angle AFD$ 分别为二面角 $A\text{-}OB\text{-}C$,二面角 $A\text{-}OC\text{-}B$ 的平面角.

$\because AC=AB$

$\therefore \angle AOB=\angle AOC$

$\therefore$ 得到 $\mathrm{Rt}\triangle RAOE\cong\mathrm{Rt}\triangle AOF$,因而 $AE=AF$,由此又得 $\mathrm{Rt}\triangle ADER\cong\mathrm{Rt}\triangle ADF$

$\therefore \angle AED=\angle AFD$

故$\angle B=\angle C$.

反之,在球面$\triangle ABC$,若$\angle B=\angle C$,则 $AC=AB$.

同样,球面三角形中,大角对大边,大边对大角.

例 5 已知在球面$\triangle ABC$ 中,$AB=AC=BC$.

求证:$\angle B=\angle C=\angle A$,反之亦然.

证明:在球面$\triangle ABC$ 中,若 $AB=AC$,则由以上例 3 知$\angle B=\angle C$,又因为$AB=BC$,所以$\angle A=\angle C$,因此$\angle B=\angle C=\angle A$.

其次,在球面$\triangle ABC$ 中,如果$\angle B=\angle C=\angle A$,则由$\angle B=\angle C$ 可知 $AB=AC$,同理,$\angle C=\angle A$ 可知由 $BC=AB$,所以 $AB=AC=BC$.

5.3.4 球面三角形的面积

平面三角形的一个非常重要的性质是内角和等于 π,球面三角形的内角和是否也是一个定值呢?球面三角形的面积如何计算呢?

定理 7:在半径为 R 的球面上,任意球面$\triangle ABC$ 的面积为$(A+B+C-\pi)R^2$,其

中 A,B,C 分别为 $\angle A,\angle B,\angle C$ 的弧度.

特别:若球面为单位球面,则球面 $\triangle ABC$ 的面积为 $A+B+C-\pi$.

证明:如图 5.25,设 A,B,C 三点的对径点分别为 A',B',C',分别观察以 A,B,C 为顶点的三个月形.

设球面 $\triangle ABC$ 的三个内角 $\angle A,\angle B,\angle C$ 分别为 A,B,C(弧度),半球的面积为 S.

由定理 4 得:$S_{月形ABA'C}=2AR^2$,$S_{月形BCB'A}=2BR^2$,$S_{月形CAC'B}=2CR^2$. 因此,有:$S_{月形BCB'A}+S_{月形BCB'A}+S_{月形CAC'B}=2(A+B+C)R^2$

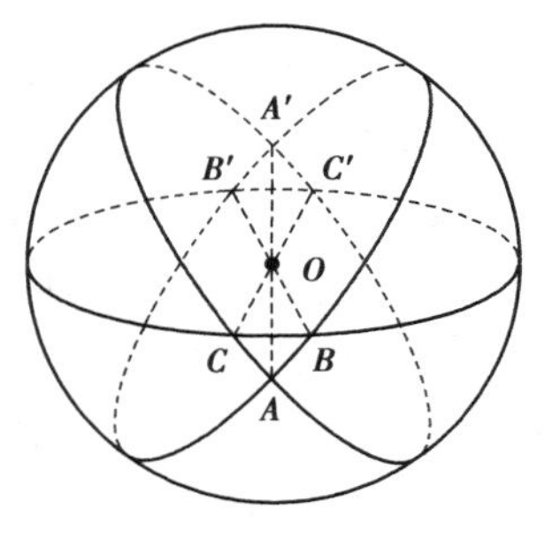

图 5.25

又$\because$ $S_{月形BCB'A}+S_{月形BCB'A}+S_{月形CAC'B}=$ 球面 $\triangle ABC$ 的面积 + 球面 $\triangle A'B'C'$ 的面积 $+S$

球面 $\triangle ABC$ 的面积 = 球面 $\triangle A'B'C'$ 的面积

$\therefore 2\times$ 球面 $\triangle ABC$ 的面积 $+2\pi R^2=2(A+B+C)R^2$

即:球面 $\triangle ABC$ 的面积 $=(A+B+C-\pi)R^2$

因为面积是一个正数,所以球面三角形的内角和大于 π. 这一结论与平面三角形的内角和等于 π 有很大区别,也是球面几何作为非欧几何模型与欧氏几何不同的重要特征之一.

由于球面三角形的内角所对的边都小于大圆的一半,所以每个内角都小于 π,因此,其内角和小于 3π. 事实上,由于球面三角形的周长小于大圆周长,球面三角形的内角和可以更小. 可以证明球面三角形的内角和小于 2π.

5.3.5 球面三角形全等的判定

类似于平面三角形全等的定义,我们规定两个球面三角形全等是指两个图形完全相等,即球面三角形的六个元素:三条边,三个角分别相等. 由于不同的球面有不同的半径,球面的大小也不一样,因此,研究球面三角形全等问题,只能在同一球面上或半径相等的球面上研究才有意义.

1)下面就球面三角形全等的判定展开讨论

球面三角形全等的定义:如果两个球面三角形的三边对应相等,且对应角也分别相等,那么这两个球面三角形全等.

(1)"边边边"($s.s.s$)判定定理

如果两个球面三角形的三边对应相等,那么这两个球面三角形全等.

已知:球面 $\triangle ABC$ 与球面 $\triangle A'B'C'$ 的三条边对应相等,即 $\overset{\frown}{AB}=\overset{\frown}{A'B'}$,$\overset{\frown}{BC}=\overset{\frown}{B'C'}$,$\overset{\frown}{AC}=\overset{\frown}{A'C'}$.

求证：球面$\triangle ABC\cong$球面$\triangle A'B'C'$.

证明：如图5.26，在两个三面角$O-ABC$和$O-A'B'C'$中，连接AB,BC,CA；$A'B',B'C',A'C'$，$\because$ 大圆中等弧所对的弦相等，而$\overparen{AB}=\overparen{A'B'}$，$\overparen{BC}=\overparen{B'C'}$，$\overparen{AC}=\overparen{A'C'}$，$\therefore AB=A'B',BC=B'C',CA=A'C',\angle AOB=\angle A'OB',\angle BOC=\angle B'OC',\angle COA=\angle C'OA'$. 又$\because OA=OB=OC=OA'=OB'=OC'$，因此，$\triangle AOB\cong\triangle A'OB'$，$\triangle BOC\cong\triangle B'OC'$，$\triangle COA\cong\triangle C'OA'$. 从而$\angle OAB=\angle OA'B'$，$\angle OBC=\angle OB'C'$，$\angle OCA=\angle OC'A'$，又因$\triangle ABC\cong\triangle A'B'C'$，$\therefore \angle BAC=\angle B'A'C'$. 在$OA$和$O'A'$上分别取点$D$和$D'$，使$AD=A'D'$，再过点$D$在平面$OAB$和$OAC$上作$OA$的垂线，分别交$AB$和$AC$于点$E$和$F$；同样，过点$D'$在平面$OA'B'$和$OA'C'$上作$OA'$的垂线，分别交$A'B'$和$A'C'$于点$E'$和$F'$，容易证明$\angle EDF=\angle E'D'F'$，$\because \angle EDF$和$\angle E'D'F'$分别是二面角$B$-$OA$-$C$和$B'$-$OA'$-$C'$的平面角，$\therefore$ 这两个二面角相等. 同理可证另外两个二面角也相等，$\therefore$ 根据球面角的定义知：$\angle A=\angle A'$，$\angle B=\angle B'$，$\angle C=\angle C'$. $\therefore$ 由球面三角形全等的定义得：球面$\triangle ABC\cong$球面$\triangle A'B'C'$.

借助三面角我们还可以证明（证明略）下面三个球面三角形全等的判定定理.

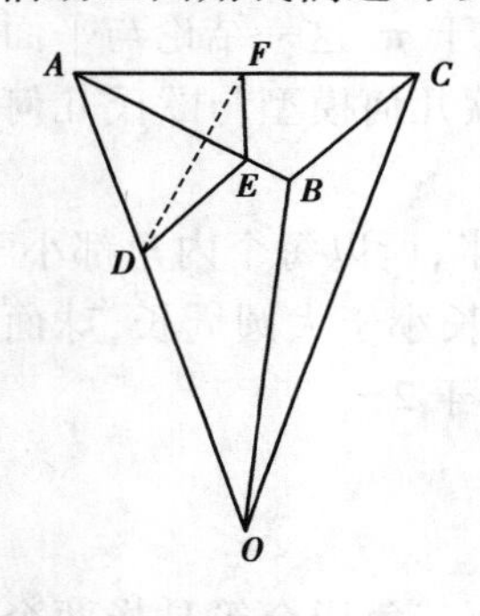

图5.26(1)

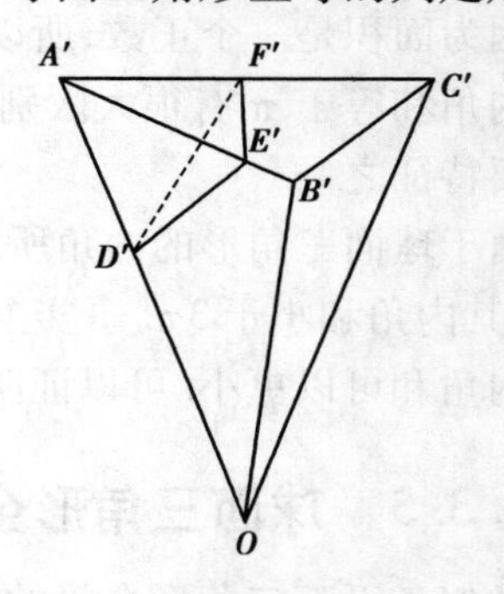

图5.26(2)

(2)"边角边"($s.a.s$)判定定理

如果两个球面三角形的两对边对应相等，且它们的夹角也相等，那么这两个球面三角形全等.

(3)"角边角"($a.s.a$)判定定理

如果两个球面三角形的两对角对应相等，且它们的夹边也相等，那么这两个球面三角形全等.

(4)"角角角"($a.a.a$)判定定理

如果两个球面三角形的三个对角对应相等，那么这两个球面三角形全等.

从球面三角形的"角角角"($a.a.a$)判定定理知，平面几何与球面几何有显著不同之处. 在平面几何中，如果两个三角形的三对角对应相等，那么这两个球面三角形相似,不一定全等;而在同一球面上,如果两个球面三角形的三对角对应相等,那么这两个球面三角形全等. 也就是说,在同一个球面上,不存在相似三角形这个概念,或者说,"相似"的三角形必定全等.

例6 求证:球面上的两个对顶三角形全等.

如图5.27,球面$\triangle ABC$和球面$\triangle A'B'C'$是对顶三角形.

求证:球面$\triangle ABC \cong$球面$\triangle A'B'C'$.

证明:$\because$ 球面$\triangle ABC$和球面$\triangle A'B'C'$是对顶三角形,设A,B,C的对径点分别为A',B',C',则由对顶三角形的概念知$\angle AOB = \angle A'OB'$(对顶角),而$AB = \angle AOB \cdot R, A'B' = R \cdot \angle A'OB'$($R$为球的半径,$\angle AOB, \angle A'OB'$均为弧度数)

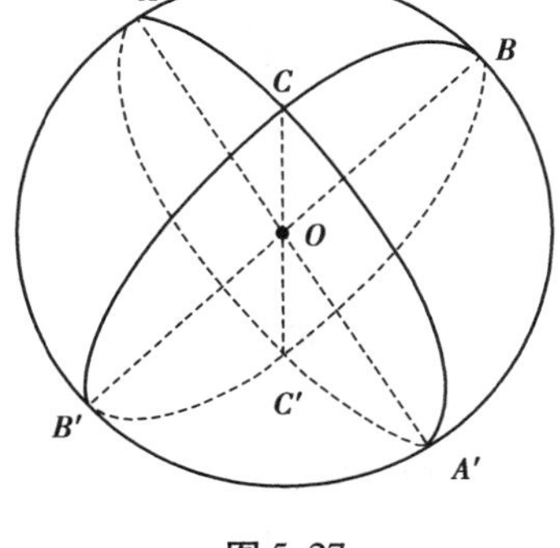

图5.27

$\therefore AB = A'B'$

同理可证$BC = B'C', CA = C'A'$

$\therefore$ 由"边边边"($s.s.s$)判定定理知:

球面$\triangle ABC \cong$球面$\triangle A'B'C'$.

2)球面三角形的正弦定理与余弦定理

平面三角形的边角之间存在定量的边角关系:正弦定理与余弦定理. 类似地,球面三角形及其边角之间也存在正弦定理与余弦定理. 为了简便起见,下面讨论的球面均为单位球面.

(1)单位球面上的正弦定理

设单位球面上球面$\triangle ABC$的三个内角分别为A,B,C,它们所对应的三边分别为a,b,c,则:$\dfrac{\sin A}{\sin a} = \dfrac{\sin B}{\sin b} = \dfrac{\sin C}{\sin c}$.

证明:$\because$ 球面$\triangle ABC$的三边BC,AC,AB的长分别为a,b,c

$\therefore BC = a = \angle BOC$(弧度),$AC = b = \angle AOC$(弧度),$AB = c = \angle AOB$(弧度)

又$\because$ 球面$\triangle ABC$的三个内角A,B,C分别等于二面角$B\text{-}OA\text{-}C, A\text{-}OB\text{-}C, A\text{-}OC\text{-}B$的大小,如图5.28,过$A$点作$AO_1 \perp$平面$OBC$,点$O_1$为垂足,又过$O_1$分别作$O_1E \perp OB, O_1F \perp OC$,$E,F$为垂足,连接$AE,AF$

$\because O_1E$是AE在平面OBC内的射影,且$O_1E \perp OB$

$\therefore OB \perp AE$

同理,$OC \perp AF$

$\therefore \angle O_1EA, \angle O_1FA$分别是二面角$A\text{-}OB\text{-}C, A\text{-}OC\text{-}B$的平面角

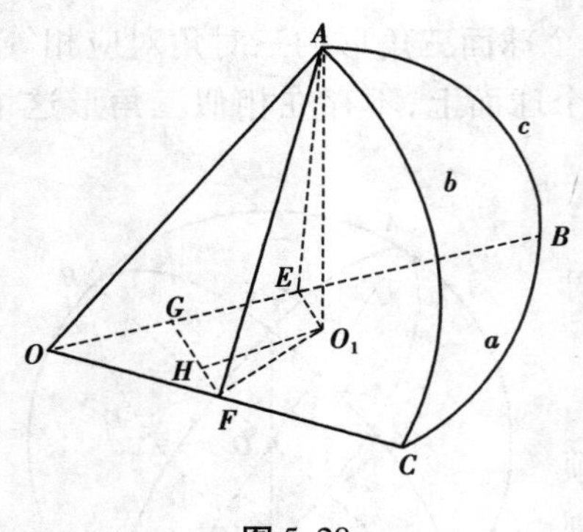

图 5.28

$\therefore \angle O_1EA = B, \angle O_1FA = C$

在 $\mathrm{Rt}\triangle AO_1E$ 和 $\mathrm{Rt}\triangle AO_1F$ 中，

$\because AO_1 = AE \cdot \sin\angle O_1EA = OA \cdot \sin\angle AOB \cdot \sin B = \sin c \sin B, AO_1 = AF \cdot \sin\angle O_1FA = OA \cdot \sin\angle AOC \cdot \sin C = \sin b \sin C$

$\therefore \sin c \sin B = \sin b \sin C$，即$\dfrac{\sin B}{\sin b} = \dfrac{\sin C}{\sin c}$

同理得：$\dfrac{\sin A}{\sin a} = \dfrac{\sin B}{\sin b}$

$\therefore \dfrac{\sin A}{\sin a} = \dfrac{\sin B}{\sin b} = \dfrac{\sin C}{\sin c}$.

(2)单位球面上的余弦定理

设单位球面上球面$\triangle ABC$的三个内角分别为A,B,C，它们所对应的三边分别为a,b,c，则：

$$\begin{cases}\cos a = \cos b\cos c + \sin b\sin c\cos A\\ \cos b = \cos c\cos a + \sin c\sin a\cos B\\ \cos c = \cos a\cos b + \sin a\sin b\cos C\end{cases}$$

证明：如图 5.28，由上面正弦定理的证明知 $OF = OA \cdot \cos\angle AOC = \cos b$，同理，$OE = \cos c$. 过 F 点作 $FG \perp OB$ 于点 G，则：

$OE = OG + GE, OG = OF \cdot \cos a = \cos b\cos a$.

过点 O_1 在平面 OBC 内作 $O_1H \perp FG$，垂足为 H，则 $O_1H \parallel OB$，所以$\angle O_1FH = \angle BOC = a$，且四边形 O_1EGH 是矩形，从而：

$GE = O_1H = O_1F\sin\angle BOC = AF\cos C\sin a = \sin b\sin a\cos C$.

$\therefore \cos c = \cos b\cos a + \sin b\sin a\cos C$. 同理得：

$\cos a = \cos b\cos c + \sin b\sin c\cos A$; $\cos b = \cos c\cos a + \sin c\sin a\cos B$，所以有：

$$\begin{cases}\cos a = \cos b\cos c + \sin b\sin c\cos A\\ \cos b = \cos c\cos a + \sin c\sin a\cos B\\ \cos c = \cos a\cos b + \sin a\sin b\cos C\end{cases}$$

如果球面的半径为 R，$\dfrac{BC}{R} = \dfrac{a}{R} = \angle BOC$（弧度），$\dfrac{AC}{R} = \dfrac{b}{R} = \angle COA$（弧度），$\dfrac{AB}{R} = \dfrac{c}{R} = \angle AOB$（弧度）. 所以在上述推导过程中，分别用$\dfrac{a}{R},\dfrac{b}{R},\dfrac{c}{R}$替代 a,b,c 就得到：

①**半径为 R 的球面上的正弦定理**：$\dfrac{\sin A}{\sin\frac{a}{R}} = \dfrac{\sin B}{\sin\frac{b}{R}} = \dfrac{\sin C}{\sin\frac{c}{R}}$

②半径为 R 的球面上的余弦定理：

$$\begin{cases}\cos\dfrac{a}{R}=\cos\dfrac{b}{R}\cos\dfrac{c}{R}+\sin\dfrac{b}{R}\sin\dfrac{c}{R}\cos A\\ \cos\dfrac{b}{R}=\cos\dfrac{c}{R}\cos\dfrac{a}{R}+\sin\dfrac{c}{R}\sin\dfrac{a}{R}\cos B\\ \cos\dfrac{c}{R}=\cos\dfrac{a}{R}\cos\dfrac{b}{R}+\sin\dfrac{a}{R}\sin\dfrac{b}{R}\cos C\end{cases}$$

③球面上的"勾股"定理：

设单位球面上球面 $\triangle ABC$ 的三个内角分别为 $\angle A,\angle B,\angle C$，其中一个内角 $\angle C=\dfrac{\pi}{2}$，三边 BC,AC,AB 的长分别为 a,b,c，则 $\cos c=\cos a\cos b$.

证明：由单位球面上的余弦定理得 $\cos c=\cos a\cos b+\sin a\sin b\cos C$

$\because \angle C=\dfrac{\pi}{2}$

$\therefore \cos c=\cos a\cos b+\sin a\sin b\cos\dfrac{\pi}{2}=\cos a\cos b$

半径为 R 的球面上的"勾股"定理：$\cos\dfrac{c}{R}=\cos\dfrac{a}{R}\cos\dfrac{b}{R}$.

习题 5

1. 从球外一点 P 向球面引两条割线，它们分别与球面相交于 Q,R,S,T 四点，则 $PQ\cdot PR=PS\cdot PT$.

2. 设点 P 是球面内的一点，过点 P 作两条直线，它们分别与球面相交于 Q,R,S,T 四点，则 $PQ\cdot PR=PS\cdot PT$.

3. 选择题

(1)(2006 年高考福建卷)已知正方体外接球的体积是 $\dfrac{32}{3}\pi$，那么正方体的棱长等于(　　).

A. $2\sqrt{2}$　　B. $\dfrac{2\sqrt{3}}{3}$　　C. $\dfrac{4\sqrt{2}}{3}$　　D. $\dfrac{4\sqrt{3}}{3}$

(2)(2007 年高考陕西卷)Rt$\triangle ABC$ 的三个顶点在半径为 13 的球面上，两直角边的长分别为 6 和 8，则球心到平面 ABC 的距离是(　　).

A. 5　　B. 6　　C. 10　　D. 12

(3)(2006 年高考四川卷)已知球 O 的半径是 1，A,B,C 三点都在球面上，A,B

两点和 A,C 两点的球面距离都是 $\frac{\pi}{4}$，C,B 两点的球面距离是 $\frac{\pi}{3}$，则二面角 $B\text{-}OA\text{-}C$ 的大小是(　　).

A. $\frac{\pi}{4}$　　B. $\frac{\pi}{3}$　　C. $\frac{\pi}{2}$　　D. $\frac{2\pi}{3}$

(4)(2006 年高考全国卷Ⅰ)已知各顶点都在一个球面上的正四棱柱高为 4，体积为 16，则这个球的表面积是(　　).

A. 16π　　B. 20π　　C. 24π　　D. 32π

(5)(2007 年高考安徽卷)把边长为 $\sqrt{2}$ 的正方形 $ABCD$ 沿对角线 AC 折成直二面角，折成直二面角后，在 A,B,C,D 四点所在的球面上，B 与 D 两点之间的球面距离为(　　).

A. $\sqrt{2}\pi^2$　　B. π　　C. $\frac{\pi}{2}$　　D. $\frac{\pi}{3}$

(6)已知球 O 的半径为 1，A,B,C 三点都在球面上，且每两点间的球面距离均为 $\frac{\pi}{2}$，则球心 O 到平面 ABC 的距离为(　　).

A. $\frac{1}{3}$　　B. $\frac{\sqrt{3}}{3}$　　C. $\frac{2}{3}$　　D. $\frac{\sqrt{6}}{3}$

4. 填空题

(1)(2007 年高考天津卷)一个长方体的各顶点均在同一球的球面上，且一个顶点上的三条棱的长分别为 1,2,3，则此球的表面积为________.

(2)(2006 年高考北京卷)已知 A,B,C 三点在球心为 O，半径为 R 的球面上，$AC\perp BC$，且 $AB=R$，那么 A,B 两点的球面距离为________.

(3)(2006 年高考浙江卷)如图，O 是半径为 1 的球心，点 A,B,C 在球面上，OA,OB,OC 两两垂直，E,F 分别是大圆弧 AB 与 AC 的中点，则点 E,F 在该球面上的球面距离是________.

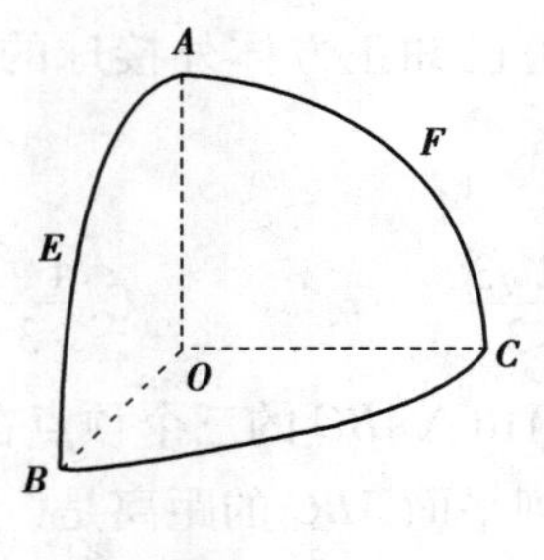

题 5.4(3)

(4)已知地球半径为 R，地球上 A,B 两点都在北纬 45°的纬线上，A,B 两点的球面距离是$\frac{\pi}{3}R$，A在东经20°，则B点的位置是________.

5. 已知一个球心为O的单位球面上有A,B,C三点，且三面角$O\text{-}ABC$的三个面角分别为$\frac{\pi}{6},\frac{\pi}{3},\frac{\pi}{4}$，求球面$\triangle ABC$的三边长.

6. 已知单位球面上三条大圆弧长分别为$\frac{\pi}{6},\frac{\pi}{3},\frac{\pi}{2}$，以这三条大圆弧为边是否可以构成一个球面三角形？

7. 设单位球面上球面$\triangle ABC$的三内角分别为A,B,C，它们所对的三边分别为a,b,c，求证：$\begin{cases}\cos A=-\cos B\cos C+\sin B\sin C\cos a\\ \cos B=-\cos C\cos A+\sin C\sin A\cos b\\ \cos C=-\cos A\cos B+\sin A\sin B\cos c\end{cases}$.

参考文献

[1] 欧几里得. 几何原本[M]. 燕晓东,译. 南京:江苏人民出版社,2011.

[2] 杨学枝,刘培杰. 初等数学研究在中国. 第1辑[M]. 哈尔滨:哈尔滨工业大学出版社,2019.

[3] 左铨如,季素月. 初等几何研究[M]. 哈尔滨:哈尔滨工业大学出版社,2015.

[4] 潘继军. 初等数学解题教学研究(上、下册)[M]. 昆明:云南大学出版社,2016.

[5] 潘继军. 向量外积几何性质在平面几何中的应用[J]. 山东农业大学学报(自然科学版),2019(1).

[6] 潘继军. 求"点面距离"常用的几种基本方法[J]. 数学学习与研究,2019(9).

[7] 潘继军. 曲线系架桥梁,天堑变通途[J]. 数学学习与研究,2018(15).

[8] 潘继军. 一个定理的拓展及应用[J]. 科教导刊,2018(6).

[9] 潘继军. 圆锥曲线"中点弦"的一个判定定理及其应用[J]. 中学数学研究,2016(5).

[10] 潘继军. 有关球的计算问题[J]. 学习报·数学专版,2005(3).

[11] 潘继军. 计算斜线与平面所成角的一种有效方法——向量法[J]. 数学通讯,2005(3).

[12] 潘继军. 一个计算二面角大小的公式[J]. 中学生数学,2006(3).

[13] 潘继军. 2004年高考云南卷立体几何题的求解策略[J]. 中学数学研究,2004(10).

[14] 潘继军. 利用向量解答立体几何中的开放性和探索性问题[J]. 中学数学研究,2010(9).

[15] 潘继军. 间接计算二面角大小的几种方法[J]. 学习报·数学专版,2005(2).

[16] 潘继军. 利用向量解决立体几何问题的经验公式[J]. 数理报,2005(5).

[17] 潘继军. 求"点面距离"的基本方法[J]. 学习报·数学专版,2005(2).